澳洲南海Olympics 地緣戰略

臺灣全民國防素養（大健康）創新典範

湯智凱、湯文淵　著

五南圖書出版公司 印行

推薦序一

　　自從美國前總統歐巴馬提出「重返亞洲」、川普提出「自由開放印太」，現任總統拜登持續此一「印太戰略」，整體國際戰略聚焦於此一區域大國之間的互動關係。其中，澳洲基於南海地區與南太平洋的地緣戰略關係，其任何國際戰略作為，立即牽動美中兩強間的戰略活動。是以，深入觀察與解析澳洲南海戰略問題，就成為一個後續觀察印太戰略發展的關鍵指標。

　　本書作者湯智凱博士於就學本所期間，同時遴選入立法院約聘雇人員，擔任公關室接待國際各界人士國會參訪團，親身見識國會外交盛況與實效，又因留學澳洲布里斯本昆士蘭大學（UQ）研究所研讀國際關係之前，曾周遊聯合國大會所在地紐約總部大廈、休士頓聖湯瑪士大學（University of St. Thomas）暑期研修，親身體驗與探究聯合國與美國政策運作實務，並親自前往美國屬地關島觀察美國航母戰略地位並探詢其亞洲發展前景。

　　之後，又曾隻身前往觀察與體驗中國大陸發展實況與政務運作情形，深切體會中國政策與行動背景，因而在澳洲研讀國際關係時，對深入思考與理解澳洲外交政策運作背景與政商實務聯繫深具濃厚興趣，尤其在擔任臺灣留澳研究生學生會會長時，對兩岸華僑政策尤其是東南亞華僑的國際競逐與合作深有所感。

　　經由參與本所電腦決策模擬研習營的戰略思維課程與政策實務理論研究與決策程序學習，於就學本所博士班期間，即矢志以澳洲議題為研究主題，並聚焦在中美南海競逐主體架構的運用與連結，在順利取得博士學位後又能將博士論文轉化成書出版，身為智凱的博士論文指導教授，對其能將留學澳洲心得務實轉化為臺澳國民外交的持續努力，特表

嘉勉之意，希望爾後能在臺澳國民外交理論與實務基礎上，為臺澳民間
關係之促進與增強持續貢獻心智並開創佳績，因而樂為之序。

淡江大學國際事務與戰略研究所教授兼所長
淡江大學整合戰略與科技研究中心主任

翁明賢

2022 年 7 月，誌於淡江大學淡水校園驚聲大樓 1202 所長室

推薦序二

2020 年 8 月 4 日澳洲總理莫里森（Scott Morrison）在美國阿斯本研究所（Aspen Institute）所主辦的「阿斯本安全論壇」（Aspen Security Forum）端視訊發表演說，說明了印太地區建立持久的戰略平衡應為當前的首要戰略目標，讓理念相近國家更加緊密地在一起，並經常採取一致行動。顯示澳洲本身的國家利益無法排除中美兩國與其他區域內國家包括印尼、日本、印度、越南與東協在安全或經濟上深化合作。特別是，中美在南海的競逐也逐漸形成白熱化，背後其意涵涉及世界強權角力的競逐，美國印太戰略提供亞太安全利益所在，中國大陸印太戰略卻提供經貿利益導向，顯見澳洲國家安全戰略思維，也需藉助國際無政府文化下，理解身分與利益的關聯性，從而釐清國家安全戰略與政策，才能詮釋國家安全戰略行動的作為。

本書作者湯智凱博士藉由美國學者溫特（Alexander Wendt）的身分建構主義及卡贊斯坦（Peter J. Katzenstein）的安全文化理論途徑，分析國際無政府文化的內涵、國家身分與國家利益的關聯性，及其影響國家安全戰略與政策的產出過程，進而構建一個國家安全戰略的分析架構。臺灣學者翁明賢依據臺灣政治現況，參考溫特的社會建構主義理念架構，並結合國家安全文化回饋途徑所呈現的國家安全戰略實踐模式，對國家安全文化的回饋實踐提供重要的補充與佐證的實效。因此，本書藉由國內外學者詮釋建構主義理論的檢證，可以解構澳洲國家安全戰略與政策轉化過程分析。

事實上，澳洲身為亞太經濟合作組織（APEC）、太平洋島國論壇（PIF）的主要發起者，其國家安全戰略與政策對中美兩國及區域內國家有密不可分的關係；然而，中國漠視國際法與南海軍事與經濟利益多

重崛起、美國退出多邊條約與國際組織，皆迫使澳洲不得不對冷戰後至今的國家安全戰略與政策進行盤整與調整。平心而論，亞太地區可能引爆衝突點——南海地區，綜觀南海未來發展主要還是仰賴美國與中國各自風險控管，並共同朝和平發展合作開發共享的方向努力，中國若能在呼籲美國軍艦增加公益監偵活動下進一步考量把軍艦納入無害通過權，並積極偕同東協國家主動召集域外國家提供和平創新作為，澳洲接替日本代替美國促成南海和平開發的轉化將更具效益。

智凱博士曾留學澳洲布里斯本昆士蘭大學（UQ）研究所碩士生期間主修國際關係，返國後賡續深造就讀淡江大學國際事務與戰略研究所博士生期間除專攻澳洲作為研究主題外，並在實證研究方面以中美南海競逐作為探討焦點，堪稱治學嚴謹與用功甚勤，青年才俊足堪為戰略所後進研究生的典範。本書是其博士論文經由修正後的作品，採取建構主義研究理論與途徑，大量引用中、外文獻資料，與國內外學者、專家文獻分析，使內容更加充實，更具有實證性的資料累積，屬於國際關係與戰略研究的佳作。透過本書的出版必能達到相關澳洲研究的拋磚引玉效應，吸引更多研究人才深入多元化此一議題的研究。今特別鄭重推薦，希望他再接再厲、努力不懈，將來會再有更好的論述呈現，樂以為之序。

臺灣戰略研究學會祕書長兼執行長

陳振良 博士

於桃園市中壢區信義經典雅舍 2021 年 9 月 15 日

推薦序三

  湯智凱博士是一位刻苦勤奮的青年，自幼看其成長過程，永遠保持著一份眞誠謙遜與戮力向上之勤學態度與嚴謹生活規律，而今他不但獲得了淡江大學國際事務與戰略研究所博士，更將其在澳洲就讀研究所時期的親身體驗，及在立法院祕書處相關國際事務多年任職的交流經歷，融會貫通於對澳洲主題的專業研究，甚是難能可貴。

  在當前國際局勢詭譎多變之時，賢侄智凱博士根據澳洲地理環境優勢，多元民情風貌，宏觀中肯提出他對澳洲政局的獨特見解與在南海可行的發展路徑，這樣有爲且有澳洲本地第一線實務觀察的年輕學者實屬不易，放眼將來成爲國際級戰略大師，應是指日可待！

  我本人旅居紐西蘭多年，他也曾到我家共同生活半個多月，能夠替他人生第一本書寫序，我也深感榮幸，祝福並期勉他有雙隱形的翅膀，能夠展翅高飛，開啓澳紐等南太平洋島國無限的航程，替我國的未來發展擘劃更卓越與更宏觀的戰略前景。

中華全民安全健康力推廣協會澳紐地區教育推廣總顧問

鄭曉義

2022 年 7 月 9 日

自 序

筆者自澳洲布里斯本昆士蘭大學（UQ）學習國際關係歸國後，對澳洲的國情民俗深有所感，覺得澳洲得天獨厚，有機會在國際無政府叢林中發揮正向巨大影響效益。

在面對中美陷入南海激烈競逐並進而遍及整體印太大洋區域，為尋求澳洲戰略身分認同與角色定位，充分發揮澳洲和平中道戰略橋梁樞紐角色效益，遂努力進入臺灣戰略學術研究重鎮淡江大學國際事務與戰略研究所，並肯認父親湯文淵博士全民國防教育社會行動建構途徑，選擇師從臺灣社會建構主義權威學者翁明賢教授深入鑽研，並得益於戰略所堅實師資陣容所提供的國際關係理論、模擬兵推實務、兩岸、外交、國防、軍事等領域知能，更因同時進入中華民國立法院祕書處公關室歷練，遂能充分藉助中央最高民意機關與先進的視角與指導，以戰略高度與深度擷取相關文獻資料並予以有效分析整合，深盼戰略體育休閒開拓的路徑，能為這個可愛又可敬的留學國度，找到一條適切的戰略康莊大道。

本書能順利完成，要感謝指導教授翁明賢老師全程殷切指導與支持，其理論指導為本書主要邏輯思維發展架構，洪陸訓老師、何思慎老師、高佩珊老師及馬振坤老師提供的意見，更是本書能完成的重要指導。立法院首長們、祕書們、各級長官及同事們在工作上的支持與協助，更是感念在心。最後要感謝家人的支持與鼓勵，才得以專心完成全書的資料蒐集與寫作，希望家人們能以為我榮、以我為傲，淡江求學期間，在校內及所上認識、接觸過每一位親切的學長姊、學弟妹及幫助過

本人的學友們，沒有大家的支持與照顧，本人沒有辦法走完這趟旅程，
亦一併在此表達最誠摯的謝意。

湯智凱

2022 年 10 月 11 日

導　讀

　　本書旨在提供國際關係與戰略研究學門相關專題研究與學習模式之參考，並率直指出澳洲緣起歐洲社會主義福利理念的東方國家，不是美國資本主義國家的西方國家的地緣前提，故採國際社會建構主義概念架構，參照國家安全文化回饋要旨，以國家安全戰略實踐模式，強化澳洲安全政策行動尤其是澳洲國家安全教育行動目標與內涵，以探求澳洲南海最適地緣戰略──Olympics，確保澳洲國家安全與國家發展最高利益。

　　南海競逐歸類在資源競奪範疇應不生疑義，主要在油氣與漁業資源，尤其是漁業資源永續管理與發展，而中國一帶一路經略顯然在這方面具有顯著的地緣經營優勢。

　　澳洲文化結構基本上不脫離海洋文化結構，從英國海外殖民到多元移民國度的建構，乃至身處大洋洲的島鏈海域都是明證，不僅是海洋文化結構，更是休閒文化主體，澳洲人口集中濱海大都會，又具多處濱海廊道，海濱休閒不僅是澳洲人生活常態，更固化為文化習性，造就澳洲耀眼的體育觀光休閒活動佳績。

　　澳洲中等海洋強國的身分認同，是強化推動區域協同平衡及海洋共同體角色期許的主要憑藉，君主立憲政治體制的特色，對澳洲國家客觀利益與政黨主觀利益趨同與發展更深具指引效益。在親印太，友東亞，和南海的最高安全政策指導下，發展海洋戰略能力思維與海洋政策的整體運作體系，以力求落實在澳洲海洋休閒模式的推廣與海洋活動教育的實現，應是澳洲最適切的南海地緣戰略抉擇。

目　錄

Chapter *1*

緒　論

第一節　澳洲奧林匹克國際觀

國際奧委會《奧林匹克憲章》的提醒，就是體現相互理解、友誼、團結和公平競爭的奧林匹克精神。南海為中美在印太地區競逐國家利益的重要場域與熱區，澳洲鄰近南海，其立國屬性與文化究屬海洋國家或大陸國家？是否介入南海競逐？其身分認同與角色定位為何？其國家利益又為何？如何選擇？優先次序為何？國家安全戰略最重要的選項不外國家利益，但國家利益的認知又緣於國家安全思維的優先次序而有不同的國家安全戰略指導。澳洲的國家利益與國家安全體系設計，既然難以擺脫亞太地緣戰略及中美互動發展的結構制約因素，又面對中美根本性國家利益的不可調和性與歧異的困境。澳洲如何有效發揮地緣戰略優勢，奧林匹克國際觀的培育值得深入探究。

壹、澳洲國家利益權重分配

澳洲總理吉拉德（Julia Gillard）於 2012 年，發表《亞洲世紀白皮書》，提列文化教育、經貿投資、政治外交等五大範疇總計 25 項目標，全方位應對亞洲發展，進入 2021 年，身為五眼聯盟中地理位置離南海和中國大陸最近的澳洲，同時受到華盛頓和北京兩邊不同程度的壓力，國家利益權重分配如何選擇？影響為何？澳洲是選擇和盟友美國一起阻遏中國大陸復興，還是決定戰略自主維續目前經濟實惠為重的抉擇？類似這樣的思維與詰辯在澳洲內部始終存有爭議，究竟白澳作祟或恐華警示？美國帶頭發起遏制中國大陸後，格於澳美聯盟歷史與實益的澳洲，首先在新冠病毒吹起抗中號角後，又繼續在華為 5G、香港、南海和人權等議題上積極走向抗中路徑，引發中國大陸對澳洲實施了一系列的經濟「制約」。

近些年來澳洲前十大貿易夥伴排名，占據澳洲最大貿易夥伴席位的始終是中國大陸，澳洲總理莫里森接受採訪時表示，澳洲將永不會屈

服於中國大陸的脅迫與制裁，自身的民主自由價值觀更不會放棄，但如何衡量澳洲自身的價值觀，在澳洲內部始終呈現並不一致的觀點，澳洲各型學界、商界和政界人士對政府對華強硬政策紛紛強烈表示不滿。澳洲承受的壓力並非僅止於北京一面，中國大陸商界與澳洲維多利亞州在簽署「一帶一路」相關協議時，美國國務卿蓬佩奧（Michael Pompeo）不惜發出切斷與澳洲聯繫的強烈警告，但美國前總統尼克森（Richard Nixon）於上世紀 70 年代首先背離盟邦訪問中國大陸的歷史，澳洲多數人並沒有遺忘，澳洲金融評論報（The Australia FinancialReview）署名澳洲總理莫里森（Scott Morrison）的撰文指出，澳洲是一個主權完整的國家，始終忠於本身立國價值，並致全力於捍衛國家既有主權，可以在與中國大陸、美國的關係中保持充分的自由選擇，不需也不必被迫在中美之間選邊，那將與澳洲國家利益不符。

此外，澳洲面對當前急遽變動的國際嶄新互動情勢和地緣政治緊密關係，為了國家利益，不贊同再以過期的冷戰思維讓澳洲在國際關係與全球化經濟陷入兩難困境。中國大陸是澳洲最大貿易夥伴，與其維持互惠、互利、透明、開放的永續發展關係是澳洲最深切的期望，但澳洲更加珍惜與重視由相同世界觀與自由民主價值及市場經濟模式所構成的澳美堅實盟友關係。

澳洲國家利益權重分配，關係到澳洲在南海行戰略抉擇的優先次序，尤其澳洲緣起於西方移民的文化身分，又位屬東方地緣的利益糾葛，其如何有效平衡與掌握分配權重比例，應有創新思維與作為。由於國際關係有關國家利益的主要論述有不同的偏重取向，亦呈現比例不同的權重分配，其中主要形成有三種不同的權重分配觀點，如新現實主義把政治、外交、軍事及安全等國家利益的主張視為高階政治利益，其他經貿等利益則視為低階政治利益；新自由主義主張國家利益主要有經貿、人權、環保等利益，並將其有效區分為核心與周邊利益，或主要與次要利益等主張；社會建構主義則從認知觀點主要區分客觀與主觀利益。

　　代表現實主義基本主張的美國學者摩根索（Hans Morgenthau）強調，利益在傳統的定義上即表示權力，是一種動態浮動的觀念，並沒有永久固定的代表意義，政治的根本要素主要圍繞在利益的觀念，何種利益能夠主導政治行為，主要看外交政策制定當時的政治與文化環境。《預防性防禦：後冷戰時代美國的新安全戰略》（*Preventive Defense: A New Security Strategy for America*）一書在 1999 年出版時，美國國防部前部長裴利（William Perry）與助理部長卡特（Ashton Carter）針對影響美國的生存威脅，曾提出不同程度的風險概念，這類基於戰爭威脅急迫性對國家利益所做的區分，在實務面上形成國家利益不同的選擇與追求標準。

　　美國學者奈伊（Joseph Nye）在提出美國政府與他國接觸及交往，以獲取美國最佳國家利益與安全狀態途徑時，即包括「孤立」、「單邊」與「多邊」主義等美國傳統思維下慣有的途徑，可見國家利益權重分配受政治與文化環境影響，並以此影響國家政策選項。（參見國家利益權重分配觀點分析表）

國家利益權重分配觀點分析表

爭論的典範	現實（新現實）主義	新自由（自由制度）主義	國際關係建構（社會建構）主義
利益觀點	政治、外交、軍事與安全	經貿、人權、環保	觀念認知、規範與認同
分配權重	高階政治利益 低階政治利益	核心、周邊利益 主要、次要利益	客觀利益 主觀利益

資料來源：作者自繪整理。

力證

　　澳洲從國家政治文化環境發展脈絡出發檢視，將能尋找出在亞洲乃

至印太區域的正確身分認同與角色定位，有效分配與發展澳洲國家利益權重。

貳、澳洲國家利益與南海地緣戰略

　　澳洲是一個民主國家，同樣面臨政黨輪替的主觀價值取捨問題，澳洲主要政黨對國家利益與國家安全戰略選項是處於相向而行？還是相悖而離？基於社會建構主義文化認知觀點定義的國家利益立場，國際社會建構主義對於文化主體結構的認知，深切影響國家身分認同與角色定位，進而決定國家利益選擇的優先次序，並以此判定國家戰略與政策的取捨途徑。溫特（Alexander Wendt）並提出「主權生存發展」、「外交獨立自主」、「經濟財富發展」及「集體自尊發展」四項客觀利益的概念，以求有別於一般所稱之「主觀利益」的論點。1996 年中華民國國防報告書有關「國家利益」的官方定義載明：「國家對其人民生存發展極為關切之事項。」人民生存與發展事項歸屬為國家客觀利益，即溫特所歸類之國家客觀利益，關切則事涉國家決策體系尤其是最高決策者的主觀認定，主要指國家體系的統治階層。北京中國軍事科學院戰略研究部於 2001 年出版之《戰略學》，定義國家利益為「一個國家賴以生存與發展的客觀物質需求與精神需求的總和。」亦佐證國家利益包括客觀物質需求與主觀精神需求的客觀與主觀利益兩個面向，社會建構主義透過身分認同及識別體系的確定，釐清國家的客觀利益，並依主觀上的考量取捨利益的輕重緩急，進而決定戰略選項的優先次序，是否值得澳洲國家安全設計者列入國家利益與國家安全戰略選擇的重要參考？每一個國家除了要獲得生存的基本滿足，還要有積極發展的欲求與空間，澳洲是否只要將客觀利益與主觀利益結合，國家安全戰略就有了指導原則，後續的各項政策作為就有了依據與發揮的空間？

力證

　　澳洲體育觀光休閒成效卓著，四面環海加上東南沿海的綠色廊道，努力創新海域戰略體育休閒活動，有助澳洲國家利益與南海行動戰略的有利連結，進而發揮平衡發展的主導作用。

第二節　澳洲國際社會建構

　　澳洲是美國長年堅實的盟邦，又都與臺灣具有共同價值理念，目前國家安全與發展處境亦與臺灣乃至東亞國家極為相似，都是經濟主要依賴中國大陸，安全仰賴美國屏障，雖然其統治階層長年為白人階級，亦具典型西方政治思維與權力運作模式，但因澳洲位處亞洲地帶，過去對於澳洲的相關探詢，與東亞國家尤其是臺灣的途徑類同，大多緊隨歐美從現實主義與自由制度主義的力量角度加以觀察分析與探究，亦即主要取向於外向型且以威脅導向為基礎而擬定相對應之戰略與政策作為之型態。因此，本書轉而聚焦在社會建構主義文化結構面向與相關合作共生思維，循社會建構主義文化結構與國家行為關聯、國家安全實踐途徑研究與國家安全戰略實踐模式三大度量探究，力求尋找澳洲最適切之問題解決途徑與框架。

壹、度量1——社會建構主義文化結構與國家行為關聯

一、溫特社會建構主義

　　探究國際關係的理論視野，經歷現實、新現實、新自由與社會建構等多種理論相繼激盪與轉化，主要辯論重心聚焦在基歐漢（Robert O. Keohane）為代表的新自由主義（Neo-Liberalism）否定華爾茲（Kenneth Neal Waltz）為代表的新現實（Neo-Realism）主義國家理性、唯一國際

行為體與軍事外交效用主要核心概念。但是，1989 年柏林圍牆倒塌，東歐自由化風起雲湧，兩德歸於統一，蘇聯宣布解體，華沙公約組織解散，兩極對抗終結，這兩個都強調以國家權力為主要著眼，並特別專注聚焦軍事硬權力強化，以實現國家安全利益的重要主張，對於冷戰結束不僅未能事先預測更無法解釋，使國際社會建構主義因應而生。

國際政治傳統向來忽略社會學研究觀點，「英國學派」（English School）所強調的「國際社會」（International Society）代表西方國際政治學者解決秩序規則問題的觀點，建構主義吸收「批判理論」（Critical Theory）建構觀點，同時吸收新現實主義權力、安全與財富及無政府狀態等主要假設，從國際規則、制度學派與價值認同衍生出來，強調文化、心理與價值觀等內向主觀反思，否定國際體系由物質片面決定，重視「文化」（cultures）、「規範」（norms）、「身分（認同）」（identities）等解釋，分析國際行為體文化環境，對各行為體不斷影響與變化。

溫特（Alexander Wendt）於 1987 年提出「結構—行動者」（agent-structure）相互能動論點，奧那夫（Nicholas Onuf）於 1989 年以「文化」、「規範」、「制度」解釋國際政治現象，兩派觀點主張行為者與結構即人類與環境是相互影響建構，不是單方面被動接受，這類社會建構主義主要論點指出，國際關係不能僅強調軍事鬥爭等硬實力，更應密切關注經濟交流與社會文化和意識形態的形塑，亦即任何所謂的「利益」與「發展」、「安全」與「威脅」等概念，都有很強烈的主觀成分與意涵，國際行為體運用相互主體性（inter-subjective）構成國際社會並形成整個世界，這是一個有意義與相互影響的生活實踐過程。國家利益是透過國際行為體的「規範」和「價值」等相互主體建構並共享且逐漸化約為共有理解（shared understanding）、共同期望（expectations）和共有社會知識（social knowledge）與社會現實，這些都離不開政治。

二、相互主體建構

中國大陸學者秦亞青對引進溫特理念深具重要影響，現實主義認為國家互動取決物質分配，溫特社會建構主義則注重文化觀念結構的相互影響，強調行為體互為主體相互實踐活動進程的可變性與可能性。溫特在蘇聯解體的啟示中指出，蘇聯領袖戈巴契夫所引導的新思維，主要是從新概念對美蘇關係長久陷於物質實力對比的重新評估與啟發，亦即戈巴契夫可說是從觀念上徹底改變蘇聯與西方國家的立場，因而改變雙方長久處於敵對的霍布斯文化狀態。

三、共享知識一認同一利益一行為理念架構

這套理念架構形成，主要前提是國際無政府文化狀態，國家互為主體的身分與利益，影響國家安全政策的循環過程。社會結構有共同知識、物質因素與實踐活動三要素，國家間的互動取決於相互主體的觀念互動，不同的認知影響不同的決策產出，此乃強調國家間之互動構成了共享知識的社會結構，也建構了行為者的認同主體，而認同主體決定國家共同利益，共同利益進一步決定國家行為取向。溫特基於國際無政府文化結構的認知，判斷國際體系會出現敵人霍布斯、競爭者洛克和朋友康德三種並存且持續變化的文化狀態，行為體相互認知的程度，關聯行為體身分的認同和利益的抉擇，身分認同區分成「個人或團體身分」（Personal or corporate identities）、「類屬身分」（type）、「角色身分」（role）、「集體身分」（collective）等四種，利益分為客觀（objective interest）和主觀利益（subjective interest）兩種，客觀利益就是一般指稱的國家利益，包括：「實體生存」（physical survival）、「獨立自主」（autonomy）、「經濟財富」（economic well-being）、「集體自尊」（collective self-esteem）等，主觀利益主要代表一種信念，亦即行為體實現自我身分需求所一以貫之且堅持不懈的認知與主張。

四、循環機制運作

翁明賢指出國際無政府社會，兩個行為體透過相互之間的「機制運作」（institutions）與「互動過程」（process），逐漸了解雙方的動機與行為，進而共構相互主體的身分與利益，這種機制與過程是一種不斷互動的解讀與期待及政策產出與影響的循環行動。「機制運作」與「互動過程」共同影響行為體「身分」與「利益」，A國行為體受外在刺激因素影響，引發情勢界定並指導A國行動，A國行動引發B國情勢解讀後，同時指導B國採取應對行動，A、B兩國行動結果，促成A、B相互建構的主觀理解與期待，進而指導A、B形成各自身分與利益。A國身分認同與利益取向，影響本身對外在情勢定義，B國身分認同與利益取向，亦影響對A國行動解讀，進而影響本身情勢研判與行動，刺激與行動構成一個完整的循環。

五、理論爭議與侷限

社會建構論理念架構與互動過程的循環，容易產生理念一路到底而忽略實質問題與解決方案，且出現沃爾特（Stephen Walt）所指出的弊病，擅長於描述過去，拙於預測未來。他們努力從理性與反思的爭辯中尋找第三條中間路線，雖有助結構、認同、利益、行動機制的因果解釋，但忽略語言文化實踐在互構過程的重要影響，故若能輔以國家安全文化實踐途徑補強，將形成互補效用。

貳、度量2──國家安全文化實踐途徑

一、國家安全文化回饋

有關國家安全體系設計與實踐途徑，過於專注政治歧見持續不變的假設，始終將維護國家安全設計與實踐重點置於國防─建軍─備戰之軍

事戰略指導論述與作爲，不斷強化軍力如何保持平衡、兵力如何重點配置及先進武器如何優先獲得等相關探討上，將不斷形成軍備競賽與安全困境，在全球與亞太緊密的經貿依存上，則僅能講究靈活的戰術作爲，降低或減緩其對整體經濟可能形成的傷害，對於如何強化文化認知與建構實踐的戰略途徑則甚少關注。1996年卡贊斯坦等（Peter J. Katzenstein eds）整理90年代以來建構主義主要學者如溫特、貝格（Thomas U. Bager）、艾爾（Dana Eyre）、江憶恩（Alastair Iain Johnston）強斯坦（Alastair Iain Johnston）等人的理論要旨，並將之落實編輯成《國家安全文化：國際政治規範與認同》一書，從國家安全文化實踐途徑解析國家安全行爲，國家安全文化實踐途徑分別爲國家環境結構（文化、制度或規範）、國家身分認同（或角色）、國家利益、國家政策與回饋，即重視國際政治現實中各種「文化」（cultures）、「規範」（norms）、「身分（角色）」（identities）、「利益」（interest）、「政策」（policy）等概念的相互影響與循環實務檢證。

二、環境結構與身分

文化環境結構形成規範（norms），並內生於行爲動機，提供行爲體新行動動力，規範指基於認同所產生的共同期望行爲或互動過程，在某些情況下，規範的運作與規則（rules）相似，藉此界定行爲體的身分，使相關的他者（others），認識到行爲體的某種具體身分。規範界定身分，也規定或禁止管制某個被建構身分的行爲選擇，並在不斷變化的環境中，塑造其行爲期望。規範本身是一種相互建構的過程，行爲體基於相互認知以判定雙方行爲的合理性進而接受共同的規範。就如貝格所指出的，二次大戰後，日本和德國兩個戰敗國家，其政府受到國內與國際反戰思維文化環境影響與約束，對國家安全政策即無法採行更爲積極與主動的擴張途徑，此外，如普萊斯（Richard Price）與譚納德（Nina Tannenwald）等人所描述的一些具有較爲先進人權文明的已開發國家，

其內部亦會自然形成反對政府運用尖端科技大量屠殺人類獲取不當國家利益的制約力量。文化環境結構和制度或規範，形塑國家身分，身分又影響國家的內外環境並連接到利益的選擇。

三、身分與利益

環境文化形塑國家認同，認同影響環境文化與國家利益。認同的概念有時又被稱為身分，認同指行為體以為「我」而非「他」的自我統一性和個性，身分概念在國際社會被認為是建構國家（或民族）的標誌，具有兩種意義，在國際上，指國家（或民族）的集體特徵和意圖，在國內指國民展現的特殊性與多元性，認同影響行為體安全需求與判斷的過程，以此形塑國家利益的建構，為了國家利益，認同可以重新建構，國家認同改變，國家利益抉擇和政策產生亦將隨同變動，反之亦同。因此，國家首先認知自己存在的意義和價值，才能建構特殊的認同關係，進而確認自己本身的利益，身分不但形成利益，也形塑利益。國家透過朋友和敵人的身分劃分，以發展或建構成特殊的身分關係，這種關係可以是一種「零和」（zero-sum）遊戲也可形成互助關係，最重要的考量是力求符合國家本身的利益。其次，認同亦為社會角色認知或定位，身分關係同時解釋角色的扮演。美澳關係的持久與西方民主價值同盟的延續與擴展，說明特殊身分認同創造利益共同體的最高效益。

1956 年蘇伊士運河危機，英美之間傳統的認同關係使其能充分運用政治語言溝通強化團結，避免二者嚴重意見紛歧之下可能產生分裂結果。學者江憶恩（Alastair Iain Johnston）描述中共政權成功的發展過程，就是得力於毛澤東以中國大陸傳統戰略思想文化敵我身分為背景，結合新興馬克思—列寧主義矛盾鬥爭所形塑戰略文化的充分運用，以此深刻區分敵我身分認同關係，讓支持中共政權的大陸人民，接受中國大陸和西方國家之間的互動關係是一種「零和」（zero-sum）遊戲，而深信非我族類其心必異，堅持鬥爭到底而獲得最後勝利的人民與民族戰

爭。日本和德國國家身分也受全球化外在環境影響，而國內長期軍國主義的文化環境則深遠影響兩國人民。因此，身分觀念會在國家的內外環境產生影響，進而改變其國家身分的認同。

萊斯（Risse-Kappen）指出北約會員國基於彼此間的身分認同和面對的共同敵人，形成共同行為規範，產生集體安全共識，進而建立安全共同體，蘇聯解體後，共同敵人消失，但因經過長期不斷協商所形成的共同規範和因而形成休戚與共的集體身分，不僅仍然維持北大西洋安全共同體的組織體制，更有日趨擴展的趨勢，顯示出透過集體身分認同所形成的不具暴力性質的國際秩序與規範，在國際危機出現時往往會具有穩定國際局勢的作用。

四、利益、政策與回饋

國際文化和制度或規範影響國家身分認同或歸屬，並以此確認國家利益選擇的優先次序，進而指導國家安全戰略或政策的產出，進而循環回饋國家形塑新的文化環境，再影響身分、利益與政策行動。國家安全文化回饋整體循環，個別要素雖有不同的重點強調，但透過整合運作與循環不斷過程，即形成國家安全文化整體不可或缺的重要因素，國家與國際內外環境雙重交織影響國家安全文化，進而決定國家對外身分認同與國家利益選擇及相關政策產出，而國家間彼此共處的文化認知狀態，也會影響彼此身分的認同關係，進而確立國家利益的選擇次序與國家安全戰略與政策的產出，並透過回饋途徑影響彼此共處的文化認知狀態與規範之形塑。

國際社會是一個開放的系統，經由國際行動不斷的投入與產出，進而構成一個生機勃發的循環系統，這個循環的重要機制便是回饋，經由回饋機制，使系統不斷連續建構和再建構，國家利益和政策不斷更新和再製，文化和制度規範不斷演化，再持續影響國家身分認同，以此構成國家安全文化的循環回饋模式。

國家依賴國際社會存在，國際社會由規範治理，基於規範本身獨具的順從力（compliance pull），使國家傾向於對規範的持續遵守，以避免削弱國家本身存在的地位，何況體系內的國家沒有遵守規範的信念，體系內的危機自然經常發生。國家對外的認同關係，經常繫於國家與國際內外結構文化環境的變化與發展，也藉此影響國家的利益和政策，而國際間國家彼此認同關係，亦影響彼此互動關係和相關體制與規範的維續與興替。身分決定利益，利益影響政策制訂，每一種無政府文化影響著不同行為體間的身分和利益的認知。

參、度量3──國家安全戰略實踐模式

一、綜合安全

安全研究議題自 1990 年代後，不論內涵或途徑皆逐步走向解脫軍事戰略思維侷限的「綜合安全」主軸，呈現國家安全戰略多面向整合的戰略政策研究途徑。基於主流思潮的現實主義軍力利益觀，或新現實主義的權力分配結構利益，及新自由主義的制度利益觀點或相關論述，所研究與設計的國家利益與國家安全戰略體系，主要是從威脅導向的分析角度分析，對整體國家安全面貌的研究有理論指引與視野的侷限，同時，功能主義與新功能主義的互賴效應，亦無法有效消除政治性的對立僵局。印太區域小型乃至中等國家基於本身國家利益無法排除其他大國的利益考量，顯示「政冷、經熱」的國家安全戰略矛盾現象應該還有其他不同的思維角度與途徑可以實踐。

二、國家安全戰略實踐模式實效

翁明賢教授是臺灣社會建構主義權威學者，依據臺灣政治現況，參考溫特的社會建構主義理念架構，並結合國家安全文化回饋途徑所呈現的國家安全戰略實踐模式，對國家安全文化的回饋實踐提供重要的補充

與佐證的實效。

(一) 文化結構改變

冷戰後，美中呈現洛克競爭文化發展，臺灣民進黨執政政府的決策者並沒有跟隨調整，反而隨著其特殊意志將兩岸拉回霍布斯文化狀態。

(二) 身分認同

臺灣國內的統獨爭辯模糊國家的個體與類屬身分，不同意識形態的政黨執政，國家的個體與類屬身分亦隨之轉換，國家（政府）對國際社會無政府文化狀態的認知亦跟著改變。

(三) 利益取捨

國家身分認同決定國家利益的的選擇與取捨，臺灣 2000 年政黨首次輪替後，臺灣決策者將「主權獨立」的身分列爲國家身分優先選項（個人意識形態與選票考量），促使主權獨立的客觀利益優先於其他三項客觀利益。

(四) 政策產出

臺灣決策者的主觀獨立利益反饋到國內主權統治文化，鞏固內部獨立意識形態，增強臺灣主權獨立政策的產出。

(五) 文化回饋

臺灣決策者的主觀獨立利益反饋到國際無政府文化，加深霍布斯文化的狀態，激化兩岸對抗性政策的產生。

臺灣 2000-2008 年政治實況運作實效驗證說明，國家安全戰略實踐模式呈現社會建構主義「觀念」或是「共有觀念」共享，在相互主體建構過程中的重要性與必要性，只有藉由了解雙方的期待與建立雙方的共有知識，才能策定及關照雙方對外政策與作爲，並隨著雙方或是與外界行爲體的互動來進行自我行爲的修正，以創造本身最大的福祉。翁明賢教授從戰略高度去思考國家安全的各層面整合問題，希望建立兩岸非敵意的「共有觀念」之安全戰略思維與「多重角色與集體身分」，以整合

臺灣的客觀國家利益與主觀國家利益，並進一步提出業經驗證的臺灣國家安全戰略架構及兩岸互動機制分析，以此釐清臺灣有關國安、國防、外交及兩岸政策擬定之整合指導方針與原則等，顯示社會建構主義觀念共享理念與國家安全文化回饋途徑所發展的國家安全戰略實踐模式，有利國家安全與國家利益和平行動的增強與發展。

第三節　澳洲南海最適行動

壹、國家安全行動發展

　　溫特社會建構主義理念架構文化、身分、利益及行為四要素，輔以卡贊斯坦的國家安全文化回饋實踐整合途徑，並以翁明賢的臺灣國家安全戰略實踐模式檢證為基礎，足以提供國家安全行動和平發展新路徑，並輔以戰略三部曲的思維、計畫與行動，作為分析與探討澳洲國家安全戰略、政策與機制的縱向關聯行動發展架構，以求更加彰顯國家安全戰略整體實務驗證效益。「國家利益」並沒有一項永久固定的意義，因為利益的觀念為政治的根本要素，且在特定的歷史時期中，何種利益能夠主導政治行為，端賴外交政策制定時的政治與文化環境如何。翁明賢認為理想中的國家安全戰略的建構，首先要確立國家文化的價值，再根據立國的文化價值決定國家的身分與角色定位，進而決定國家追求的利益目標，從而確定國家的戰略與安全政策。

一、文化認知結構

　　臺灣全民國防理論與實踐者湯文淵博士，整理國際社會建構主義文化認知理念要素，在臺灣夢攻略學提出文化—身分—利益—行為的社會建構主義實踐結構。（參見社會建構主義文化認知實踐結構圖）

社會建構主義文化認知實踐結構圖

資料來源：筆者自繪整理。

該結構說明國際關係基本上不脫離是一種社會結構，相關共有知識主要包括意識形態、規範、制度或組織等，以此形成霍布斯、洛克與康德三種文化狀態，體現爲敵人、競爭者與朋友三種身分轉變。換言之，國際社會無政府狀態是不斷變動的，行爲體自由決定文化關係，並在認同與利益獲得實踐。

二、國家安全行動發展模式

繼文化認知實踐結構發展，湯文淵博士又參酌翁明賢實效驗證的國家安全戰略實踐模式，說明國家安全行動發展極具可塑性，除顯現社會建構主義各要素相互密切關聯外，更彰顯相互主體建構過程的重要性與必要性，建立國家安全戰略最適切模式，不是單邊單向一廂情願，而是藉由雙方不斷的交流與溝通，以了解雙方的共同期待與建立雙方的共有知識，才能策定及關照雙方對外政策與作爲，並隨著雙方或是與外界行爲體的互動來進行自我行爲的修正，以創造本身最大的福祉，不受安全困境糾葛，亦不受累軍備競賽負荷。

此外，國家安全有關政策擬定與運作機制，表面似由各相關部會負責，但實質上其政策之通過均經政府內部會議之集體議決而成，而有決策一體之意涵。有關國家安全思維或戰略指導，透過國家安全相關會議的議決機制，展示其正當性與適切性，並於上任時向立法機構提出施政方針報告，各部會據以擬定年度施政報告與具體計畫，再於歲末年終提出工作執行成效檢討報告，以此形成國家安全政策常態運轉機制，並作爲支持或修正國家安全戰略實踐之參考。國家安全戰略設定國家安全與

發展目標，透過行政與立法相互運作機制與驗證，形成軍民平戰時全適用體制，有效應對安全任務與發展目標，以此有效發揮國家安全與發展戰略—政策—機制內外聯動網絡最高效益。（參見國家安全行動發展模式圖）

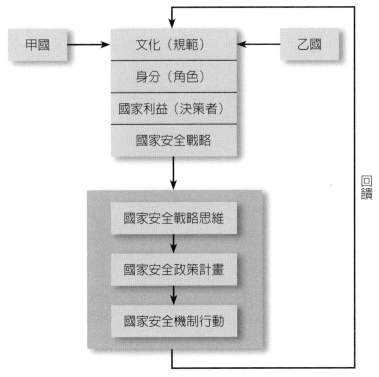

國家安全行動發展模式圖

資料來源：筆者自繪整理。

貳、澳洲國家安全戰略行動發展架構

澳洲國家安全戰略行動發展架構參考社會建構主義概念架構與思維邏輯，探討澳洲國際社會建構的行為屬性與政策取向，隨著相關政策內

容與佐證資料的蒐集與分析不斷充實與增加，將更能清楚的解析澳洲政策的過往軌跡與未來取向與定向。在縱向歷史過程上，澳洲白澳及東望政策的過往發展歷程，將爲澳洲確認未來至當的行動實踐模式與尋求更具彈性的發揮空間，在橫向層面上，澳洲地緣屬性與文化趨同將有效提供澳洲國家安全戰略構想、相關國防、外交政策與機制運作分析參考。

澳洲與南海周邊國家尤其是中美大國互動所形成的文化認知結構，透過文化認知結構與戰略—政策—機制實踐途徑的結合，力求有效綜整不同國家安全戰略指導觀點，產生澳洲有利的國家角色定位與至當行動，進而確保澳洲的國家安全與發展利益。澳洲本身的國家利益無法排除中美與日印其他大國的利益考量，尤其中美在南海的競逐，基本上已是中美各自印太戰略的總體發揮，更上涉世界強權的競逐，美國印太戰略提供安全維護利益，中國大陸印太戰略提供經貿發展利益，澳洲國家安全戰略行動發展架構，藉助文化理念結構與國家安全文化回饋循環，參照國家安全戰略實踐模式及國家安全戰略行動實踐取向，在中美南海印太戰略與一帶一路政策國際文化競逐結構影響下，澳洲國內文化結構如何確立澳洲對美國的集體身分認同與對中國大陸的敵對競爭角色，進而引導澳洲國家決策體系的國家利益思維，尋求最適切的南海戰略思維—政策計畫—機制行動的整合實踐值得關心澳洲發展人士的特別關注（參見澳洲國家安全戰略行動發展架構圖）。

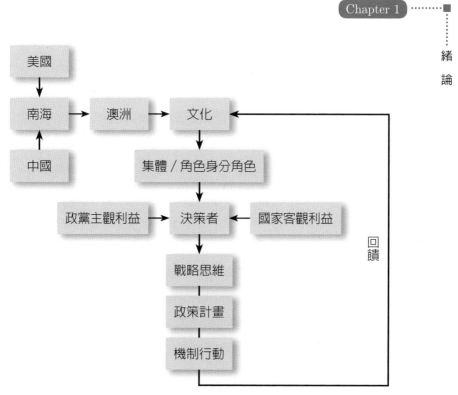

澳洲國家安全戰略行動發展架構圖

資料來源：筆者自繪整理。

Chapter *2*

澳洲南海角色定位

　　毛正氣分析南海自然資源與爭奪提到，南海（South China Sea）這片海域因蘊藏豐富的礦產與自然資源，如豐沛的漁場、石油與天然氣礦產及待開發的可燃冰等資源，受到南海諸國的重視並力圖尋求開發與擁有，當國際海權概念日趨發展與受重視時，周邊國家對《聯合國海洋法公約》有關經濟海域與大陸棚的不同解讀，造成公布海域範圍交互重疊與劃界不明的爭議遂紛紛興起，加上南海為中國大陸國內經濟與資源出入印度洋必經航道又為中國所宣稱的傳統主權主張海域，遂使南海與周邊圍繞的群島陷入長期的主權紛爭與資源爭奪。鍾永和分析中共建設南沙島礁戰略意涵時指出，2012 年中國大陸開始在其目前所實際控領的 7 個島礁群，進行較具規模的填海造陸工程，力求擴大島礁群高於海面所占有的陸地面積範圍，經過兩年加快建設速度的開發工程，2014 年中國大陸對各島礁群的實質控制已更加牢固。中國大陸針對南海問題有關島礁主權和海域管轄權的立場與主張一貫，堅決反對無關國家進行干預，更反對南海問題國際化與多邊化，更強烈拒絕國際仲裁。中國大陸更早在 2002 年 11 月 4 日，即率先與東協 10 國完成《南海各方行為宣言》簽署，堅持主張和平發展與雙邊協商開發，但面對新興的《聯合國海洋法公約》爭議與日趨浮現的資源爭奪等多重壓力與挑戰，中共遂積極採取各項島礁主權防護與鞏固作為，尤其在以美國為首的域外國家藉故多方介入後，南海問題已從主權爭議與資源爭奪蛻變為中美地緣戰略角力的競逐場域。

　　錢尹鑫在分析新型大國關係時提到，隨著中國大陸整體國力快速發展與經濟體量日漸逼近美國，中國大陸構建新型大國關係的呼籲與期盼，逐漸被美國解讀為對其世界地位的威脅與挑戰，更被西方工業國家集團喻為充滿改造國際規則的野心，在全球勢力呈現東升西降的催化下，更進一步形成西方對於中國大陸的全球經濟與南海地緣戰略集體遏制與防範。隨著美國的戰略東移與軍力布署調整，肩負美國軍力投射最主要任務的海軍，已日漸將其軍力的 60% 轉移至亞太地區重新布署，

美國更在南海重新召集相關國家組成意圖明顯的抗中聯盟，大陸亦不斷從各方面突破美國的持續警戒與圍堵，導致南海競逐日趨白熱化，形成世界衝突的熱點，美國與中國大陸競爭雖多面向展開，但針對特定議題與區域尋求雙方合作的可能性與途徑亦從未排除，中美鬥而不破，加上南海周邊國家經貿緊密相依，遂使南海地緣競逐呈現既競爭又合作的動態平衡。

第一節　南海地緣歷史

　　針對 19 世紀以來中國海陸疆域界線的系統研究整理，是由政治大學前邊政研究所所長唐屹教授，依據國民政府官方史料所主持的「中華民國界務文獻編刊計畫」，目前該計畫已接續完成出版的有《中華民國領南海資料彙編》與《中華民國國界資料彙編》叢書，被國內外學界讚譽為是對中國海疆、陸疆文獻最全面性、最有系統的整理。這兩本叢書在國民政府播遷來臺時一併帶至臺灣，目前部分已陸續贈予中華民國「外交部」、「國家圖書館」等政府單位典藏，是研究南海領土主權的珍貴史籍，也是釐清南海主權爭議的重要參考與佐證。

　　中國大陸學者吳士存在分析南沙爭端起源與發展時指出，英國皇家海軍於 1879 年出版《中國海航行指南》，其中有關鄭和群礁的章節提到，以海為生的中國海南漁民已在島礁上生活多年，在大多數的島嶼上都看得到這些海民採集海參與龜殼作為生計，每年 12 月或 1 月來自海南島的中國大陸漁民帆船，都會用大米與其他生活用品，與這些島礁海民交換海參和其他產品作為營生，然後乘著西南季風開啟時返回。其中對太平島最特別的描述，是太平島已有較佳的淡水井水質，居住在該島的漁民有著比其他島礁更為舒適的生活。該《指南》也指出，海南島的中國大陸漁民經常在中業島及其周邊島礁附近採集海產，生活模式顯現中國大陸海南漁民在南海島礁已脫離季節性漁民撈捕活動，已成功發展

爲住民常年的經濟生產活動了。

不僅西洋文獻對中國大陸海民在南海多數島礁有清楚的經濟生活記錄，在中國相關文獻也有詳實的官方行動記錄。1907 年（清光緒 33 年），廣東水師提督李準受廣東總督張人駿之命，巡防南沙群島，並在近 10 多個島礁豎立極具主權象徵意涵的大清國土石碑，返程後李準更將他在南沙群島航行的所見所聞撰寫成《巡海記》一書作爲歷史的見證。在清代地圖也發現，海南島已被視爲中國大陸領土的最南端，中國民間地圖學者陳鐸 1933 年發表《中國新地圖》時，更把北緯 7° 以北的海域都記載成爲中國的版圖。

趙永茂、唐豪駿分析南海 U 形線主張與中華民國南海政策說帖相關引述指出，對日抗戰發生前的 1935 年，中國政府召開水陸地圖審查委員會會議，時任行政院祕書長甘乃光親自主持，會後正式公布中國南海 U 形線的完整輪廓，位於北緯 4° 的曾母暗沙（James Shoal）也在 1936 年由中國地理學家白眉初發表《中國建設全圖》時，正式當成中國領土版圖的最南端。

壹、歷史交涉

越南在 1933 年仍爲法國殖民地時，突然發起南海西沙群島 9 個島的占據行動，引爆中法越對於海域主權的國際糾紛爭端，見證中國主權界碑的前清官員李準獲邀接受媒體親訪，詳細陳述當年南巡過程與詳實記錄，作爲島群歸屬中國主權的有力見證。二次大戰結束後，日本於 1945 年 12 月派遣氣象局代表大內幸雄，把南海相關水文記錄與史料交給中華民國國民政府，日本在南沙群島上的氣象站，即由臺灣行政公署派出代表正式接收。

總統蔣公思想言論總集相關聲明提到，隨著中國內戰發生，海南島省在 1950 年由中共解放軍奪取，菲律賓等南海周邊國家輿論要求派兵占領中國南海島礁，美國第七艦隊指揮官適時抵達臺灣，要求陳誠國

民政府，放棄南沙予菲律賓、西沙予越南，遭陳誠政府嚴詞拒絕，菲律賓時任政府基於與中國國民政府傳統友好關係，除了拒絕派兵占領南海外，總統季里諾（Elpidio Rivera Quirino）更在同年 5 月 18 日公開向媒體表示，南海主權歸屬於中國國民政府。

李傳洪呼籲兩岸合作護南海主權指出，除了菲律賓總統公開發言外，南越總統為了防禦北越共產政權，也曾向中華民國政府租借西沙群島，英國氣象局與美軍顧問團多次登上南沙群島、西沙群島，測繪海事地圖與進行氣象研究，也向中華民國政府提出申請，聯合國國際民航組織第一屆大會於 1955 年 10 月 27 日在菲律賓舉辦時，在 16 個國家出席的大會中，有關南海上空的飛航氣象資料，會中各國更一致要求由握有相關資料的中華民國政府提供。

貳、歷史管理

吳士存分析南海問題估算，南海現有 100 多個島礁，中華民國之外，越南、菲律賓、馬來西亞和中共都分別占有部分島礁。從歷史角度來看，中國自漢朝即有相關記載設有專門官員管理南海，二次大戰時日本雖暫時占有東沙、西沙與南沙諸群島，且將部分島嶼納入日據的臺灣總督府管轄，日本戰敗後，國民政府於 1946 年正式收復南海諸島礁，並於主要島嶼派軍駐守並設立國土界碑，1947 年 12 月再行公布新定南海諸島名稱，並首次展示《南海諸島位置圖》，「南海 U 形線」，明示標誌著中華民國領土及海域範圍，含括與菲律賓、馬來西亞及越南接界共十一段線，圖狀神似 U 字形而得名。陳鴻瑜在依舊金山和約分析西沙和南沙群島領土歸屬問題時指出，U 形線十一段線，在東北的最後兩段囊括臺灣，之後即作為中華民國南海「島嶼領土主權歸屬線」，並成為南海領土海域主張的底線。傅崑成在海洋管理的法律問題提到，中華民國政府雖因兩岸在國際中國代表權的爭議與歸屬問題，未能成為《聯合國海洋法公約》的相關締約國，但中華民國政府於 1946 年對南

海最大淡水島嶼太平島駐軍並設置南沙守備區的實際控領與經營，及
1990 年 2 月正式核定高雄市旗津區行政管轄等主權經營與治理實績，
並在 1998 年完成《中華民國領海及鄰接區法》與《中華民國專屬經濟
海域及大陸礁層法》的法治建樹，實不容忽略與抹煞。

參、歷史法理

　　丘宏達分析中國領土的國際法問題時指出，中華民國出版的《南海
諸島位置圖》，標出中國南海海域範圍，東沙、西沙、中沙和南沙群島
位置和島嶼名稱由北至南依序排列，最南端國界線在北緯 4° 左右，含
括十一段國界線，又稱「傳統疆界線」，此斷續的十一段國界線因其在
地圖上形似英文 U 字形而得名「U 形線」，越南則以其視角稱爲「牛舌
線」。陳鴻瑜說明南海諸島主權的國際衝突時提到，日本放棄臺灣與澎
湖群島及南沙、西沙群島之一切權利與要求的事實，明載於 1952 年中
華民國政府與日本簽訂《臺北和約》，此即對 1951 年舊金山和約的重
申。由於中華民國政府在中國大陸內戰失利並轉進臺灣，大陸地區則由
中共政權另行成立中華人民共和國，因此日本在本合約之簽訂時，始終
堅持放棄卻未明言歸屬，遂使臺灣、澎湖和南沙與西沙的主權成爲兩岸
未解決的懸案，也成爲國際強權操弄的籌碼。不過，《臺北和約》簽訂
之後，由於聯合國中國代表權仍在臺灣的中華民國政府，在國際各型出
刊的地圖文物，都能發現西沙與南沙群島都仍屬於中華民國政府所有，
最顯著的有 1962 年美國出版的文物《各國百科》、1967 年蘇聯的《世
界地圖輯》、1968 年德法英共同出版之《世界地圖》、1973 年日本政
府出版之《地圖集》等，甚至對太平島始終存有領土意圖的越南政府亦
不得不在其中小學教科書中，指出臺灣擁有附近領土應有之經濟海域。

　　中華民國參考《聯合國海洋法公約》並依據《中華民國領海及鄰接
區法》與《中華民國專屬經海域及大陸礁層法》公布第一批領海基線，
除附領海基點座標，也可展繪於海圖，範圍除臺灣及其附屬島嶼，包

括爭議的釣魚臺列嶼，東沙、中沙群島外，南沙群島則以在我國傳統 U 形線內之全部島礁均爲我國領土之文字方式標示，這樣單方公告的基線領海範圍自然包括了海域爭議部分，也必然需做好爭議談判與解決的應對準備。

中華民國聲稱擁有的南海「歷史性水域」，目前實際島礁控占除了中華民國本身外，尚有中國大陸、越南、菲律賓、馬來西亞、汶萊等 5 個聲索國。曹雲華、鞠海龍 2012 年分析南海地區形勢時指出，2009 年 3 月 5 日馬來西亞總理首度登上南沙群島「彈丸礁」宣示主權，同年 3 月 10 日菲律賓總統強力簽署包括南沙群島部分島礁（含太平島）及中沙群島黃岩島的「海洋基線法案」，均遭到中國大陸政府表達嚴正抗議與交涉。當前中華民國政府所處臺灣，西距中國福建約 200 浬，最短僅約 130 浬，東臨日本沖繩與那國島約 110 浬，南與菲律賓相隔約 185 浬，都在國際法經濟海域 200 浬規範範圍內，顯見經濟海域皆存有談判協商解決的爭議空間。

第二節 南海地緣強固

壹、島礁經略

南沙群島位處於印度洋麻六甲海峽進入西太平洋亞洲最具開發價值經濟體的關鍵衢道，是全球最重要也是最繁忙的海空航運通道之一，中國在 1935 年即對南海四大群島主要海上地物包括 5 個低潮高地完成命名與標示，並主張擁有完整的領土主權。其中中建島控領關係歷經中華民國、越南與中國大陸最爲複雜，1946 年中華民國政府最先派遣「中建號」軍艦接收該島並命名，其後越南趁中國內亂強行進入控制，1974 年同爲共產國家的中越發生衝突，中國大陸即實際控制該島至今。

孫國祥分析南海之爭的多元視角時指出，南海中的西沙群島由於

中國大陸只與越南有主權爭議，故較少受到關注，南沙群島則由於有菲律賓和越南等國虎視，中國大陸在南沙群島的活動曾受到限制，2013年菲律賓向常設仲裁法庭正式提出菲律賓對中國大陸（Philippines vs. China）的南海仲裁案後，2015年2月至7月，中國大陸開始在南海系列島礁爭議海域，進行大規模填海造陸工程行動，擴大增廣人工島礁面積與強固各型軍民通用設施。

永暑島礁（越南稱十字礁；菲則稱英雄礁）行政上隸屬海南省三沙市，位處南沙群島中部，位處尹慶群礁和九章群礁之間，距海南島榆林港約560浬，大陸本土也僅約740浬，地理位置險要，加上本身原本即存有較大礁盤，周邊附近約70公里半徑更無其他聲索國的爭議據點，成為中國大陸填海造島工程首選，原先面積約0.081平方公里，經過積極填海造陸修整，2015年島嶼面積已達2.8平方公里，島上機場跑道約3,125公尺長業已基本完成，除一舉超越臺灣控制面積約0.5平方公里的太平島外，更成為南沙群島的主要地標第一大島。

根據全球知名商用高解析度地圖網站（Digital Globe）衛星照片顯示，永暑礁面積已躍升為南海諸島第五大島，僅次於永興島、東沙島、東島、中建島，並日趨擴大邁向第一大島。宋燕輝分析美國與南海爭端時指出，中國大陸1988年即優先決定在永暑礁進行一系列寓國防於民生的建設，先後完成海洋觀測站與4,000噸級碼頭、2層樓房建物和約500平方公尺的蔬菜棚及直升機平臺，規劃容量為約200名解放軍駐守。王冠雄分析東協南海政策動向時提到，英國媒體公布衛星圖像亦指出，主要島礁通訊設備和軍事設施建置也大都接近完工狀態，西沙群島永興島2,400公尺跑道兩端積極填海造陸延長後，解放軍所有軍機即可起降，中共軍力將擴至南海，作戰半徑亦可擴增到5,000公里的距離。2016年1月2日中國大陸外交部證實，永暑島礁民航機已完成機場跑道飛航測試，此外，渚碧礁擁有環礁地形，2015年填海面積即達0.936平方公里，也建有一個2,000公尺以上跑道的飛機場，可望建成南沙群

島最大港口，並成為中國大陸管理南沙群島北部最重要的基地。

　　根據 2015 年 5 月美國國防部亞太助理部長施大偉（David Shear）在參院外委會的證詞顯示，1996 年越南在南海僅占有 24 個島礁，如今已倍增為 48 個，中國大陸則實際控制 7 個，顯示越南積極經略南沙海域的企圖不亞於中國大陸，甚至有過之而無不及。周寶明分析南海軍備競賽時指出，越南敦謙沙洲島礁，距臺灣太平島不到 11 公里，填海造地面積已大增為 2.1 平方公里，主要用途供作軍事設施與大批砲位布署之用，西礁面積也擴充達 6.5 平方公里，面對太平島的砲位就設有十餘處之多。臺灣所領有的太平島，面對越南的軍事整備與對中共主權的防範，也在原有的軍事部署增強調整，海巡署南巡局新接收自國防部的 6 門 M114 式 155 公厘榴砲，已撥交第 6 岸巡總隊「155 榴炮中隊」，最大射程就可達到 14,600 公尺並已積極完成戰備整備。

貳、硬體強固

　　1946 年 12 月 9 日中華民國接收命名的南海諸島計有 172 個，2014 年 4 月 10 日因應南海國際情勢日趨緊張的時勢，中華民國為維護一貫的和平主張曾以海軍重返太平島周邊面對越南的敦謙沙洲實施登陸實兵演習示警，2015 年 12 月 6 日幾近復刻 1947 年《南海諸島位置圖》公布《南海諸島分布圖》時，詳列的島、礁、沙及灘地理位置也有 160 個，值得注意的是《南海諸島分布圖》對中沙群島大多數暗沙名稱和位置的標示，其中民主礁即為現稱的黃岩島，內政部長陳威仁於同年 12 月 12 日前往太平島，主持碼頭擴建工程竣工典禮，越南政府據此提出強烈抗議，外交部即強烈回應為國家主權行使，非他國所能置喙。2016 年太平島繼東沙島劃歸地方行政治理後，海巡署有關人員完成當地唯一住戶門牌建置，首開中華民國住戶戶籍登記記錄。

　　太平島自 1946 年 12 月 12 日中華民國國民政府正式接收後，歷任國家元首除蔣中正與李登輝外，蔣經國與藍綠政黨總統陳水扁、馬英九

等都曾登上太平島完成歷史主權登島宣示。2013 年臺菲發生廣大興 28 號漁船被扣的爭議事件後，馬英九政府的南海行動更趨積極，除派出中華民國海軍配合海巡單位，在巴士海峽海域開始採取聯合護漁行動，繼而加強維修太平島碼頭和機場跑道。2012 至 2015 年第二任期間，馬總統強力宣揚南海問題立場和主張，連續運用講話、媒體採訪、發表文章等多重方式表達，2016 年 1 月 28 日更不顧美國的警告壓力，堅持率領相關部會及民間學者登臨太平島，外交部更隨即展開規劃進行一系列領土守護行動，尤其特別針對性的選擇在太平島舉辦國際法學術研討會、區域和平論壇與各型生態保育導覽與說明，2016 年 3 月 23 日外交部次長令狐榮達進一步親自帶領在臺相關國際媒體，浩浩蕩蕩開赴太平島聽取當地海巡監管單位的整體簡報，並廣泛參觀島上各型軟硬體建設與原生植物環境生態保育措施，共同見證太平島享有國際法與《聯合國海洋法公約》上所稱島嶼權利的真切性與完整性，馬總統更於當晚選定國防部松山軍用基地，親自召開國家元首中外記者會，捍衛中華民國歷史主權。

　　林正義分析南海島嶼聲索國作為時指出，南海主權聲索各方在南沙建設飛機跑道等硬體設施的情況分析，可從美國戰略與國際研究中心（CSIS）得知梗況，1976 年越南在該地區率先建造飛機跑道，但只有 550 公尺長，為該地區最短，菲律賓所建的跑道雖較長但已受損嚴重，馬來西亞在南海唯一的爭議島礁彈丸礁，則建有一條長約 1,368 公尺的跑道。2012 年 4 月中菲黃岩島事件後，10 月中國大陸成立南海航海保障中心，黃岩島實際控制權落入中國大陸手中，中國大陸並開始積極到南海設燈塔、航標，並派員赴西沙 5 島探勘，2014 年 3 月西沙航標處成立的同時，南沙航標處也跟著成立，兩個航標處都隸屬於 2012 年成立的南海航海保障中心。2016 年底，美媒主動配合揭露，中國大陸西沙永興島布署地對空與反艦飛彈等重武器時，中國大陸其他主要島礁基本建設，如燈塔、雷達、信號接收發射塔等設施已次第完成，幾乎應有

盡有，加上南海附近東風 -41 洲際飛彈也完成試射，南沙軍事設施基本上已布署完成，並形成嚴密的防護火網與完備的監偵系統，赤瓜礁旁邊更已發現有飛彈驅逐艦駐守。

南海島礁填海造地與增建機場由越南與菲律賓率先發起，但建設強度受限且後繼無力，中國大陸挾著崛起的財力優勢，以超強的建設速度與超大的建設幅度大步超越菲越等相關主權聲索國，進而引起美國站出來強烈反對，美國副國務卿布林肯更在率先發起造島與增建機場的越南發表演講時，直言批評中國在南海島礁填海造地，加強軍事化，加劇地區緊張，無助於和平，並重申美國將加強捍衛國家利益，支持南海地區盟邦和夥伴。南海「軍事化」建設並非始於中國大陸，林正義分析南海安全新角力時亦指出，美國指責中國大陸卻選擇在越南發聲，不僅立場備受質疑，更增加區域緊張與和平威脅風險，不過南海非軍事化的呼籲，還是值得相關主權聲索國一體適用。

參、資源掌控

中國大陸政府主動在南海頒布禁漁令、填海增建燈塔、設置國家級南海研究院等，顯示中方在南海的經營日趨積極。中國大陸在 1999 年就開始在南海實施年度禁漁令，但當時只約束大陸漁民，但到 2014 年 5 月，禁漁令開始適用於外國漁民，北京當局要求外國漁民必須先取得中方的許可，才可在大陸劃定的禁漁區作業，但大陸劃定的禁漁區幾乎占到整個南海的三分之二海域；2015 年 5 月，中國大陸正式在禁漁區內實施兩個半月的休漁期。為了反制越南在爭議海域的資源探勘與開發，2014 年，中國大陸首先將價值逾 10 億美元的石油鑽井平臺，拖至爭議海域鑽探，同年，更在三沙市的永興島投入 580 萬美元修建首所學校，2015 年 10 月在南沙華陽礁、赤瓜礁填出的礁石上啟用 2 座大型燈塔，中國大陸持續宣稱強化南海設施與民生建設，將對打造南海海上安全鏈，編織航運安全網作出積極貢獻，這些呼籲與主張除有待時間證明

外，也值得相關國家共同關注與期許。

根據美國能源資訊署的分析顯示，整個南海地區石油與天然氣等資源蘊藏量，估算石油可達 110 億桶，天然氣約 190 兆立方英呎，南海預估將成爲中國大陸的「北海油田」寶庫。南海的平均深度是 1,212 公尺，最深處可達 5,567 公尺，中國大陸目前能力，200 公尺深度以內能夠自己開採，但在深水區，還需要和國際企業合作，才能進行開採，能源開發業界普遍預估，中國大陸深海油氣田完全獨立開採能力，將在 2020 年前即可達成。菲律賓、馬來西亞、越南等國早在南海進行大量開採；以越南爲例，原先是不產油，但在南海開發油田後，現已成爲石油淨出口國，2014 年，越南原油的淨出口總額爲 66.9 億美元。長期以來，南海問題焦點一直被認定是爭奪海底龐大的石油和天然氣資源，南海國家爭搶海域主權很重要的原因是爲了漁業發展，預計中國大陸在全球魚類的消費占比，將在 2030 年時達到 40% 的高峰。印尼政府在過去兩年內曾炸毀侵入海域的漁船超過 170 艘之多，突顯出漁業資源在南海問題中的重要性，各國在傳統水域向來甚少爭議的捕魚活動恐將引發國際性的聯動攤牌，其後果可能連對岸的太平洋周邊國家都會產生潛在的風險與爭端。

第三節　國際公約歸依

在中美南海激烈競逐中，2020 年 7 月 24 日澳洲駐聯合國代表團正式發表聲明，拒絕承認中國大陸對南海主權主張，此公開表態援引南海仲裁判決，指稱中國大陸在南海的主權聲明不符合《聯合國海洋法公約》規範，澳洲聲明強調，中國大陸的南海直線基線劃分缺少法律根據，澳洲拒絕承認，這個直線基線包括任何內水、領海、經濟海域及大陸棚。

中國大陸前國務委員戴秉國在海牙國際仲裁法庭未公布南海仲裁

案前就強力聲明，仲裁結果終將是一張廢紙，菲律賓雖然然獲得仲裁勝訴，但中國大陸外交部也正式發表長達 1,500 字的聲明表達嚴正反對立場，中國政府絕不接受、不承認，並聲稱裁決無效，不會也不可能有任何拘束力。

此外，此項判決結果最具爭議的是，把中華民國長久擁有的「太平島」包裹判為不具任何領土主權意涵的島礁，迫使原本採取消極觀望態度的蔡英文政府，為了表達捍衛國家領土主權的決心，亦正式發表絕不接受該項仲裁，且對中華民國沒有法律拘束力的嚴正聲明。顯見事涉領土主權相關爭議的國際司法仲裁途徑，不僅不會達成止息紛爭的效益，反而治絲益棼，徒增困擾，尤其南海主權爭議域內域外糾纏，更增集團化衝突與對抗的惡化趨勢發展，因而也使和平期盼與轉化的籲求更形增高。

壹、《聯合國海洋法公約》

一、緣起

公海自由航行從陸地起算之外 3 海浬，緣起於荷蘭海軍艦砲射程，20 世紀中期後，西方強權擴張，公海自由航行傳統不敷使用，1930 年國際聯盟就此召開會議討論未獲共識。1945 年美國總統杜魯門首度打破傳統公海認定原則，率先宣布美國領海管轄延伸至大陸棚，引起多數國家援例延伸領海至 12 海浬或 200 海浬不等，1967 年，多數國家宣告 12 海浬領海，少數沿用 3 海浬，極少數宣告 200 海浬管轄，有鑑於海上管轄混亂並經常出現弔詭現象，1982 年國際海洋法會議決議締結《聯合國海洋法公約》統一規範，2006 年，除新加坡與約旦續用 3 海浬，多數國家 12 浬公海獲得普遍共識定。

二、要旨

1982 年聯合國海洋法會議獲得《聯合國海洋法公約》（UNCLOS）決議前，1958 年和 1960 年即曾分別召開過兩次大會，與會各國不論沿海國或內陸國、開發或開發中國家，充分體認海洋區域問題彼此密切相關，需要整體考量，進而訂定可共同接受的《聯合國海洋法公約》，達成海洋法律保護秩序、和平自由航行、資源公平有效利用與生物科研養護等共同目標。公約發展以聯合國大會 1970 年 12 月 17 日第 2749 號決議原則為主，同時，大會更莊嚴鄭重宣布，勘探與開發國家管轄範圍以外的海床和洋底區域及其底土與資源，應為全人類利益而進行，相關締約國願意本著相互諒解和合作精神，為人類共同繼承財產，共同解決有關海洋法一切問題，並為此作出重要貢獻，本公約未予規定事項，將持續依一般國際法規則和原則，共同協商處理與解決。

三、爭端解決

「爭端的解決」規範在《聯合國海洋法公約》的第 15 部分，其中最重要且較具爭議的是司法管轄權的仲裁法庭組成，如果仲裁庭不是由爭端雙方共同決定，仲裁公信力將備受質疑。依據公約第 287 條明指法院或法庭及其下設分庭或仲裁法庭，對於公約解釋或適用具有管轄權，管轄權發生爭端，則由當事國雙方共同尋求國際海洋法法庭、國際法院、常設仲裁法院與特別仲裁法庭四種管道裁定解決，但如果仲裁法庭不能經當事雙方協商一致組建，則雖然規定組建責任落在「國際海洋法法庭」庭長肩上，但既然未經雙方協商組建，縱使國際海洋法法庭指定組建，其法庭效力仍是存疑，尤其在法庭逾越公約主權協商最高原則時，爭端解決就窒礙難行了。

四、公約效力

趙國材在論國際法新發展時指出，1982 年會議決議、1994 年相關國批准通過的《聯合國海洋法公約》是現行有關國際海洋爭議解決的國際法規範，公約除主權與劃界爭議排除於規範外，其他相關專業名詞或爭議疑慮都作嚴格法律文字界定，群島國領海劃法和海上權利牽涉層面較為廣泛，故另作單獨規定，避免橫生爭議，並對明顯不屬於個別主權實體所有的公海（國際水域）做了詳細規定。但因無法解決 1982 年以前就已存在有主權爭議的歷史聲稱海域的自證與公證問題，與經濟海域重疊、領海基線與大陸棚劃分基準等屬於規範本身的衝突問題，遂又不得不回歸國際現實權力的老規範框架，尤其在爭議當事國一方或雙方拒絕或不承認提請公約仲裁時就出現無法解決的爭議問題，況且若當事國的一方連上臺參與討論的機會都被排除或拒絕時，其爭議更是長期無解。尤其公約通過後，所有爭議海域相關各方大都出現未能嚴格遵守該海洋公約所作的任何裁定，或對公約內容定義解讀充滿偏意見或不同釋義，如韓日的獨島或竹島、中韓的蘇岩離於島、中日的釣魚島、臺日的沖之鳥礁及南海島礁爭議等，至今都未能藉助公約相關途徑順利獲得解決，反而擴大並強化爭議的裂痕，尤其是超級強權大國如美國，雖然大力聲稱並主張各國應確實遵守公約，但修正後的公約卻至今一直未獲其國內國會批准，各國對公約涉及本身爭議的解讀更可說是各自表述，對於表示遵守國際規範但卻因主權遮障被排除的國家則仍缺補救規範。

2013 年菲律賓提起南海爭議國際仲裁案，偏逢國際海洋法法庭庭長恰為現存領土爭議的當事方日本籍的法官柳井俊二，其公正立場自然備受質疑。由於中日領土爭議，柳井俊二卻擔負指派仲裁員責任，這是北京不願接受仲裁的最重要原因之一。縱使仲裁庭庭長指定迦納籍擔任，仲裁員組成含括國際海洋法庭現任法官與荷蘭籍國際法教授，但由於指定仲裁員庭長背景的公正性與信任度不被當事方北京接受，加上所

有 4 位仲裁員都由歐洲人士組成，格於世界現存大陸與海洋兩大法律體系的不同司法途徑，其是否具備法律代表正當性，特別是亞洲情理法排序的公正性與適切性，的確值得商榷。

Max Soensen ed 等人提到，早在 1942 年 2 月，英國與北愛爾蘭和委內瑞拉，曾就帕里亞灣簽訂一公約，曾就帕里亞灣的海洋與底土，進行管轄定義。1945 年 9 月 28 日，美國當時總統杜魯門，一口氣公布了二個宣言，分別是第 2667 與 2668 號宣言，二者均俗稱《杜魯門宣言》。在其中，海洋的底土、海床、大陸礁層、漁業資源等等，均可作為主權主張的標的物。換言之，這是當時的國際海洋法的主張與潮流。《中華民國憲法》於 1946 年制定時，南海諸島幾已完成定標與命名，U 形線劃界線也已標註完成，完全符合國際法的領土規範，也屬《中華民國憲法》所稱的「固有疆域」應不具任何法理爭議。1982 年國際海洋法會議決議簽署《聯合國海洋法公約》時，僅嚴格規範海洋相關權利主張，屬於領土本身有關的爭議，新公約的立場，仍然維持對當事方的高度尊重，特別是 1969 年 5 月 23 日聯合國大會通過《維也納條約法公約》的「法律不溯及既往原則」最低標準，對於相關國際公約仍然得需遵守，畢竟這個法律原則是維持法治秩序最基本也是最高的先驗標準。

貳、海空意外相遇準則（CUES）

一、緣起

據中國大陸國防部〈中美關於海空相遇安全行為準則諒解備忘錄〉相關記載，中美兩國元首於 2013 年 6 月，在美國加州安納伯格莊園，舉行非正式會晤，會中有鑑於中美兩國海軍曾在南海發生多次摩擦事故，如 2001 年 4 月，中美軍機因攔截驅離在海南省東部海域相撞、2009 年 3 月，美國海軍無瑕號偵查船拖曳聲納遭中國大陸漁船包圍破壞、同年 6 月，美國飛彈驅逐艦聲納被解放軍潛艇撞壞等，機艦海空

相遇安全行為準則重要性，遂被兩國元首列入話題，進行廣泛討論，雙方獲得若干重要共同認知。首先，美國表達雖未批准《聯合國海洋法公約》，但支持並遵守其中所體現的習慣國際法精神，其次，為了貫徹1972 年中美共同締結《國際海上避碰規則公約》的精神，雙方重申並擴大避碰規則，適用於懸掛兩國旗幟包括海軍的所有船舶，接著，再度確認中美兩國同為《國際民用航空公約》重要發起兼締約國，願共同努力推動並促進航空安全與發展，緊接著，雙方並達成簽署《關於建立加強海上軍事安全磋商機制的協定》的共識，亦即竭力促進雙方海空力量在採取各自行動時，遵守《聯合國海洋法公約》（含國際法）各項原則和制度，雙方作為西太平洋海軍論壇的共同成員，應對《海上意外相遇規則》的制定和通過，實現海上安全，作出最大限度的積極貢獻。

二、簽署

第 14 屆西太平洋海軍論壇年會於 2014 年 4 月 22 日在中國大陸青島舉行，首由解放軍海軍承辦，與會的海軍領導人和代表共來自 25 個國家，總計 150 多人出席，為了減少並避免亞太地區一些海域領土糾紛國家，因關係緊張導致爆發意外衝突的可能性，經過各方充分醞釀與討論，終於順利通過《海上意外相遇規則》（Code for Unplanned Encounters at Sea）協議，規範各國軍艦應主動互通信息和避讓，以保持亞太周邊繁忙海道相遇時的航行順暢。由於美國軍艦曾多次在南海與中國大陸發生意外事件，2013 年 12 月 5 日又在南海與中國大陸發生險些相撞的意外，協議順利完成簽署後，美國海軍發言人就此對外宣稱，中國大陸參與簽署，表示在協議不具法律約束力下，願意與亞太地區夥伴展開合作，值得鼓勵，美國海軍作戰部長格林納特（Jonathan Greenert）也表達肯定與讚許之意，認為這是一個獲有實質性成果的成功協議，對於避免各國海軍艦艇相遇時發生意外甚具助益。亓樂義分析西太平洋海軍論壇通過《海上意外相遇規則》時指出，西太平洋海軍論壇不僅為中美

海軍重要的溝通協商平臺，更爲亞太區域各國海軍協商的重要機制，成員國除亞太周邊各國並含括加拿大、智利等「東太平洋」國家與來自印度、孟加拉等印度洋國家，因此，《海上意外相遇規則》協議的影響將超越「西太平洋」的地域概念，而是適用於全海域的重要安全準則。

三、要旨

中美關於海空相遇安全行爲準則諒解備忘錄所述，有關海空相遇安全行爲準則要旨可綜整說明如下：

首先，重申行爲準則相關定義，皆一體適用，如《聯合國海洋法公約》與《國際民用航空公約》、《1972 年國際海上避碰規則公約》與其所包含的《避碰規則》及《海上意外相遇規則》與其他現有國際協定或多邊行爲規則等，另外特別要求軍事海空機具加強提醒與限縮克制解讀空間。其次，擴大軍用艦艇適用範圍，除包括一般作戰艦艇外，特別對軍用輔助船（naval auxiliary）的定義從寬認定，概指專屬武裝力量或政府控制於非商業性服務船舶，皆屬之，艦艇編隊與行動，特指兩艘或以上編組航行或機動的軍用艦艇皆稱之，艦艇編隊應無害優先通過。

四、效益

協議除要求各國軍艦爲表達無害通過之善意，在相遇繁忙海道時，應主動互通信息和避讓，在靠近領海時，應共同遵守《聯合國海洋法公約》，適用傳統國際法時，應保持協商處理，避免過於偏激行爲相互刺激。以臺海周邊海空相遇爲例，中國大陸軍機頻頻在臺灣西南空域附近活動，卻未發出任何訊息，或發出訊息皆被解讀爲不具善意，臺灣軍方及媒體更將之定調爲對國防安全威脅，直稱「侵犯空域」或「騷擾防空識別區」，甚或「侵入領空」，不一而足。當前臺海周邊關係處於高度緊張狀態，美日加上兩岸關係的複雜變動，使臺海周邊地區成爲亞

太地區瀕臨戰爭熱點，儘管中國大陸無意動武，但兩岸溝通管道中斷，美日同關係適用擴大，各方互信日趨低落，海空相遇意外軍事衝突的可能性不容忽視。臺海周邊相關軍事演訓活動日趨新常態，情勢亦日趨緊繃，亞太各國簽訂《海上意外相遇規則》協議並宣示遵循，仍難避免出現驚險畫面，臺海上空位屬東亞最繁忙航線，兩岸飛航情報區多處空域重疊，機艦相遇雖未必刻意兵戎相向，但近距離接觸，擦槍走火風險必然陡升，讓臺灣加入《海上意外相遇規則》的簽署，或兩岸自行約束軍事活動解讀空間，當可降低臺海衝突意外引發的機率。

第四節　南海國際論辯

壹、論辯主張

　　中美南海競逐彰顯在法海首場，由菲律賓率先揭開序幕，在美國律師為核心所組成的律師團，代表菲方提出控辯的政策鼓勵下，菲律賓正式於 2013 年 1 月向國際常設仲裁法庭要求司法裁判，中國大陸在西菲律賓海（WPS）控領 9 個島礁的法律歸屬，同年 12 月，仲裁庭決議受理本案，隔年 3 月，菲律賓正式提出訴訟狀。2014 年 12 月，中國大陸未在期限前向仲裁法庭提出說明，但中國大陸外交部卻在期限前主動發布南海立場說明文件，聲明不參與及不接受裁決的立場。菲國發動國際司法仲裁時，曾主動聲稱相關領土主權及海域畫界爭端，不會提出仲裁，後來為了確保勝訴，菲國卻在訴狀中，把臺灣太平島一併歸入南沙海域所有海上地物，皆一律主張為低潮高地（LTE）、島礁，不能產生領海，並指相關低潮高地不屬中國大陸礁層（CS）與專屬經濟區（EEZ），意指歸屬菲律賓延伸大陸礁層與專屬經濟區，不僅模糊訴訟標的，更踰越菲律賓排除領土主權爭端仲裁的初衷。

貳、論辯過程

　　菲律賓提出南海有關島礁爭議國際仲裁前，中國大陸於 2006 年 8 月即已就《聯合國海洋法公約》海洋劃界、歷史性所有權與仲裁強制爭端解決程序，聲明排除在案，菲律賓罔顧聲明，恣意向中國大陸提交仲裁通知書與聲明，中國大陸斷然拒絕，原籍日本的國際海洋法庭庭長公然漠視當事一方缺席的事實，仍於 2013 年 6 月，任命迦納籍法官門薩（Thomas Mensah）擔任仲裁法庭庭長，組成仲裁法庭。

　　仲裁法庭於 2013 年 8 月 27 日發布第一號程序令，通過訴訟程序相關規則，菲律賓即於隔年 3 月 30 日正式提交訴狀，仲裁法庭於 2014 年 6 月 3 日再度發布第二號程序令，確認中國大陸回應菲律賓訴狀的答辯期限。中國大陸於 2014 年 12 月 7 日另行提出立場文件說明，仲裁法庭強硬視同中國大陸答辯，乃於同日要求菲律賓提出書面補充陳述並要求中國大陸評述。

　　2015 年 3 月 16 日，菲律賓提補充書狀，仲裁法庭逕自決定將中國大陸前提立場文件，視為有效答辯，同年 10 月 29 日，仲裁法庭對有關管轄權及可受理問題正式做出裁決，不理會主權裁決權限爭議，並決定於 2016 年 7 月 12 日公告裁決結果，中國大陸對南海海域主張歷史性權利，不具法律意義，南海海上地物相關爭議，均為島礁，包括太平島，不具島嶼主張權利，這項公告一如外界普遍預測，及一面倒戈式的偏向菲律賓，歷時近四年的南海國際仲裁案遂告一段落。（詳如南海國際論辯案大事記要表）

南海國際論辯案大事記要表

時間	大事記要
2006.8	中國大陸聲明，排除海洋劃界、歷史權利等爭端強制仲裁解決程序。
2013.1.22	菲律賓向中國大陸提交仲裁通知書及其聲明。

時間	大事記要
2013.2.19	中國大陸退回菲律賓的外交照會及所附通知。
2013.3	國際海洋法庭庭長逕自指派大陸仲裁員。
2013.4	國際海洋法庭庭長指派其他 3 名仲裁員與仲裁法庭庭長。
2013.5	指派的仲裁法庭庭長品托請退避嫌。
2013.6	國際海洋法庭庭長增派第 5 名仲裁員並任仲裁法庭庭長。
2013.7.11	仲裁法庭召開第一次會議。
2013.8.27	仲裁法庭發布通過訴訟程序規則第一號程序令。
2014.3.30	菲律賓正式提交訴狀。
2014.5.14-15	仲裁法庭召開第二次會議。
2014.6.3	仲裁法庭發布確定中國大陸答辯期限第二號程序令。
2014.12.7	中國大陸發表《中華人民共和國政府關於菲律賓共和國所提南海仲裁案管轄權問題的立場文件》說明立場。
2014.12.17	仲裁法庭發布第三號程序令，要求雙方再陳述。
2015.3.16	菲律賓提出再陳述。
2015.4.22	仲裁法庭發布第四號程序令，決定進行審理。
2015.7.7-13	仲裁法庭開庭審理管轄權和可受理問題。
2015.10.29	仲裁法庭裁決有關管轄權及可受理問題。
2015.11.24-30	仲裁法庭審理實體問題和剩餘管轄權。
2016.6.29	仲裁法庭宣布裁決結果公告日期。
2016.7.12	公告中國大陸海域主張歷史性權利，沒有法律依據，海上地物都是島礁包括太平島。

資料來源：筆者參考中央社資料自繪整理。

　　菲律賓固有領土範圍的西部界限東經 118° 線，主要根據國際三個條約，即 1898 年《巴黎條約》、1900 年《華盛頓條約》與 1930 年《英美條約》的規範。菲律賓在脫離美國殖民獨立建國後，菲律賓國內法和菲律賓與國際締結的有關條約均延續菲律賓固有領土範圍，但 1970 年

代後，菲律賓趁著中國兩岸隔海分治，無暇顧及海域領土主權時，非法軍事侵占中國南沙群島 8 個島礁，2013 年又在美國政策鼓勵下，逕自將島礁爭議提交國際仲裁。林濁水分析太平島在南海衝突的樞紐角色時指出，中國大陸發布立場文件後，菲律賓被迫不得不面對中華民國太平島，打亂菲律賓整個國際訴訟的全盤布局。上述整起國際仲裁審理過程，可以發現從一開始的審判標的物即被中國大陸當事方聲明排除，然後整個過程當事方中國大陸堅持一貫基本立場始終缺席參與，任由審判方強行介入擴大解讀斧鑿痕跡班班可考，如 2015 年 7 月的管轄權審理中方缺席、2015 年 10 月 29 日美國支持態度與澳洲聲援、2015 年 11 月菲方提出控辯內容，一直到 2016 年公告裁決結果，中方始終未曾出席等。

參、論辯結果

2016 年 7 月 12 日仲裁法庭公告仲裁案結果，中國大陸九段線歷史權利主張，沒有法律根據，南沙群島所有海上地物或衍生物，都是法律上所指稱的岩礁，不能享有島嶼專屬經濟海域或大陸棚的權利。仲裁庭在國際海洋法未對一系列島嶼可作為一個整體共同產生海域區域實施法律規範時，不依傳統國際法，直接否決中國歷史權利主張，判定南沙群島海上地物均為岩礁，又明指中國大陸侵犯菲律賓專屬經濟區和大陸架，間接默認相關島礁歸屬菲律賓主權意涵，更對中國大陸限制和阻止菲律賓漁民於黃岩島海域的傳統捕魚權，明指為非法行為，進而直接責難中國大陸島礁建設活動破壞海洋環境，最後更提出道德上的批判，指出中國大陸違反防止爭端加劇和擴大的義務。

仲裁案裁決結果明顯全面有利菲律賓，菲律賓當然表示竭誠歡迎，中國大陸則從始至終一貫表示堅持「不接受、不參與、不承認和不執行」的立場，中華民國則因太平島無端被判為岩礁，也於判決公告當日表示，絕不接受，判決不具法律拘束力的立場與主張。美國國務院對

此判決發出的聲明顯示，美國支持司法仲裁與和平方式解決南海有關爭議，對於仲裁所揭內容，尤其所指岩礁意涵，美國則持謹慎態度沒有表示任何看法，以避免爭端擴大加劇引發南海緊張情勢。越南雖然不是此次仲裁的當事方，但同為海域爭端當事國，除不忘重申在西沙及南沙群島擁有主權立場與主張外，強調支持依國際法規範，以外交及法律途徑解決問題，新加坡聲明支持透過相關仲裁等法律途徑，為南海爭端共同尋求解決之道。

較值得注意的是，聯合國正式編設的相關組織紛紛提出自清聲明，如國際法院（ICJ）官網，即以中、英文刊稱，國際法院未曾參與該案，南海仲裁案由常設仲裁法庭（PCA）臨時編組特別仲裁庭作成判決，聯合國次日發表聲明宣稱，國際法院是聯合國正式司法機關，負責南海仲裁案的常設仲裁法院與聯合國無關，是基於條約於 1899 年創立的國際組織，以為國際社會提供多種糾紛解決服務，而非實施強制仲裁為宗旨，可見此次負責南海仲裁案的特別仲裁庭所做的判決，既未受到聯合國組織的支持，更未受到聯合國的肯定。

肆、論辯反應

1947 年 12 月中華民國政府公布南海 U 形線後，此一名稱即一直被南海各國默認，《聯合國海洋法公約》通過批准後也未曾受到任何質疑或反對，2009 年南海周邊海域國家「外大陸架劃界案」爭議熱潮興起，中國大陸始透過外交照會重申 U 形線的歷史主權權利，緊接著各相關聲索國各種自證與他證島礁領土主權的舉動即紛紛出現。（詳如近期各聲索國爭議動作分析表）

近期各聲索國爭議動作分析表

國家（地區）	南海舉動
中國大陸	島礁建設、飛彈布署、雷達、監防系統、長程導彈試射
中華民國（臺灣）	馬總統率國內外媒體登臨太平島宣揚主權
菲律賓	受贈日本巡邏船、觀測美飛船、結合美越南海巡演、租借日軍機巡邏偵察
越南	購美巡邏艇、向俄訂購飛彈潛艇、戰機、隱形護衛艦等
印尼	南海探勘遊憩彰顯主權

資料來源：筆者參考中時電子報資料自繪整理。

一、中華民國政府反應

(一) 聲明

　　仲裁結果公告後，中華民國外交部即時發表聲明指出，中華民國從未被仲裁庭正式邀請參與整個審理過程，也從未被徵詢任何意見，相關仲裁尤其太平島礁岩的認定，嚴重損及中華民國南海諸島與海域歷史法制權利，中華民國一貫立場與主張，相關主權爭議，為共同促進區域和平與穩定，應透過多邊協商和平解決，蔡英文總統也在臉書貼文，呼應外交部聲明，主張共同多邊協商，和平解決主權爭端，內政部長葉俊榮重申強調，1947年內政部公布《南海諸島位置圖》時，南海相關海域主權屬中華民國所有，已歷經明確宣示在案，政府將持續主張此一立場不變。

　　1949年後中華民國在南海主權聲索的角色身分，主要立基於歷史水域主張與東沙群島、太平島的有效管轄。當前雖受制於特殊的兩岸環境，但所經歷的歷史不容抹殺，兩岸分立分治後，中華民國政府於1956年即派軍進駐太平島，南海政策綱領與《實施綱要》於1993年公布、1995年設立南海突發事件緊急處理小組，緊接著，中華民國外交

部接續發表 14 份關於南海問題的聲明和新聞稿，重申中華民國堅定的南海立場與行動，2014 年 5 月，中華民國立法院通過，南海問題共同聲明與主張決議，2015 年 7 月，外交部再度發表嚴正立場聲明，除強化堅持歷史主權主張強度，並表達參與共同和平合作解決衝突的高度意願。

2013 年起，美國為強調臺灣和大陸一直堅持 1947 年公布的南海歷史性水域標誌 U 形線，違反 1982 年後公布的《聯合國海洋法公約》，強力藉助國務院研究報告，司徒文（William Stanton）、葛萊儀（Bonnie Glaser）等智庫人士演講、文章，不斷反覆強烈要求臺灣公布相關歷史檔案，明確 U 形線內涵。2014 年 9 月中華民國政府內政部回應美國公布檔案需求，舉辦「南疆特展」正式公布相關歷史檔案資料，證明中華民國政府內政部於 1947 年即公布有《南海諸島位置圖》在案，南海歷史主權主張固有領土及海域，立場一貫，從未改變，享有國際法上權益，不容置疑。主動棄守 U 形線的聲明與主張，雖受美國與相關國家歡迎和支持，但終將逃離不了損害中國領土主權完整的歷史責任。中華民國政府主權是不容否定的歷史事實，自 1912 年有效延續至今從未間斷，1946 年制定的《中華民國憲法》領土範圍主張，亦相襲沿用至今，中華民國堅持十一段線主張有堅實的歷史基礎與法理根據。

(二) 太平島地位

2013 年 1 月 22 日，菲律賓原始仲裁申請案提出時，太平島並未列入仲裁標的，即清楚認識到太平島距離臺灣 1,600 公里，具有自然生成的島嶼特質，已是中華民國確認的固有領土，長期並有派兵駐守，且行政隸屬高雄市旗津區。菲律賓為因應中國大陸發布的立場文件，主動補述太平島同為島礁的主張，使仲裁結果波及中華民國太平島島嶼地位，也使民進黨政府的蔡英文總統被迫於宣判次日登上將前往南海巡弋的迪化艦發表談話，中華民國立法院內政委員會與外交暨國防委員會亦提案認為，總統登艦宣示還不夠，應擇定適當時機親臨太平島並召開國際記

者會宣示中華民國在南海海域的歷史主權，外交暨國防委員會並要求國防部立即研究海軍陸戰隊重返太平島駐軍的可行性，以強力維護主權完整。中國大陸把太平島的地位提列至一個中國原則的位階，除了強烈指責菲律賓違反一個中國原則，嚴重侵犯中國主權和領土完整，並藉此突破菲律賓切割太平島的仲裁圖謀，國際南海仲裁案裁決結果一公告，菲律賓雖獲得表面上的判決勝利，但太平島不容置疑的島嶼地位，卻引發兩岸合作維護領土歷史主權的情勢，蔡英文登艦宣示主權時，中國大陸國臺辦隨即呼應提出，維護中華民族歷史整體和根本利益，兩岸同胞有不可迴避的共同責任。

臺灣的生存夾雜在美、中兩大國間著實並不容易，臺灣輪流執政的兩大政黨尤其民進黨極力表達與美、日關係的親近，卻又需求保持兩岸關係的和平與穩定，當前執政的民進黨總統蔡英文深切明白南海議題的敏感與複雜，以當前臺灣的處境與實力，既無法選邊，也無力強調歷史水域 U 形線的主張，只能強調《國際法》與和平理性的處理態度，進而最大限度保有太平島的島嶼主權已屬難能可貴，因此，模糊歷史水域 U 形線的主張與立場，既能維續中國大陸南海九段線的歷史主張，也能兼顧美國國際法理的需求。菲律賓提出南海仲裁案，主要意圖不脫為其巴拉旺群島向西方南沙海域獨享 200 海浬經濟海域的主張找到法理支撐，太平島的島嶼地位讓歷史水域 U 形線的經濟海域主張可與菲律賓抗衡。美國希望臺灣維持太平島的軍事存在，優先考量的當然是美國在南海的國家利益，南海有衝突有爭議，美國才會合理存在，也才有充分運用與揮灑空間。因此，美國希望臺灣軍事存在太平島，卻不鼓勵更不接受臺灣把太平島和歷史水域 U 形線連接，中國大陸則認為，只要臺灣保有太平島，中國歷史水域 U 形線的主張就有延續的支撐，至於臺灣對歷史水域 U 形線一貫的維護主權、擱置爭議、共同開發等主張則不予置評不置可否。

(三)歷史水域U形線

1998 年《中華民國領海法》立法時，有關歷史水域條文的概念已悄悄刪除，姑不論其有無中華民國憲法對固有疆域的爭議，當特別法庭對中國大陸歷史水域 U 形線的主張判定無法律效力時，執政的民進黨蔡英文政府應已有法律的支撐，不必擔心受人詬病並背負歷史責任，故對於將有的敗訴採取較為消極的應對態度，但始料未及的是歷史水域的主張無法律效力竟波及太平島的島嶼地位，進而引起領土的爭議，遂迫使臺灣回頭回應九段線仲裁的作法，又為了避免刺激中國大陸主權立場或是周邊國家與美國的反感，中華民國民進黨政府遂避開歷史水域九段線的字眼，改採臺灣南海主權立場不變的模糊主張，美國智庫學者郭晨熹（Lynn Kuok）曾揭露，民進黨曾表示執政後，南海領土主張將改依公約規範事實，放棄南海 U 形線的歷史傳統主張，2016 總統大選前，民進黨卻極力公開否認曾有這種說法或主張。

2014 年 9 月 1 日，馬英九總統說明《南海諸島位置圖》公布時，中華民國除了領海外，沒有其他海域主張的相關談話，被菲國律師，截用為菲國聽審的有利佐證，2016 年 3 月 30 日，馬英九與蔡英文舉行「雙英會」，會後據相關轉述，蔡英文強調民進黨南海主權主張與立場沒有改變，外界不要隨意揣測或誤判，總統大選勝選在望後，蔡英文曾對南海問題，公開提出三項處理原則，即依據海洋法和《聯合國海洋法公約》相關規定主張和立場、維持南海地區航行和飛行自由權利與和平處理南海爭議等。2016 年民進黨重獲執政後，內政部官網即將「固有疆域界線」字眼淡化色彩改稱「我國傳統 U 形線」，時任行政院長答詢時堅稱，南海主權主張並未有任何改變，但堅守南海海域歷史主權的主張已出現模糊化的端倪與鬆動跡象，回頭審視其處理原則，也似有深切應和美國政策需求的取向，這是北京政府最深切的隱憂，也將是臺灣中華民國政府執政者對歷史定位的最大豪賭。

　　縱使南海仲裁結果不利中國大陸和臺灣，臺灣的中華民國政府也沒有與中國大陸共同合作維護主權的主觀意願。仲裁案宣判當日，中國大陸外交部和國臺辦立即表達兩岸應共護南海主權的立場，翌日（2016年7月13日）中華民國外交部和陸委會同聲表達「不可能」，並強調兩岸各有主張，不可能共同合作。美國曾呼籲臺灣支持國際仲裁的方法與結果，以符合民主國家講求法治的事實，但是太平島的島礁判決過於震撼，蔡政府被迫拒絕，應是美國始料未及。判決結果迫使臺灣回到1947年中華民國政府即劃定的十一段線歷史與憲政軌跡，中華民國十一段線存在，中國大陸九段線的主張就有支撐。臺灣的中華民國政府縱使在美國不斷的關切或壓力下，也只能限縮或模糊南海諸島及其相關海域主權的主張範圍，放棄將承擔中國大陸的高度風險。不論是十一段或九段U形線，堅持歷史水域的主張即在島嶼歸屬線的法律保障，U形線內明載有中華民國政府接收與命名並確立位置之所有島礁，蓄意迴避或模糊U形線的歷史主張與立場，不僅使南海諸島礁領土主權主張碎片化，更將嚴重損及中華民國日趨薄弱的國際地位。蔡總統有關東海及南海問題的就職演說較之馬前總統少了「主權在我」的呼籲，站在國家利益的立場，應是一個值得注意的變動警訊。

二、中國大陸政府反應

(一) 聲明

　　中國大陸國家主席習近平於仲裁案宣判當日，會見歐洲理事會主席和歐盟委員會主席時強調，中國在南海的領土主權和海洋權益在任何情況下不受裁決影響，更不接受任何仲裁案的主張和行動，南海諸島自古以來就是中國領土，在尊重歷史事實基礎上，根據國際法，通過與當事方談判協商和平解決爭議，是中國一貫維護國際法治與公平正義，堅持和平發展，堅守和平穩定的立場和主張。仲裁結果出爐後，中國大陸新

華社立即以快訊方式同時宣布此爲「非法無效的最終判決」，中國大陸不接受、不參與態度一貫，中國大陸外交部呼應習主席表示，中國大陸政府願意與有關直接當事國共同開發，互利共贏，並尊重和支持國際法航行和飛越自由。

　　橫亙整個仲裁全程，中國大陸政府立場堅定，主張一貫，從菲律賓政府 2013 年 1 月 22 日提起仲裁後，中國大陸政府隨即於 2 月 19 日鄭重宣布不接受、不參與並多次重申此立場，隔年（2014 年）12 月 7 日，中國大陸政府正式發表《中華人民共和國政府關於菲律賓共和國所提南海仲裁案管轄權問題的立場》文件，明確指出仲裁庭不具任何領土管轄權，仲裁實質是島礁領土主權問題與中菲海洋劃界糾紛，菲律賓刻意包裝爲單純《公約》解釋或適用問題，菲律賓提起仲裁，不是爲了解決爭議，維護南海和平與穩定，而是否定中國南海領土主權和海洋權益，且該起仲裁違背中菲協議道義責任，更有悖《聯合國海洋法公約》宗旨與國際仲裁一般實踐。依據公約規範要旨，締約國是否參與仲裁，本就享有充分自主選擇權，仲裁庭蓄意曲解法律、惡意規避排除聲明，有選擇性解釋和適用《公約》，嚴重損害《公約》完整性和權威性，侵犯主權國家締約合法權利。中國大陸政府遵循《聯合國憲章》基本準則，維護南海和平穩定，堅持尊重歷史事實並根據國際法，通過談判協商解決任何爭議。中國大陸外交部長王毅更表明，中國在南海的領土主權和海洋權益，是長期歷史形成的客觀事實，爲歷屆中國大陸政府所堅持，南海仲裁案裁決明顯擴權、越權，是披著法律外衣的政治鬧劇，不具任何法律效力，仲裁案無端加劇緊張對抗，完全不利於維護本地區的和平穩定。

(二) 學界聲援

　　中國大陸南海研究院院長指出，中國南海權利爲領土主權與歷史性權利，屬一般國際法調整範圍，公約調整範圍僅限海洋地物產生的海洋權益如經濟海域與大陸棚架等，仲裁庭受理仲裁案的仲裁標的，須嚴格

限縮在公約解釋和適用問題，不能蓄意逾權，更不能惡意擴權。中菲問題的實質是領土與非法軍事行動侵占的海洋劃界爭議，只有通過當事方和平協商談判解決，任何特別法庭都無法亦無權更不能仲裁，中國南海海域權力來自歷史記載，依據一般國際法和國際實踐，中國享有這種歷史性權利，其他國家不僅沒有相關類似記錄，中國也從來沒有認為這種權利是排他性的，不可變異性的，只要通過協商談判，一切都有可能。

(三) 行動回應

中國大陸面對仲裁案後的國際強權氛圍，解放軍副總參謀長指出，中國大陸主張對話而不對抗，結伴而不結盟的交往路徑，強調堅持以合作取代對抗、以共贏取代獨占，倡議互利共贏的合作安全，故不會也不可能被孤立。中國大陸國防部在仲裁宣布前一週，於南海進行大規模實兵軍演，堅定捍衛國家主權和海洋權益，宣告當日，又宣布 4 艘最先進 052D 型飛彈驅逐艦在南海艦隊完成布署，新一代遠洋航太測量船「遠望七號」，正式劃歸大陸衛星海上測控部服役，美濟礁與渚碧礁新建機場完成民航機校驗飛行，次日再徵用南方航空、海南航空 2 架民航客機成功降落。解放軍運 -8 運輸機先前即曾降落永暑礁搶救重病工人後送，現在進一步派出運輸機順利起降南沙島礁，明確宣告南沙島礁機場已具備戰機起降能力，中國大陸已能有效掌控島礁周圍 500 公里的制空權。

伍、論辯爭議

一、菲律賓立場反覆

菲律賓政府曾於 2011 年 4 月 5 日向聯合國提出正式外交照會，主張菲律賓卡拉陽群島（KIG）內海上地物，可產生專屬經濟海域（EEZ）及大陸礁層（CS），菲國卻在仲裁案主動推翻前政府照會，將中國大陸主張的 5 個島礁（LTE），提請仲裁為不能享有經濟海域及大陸礁層

的主張，已先形自毀立場，仲裁庭若據此將 5 個 LTE 判成不在中國大陸的經濟海域及大陸礁層上，則又屬爲重疊的經濟海域及大陸礁層劃界判決，顯然逾越國際海洋法規範範圍，明顯越權，仲裁庭若據此逕予否定中國大陸的領土主權，則屬程度更嚴重的領土越權判決。菲律賓自毀立場在先，又提出非法的劃界與領土仲裁，中國大陸依法不能執行該判決。

二、主權裁決不受

主權糾紛裁決，幾乎從來沒有任何一個國家接受，就算是聯合國正式的國際法院裁決，也幾乎未開過任何先例，更沒有任何一個仲裁庭會受理，就算受理也是無效裁決，主權講的是談判，靠的是實力，不要說是赤裸裸的主權，就連與主權關聯的劃界糾紛也不接受裁決，這是國際公認的準則，更是強權視爲理所當然的權力。

聯合國安理會常任理事國自開始運作以來，從未接受任何一項有損其主權、或國家利益的國際法庭裁決，最先出現的案例，是 1980 年代尼加拉瓜控訴美國的仲裁案，美國首先不承認國際法庭有管轄權，接著，拒絕指派代表參加庭審，最後否決國際法庭所有後續涉美事件的裁判權，美國駐聯合國代表柯克派屈克（Jeane Duane Kirkpatrick）就曾揶揄國際法庭，是個半合法、半司法、半政治性的實體，對於其決定，涉事國家幾乎從未有過接受的先例，同樣的事例一再獲得強權的驗證。2013 年，俄羅斯海軍扣押荷蘭船隻，荷蘭狀告國際法庭，俄羅斯認為法庭無權受理，且拒絕出席聽證會，2015 年英國也不甘示弱，國際法庭判決其在札格斯群島（Chagos Islands）設立海洋保護區，違反海洋法，英國堅不理會照樣設立，以上國際主權事例充分驗證沒有司法正義，只有當事方協商談判的正途。

三、越權與擴權分際

仲裁庭立場嚴重缺失公正，不僅在事實認定和法律適用公然偏袒菲律賓更超越其訴求。仲裁庭將菲律賓提起的 15 項請求，自行玩法包裹成四類進行裁決的結果，產生不少國際法治負面效益，不僅嚴重損害《公約》權威性和整體性，破壞立法宗旨和目的，更損害國家自主選擇的權利，此外，國際社會不僅沒有因訴諸仲裁獲得正義，反而徒增歷史性權利與《公約》之間及島嶼新三要件的爭論，尤其仲裁庭將雙邊或多邊協議，惡意曲解為狹義的法律協議觀點，將減低國家以此達成共識的意願，惡化外交關係，鼓勵軍備競賽，加劇和平威脅。

四、管轄權裁定風險

仲裁庭依據公約管轄權爭端規定，由該法院或法庭裁定解決原屬無可厚非，不過，菲國投訴選擇常設仲裁法庭避開聯合國國際法院，卻為相關締約國帶來領土主權和海洋劃界，被蓄意置換成海洋地形地貌和海洋權益的法律定義紛爭，徒增仲裁爭端的風險和不確定性，尤其蓄意迴避最後一次國際海洋法會議對歷史因素排除傾向的企圖。此外，常設仲裁法庭與聯合國無相關隸屬，仲裁庭本身也無常年固定經費編列，任憑當事國自由捐獻，仲裁員更任由仲裁當事國挑選，更無嚴密之議事規則與程序，這樣屬於政治成分偏高的仲裁組織不僅不夠嚴謹且充滿高度政治風險，不僅聯合國常任理事國公開規避遵守，就連非常任理事國也群起效尤，例如 2011 年，澳洲控訴日本南極捕鯨案非法，日本雖然敗訴也選擇拒絕接受國際法院判決，因此，南海爭議選擇國際裁定途徑只是更加證明其風險更高，對爭端解決的效益更低。

五、條款解讀分歧

《聯合國海洋法公約》規範定義的直線基線、無害通過、專屬經

濟區義務與海洋和平使用等條款，原則上仍屬法理上的理想規範，爲求精準有效規範發揮止戈紛爭的實際效用，尚待實踐實務的充分協商與驗證，尤其在聯合國大陸礁層界限委員會大膽敲定各國提交期限後，相關爭議國家提交的主張充滿重疊與爭議，事先已可預判，委員會不僅無力防範更無權解決，遑論中國大陸依國內法主張直線基線所提交的照會，含括南海諸島礁及其附近海域主權權利和管轄權，自然不容爭辯與異議。

陸、陸海競逐

當美國海軍羅斯福號航母戰鬥群浩浩蕩蕩展開南海巡弋，展現無比軍威與威懾時，中國大陸自然不甘示弱舉行由國家主席習近平親自視導的史上最大規模海上軍演，中國大陸批評美國域外國家軍事行動介入提高南海風險，美國則諷稱中國大陸在南海的經略行爲，爲小快步突襲，不僅不會激起其他聲索國強烈反應，反而有利中國大陸發展，美國絕不容坐視，南海中美兩極對抗勢不可免。

一、合縱連橫加速

早在南海仲裁案裁決前，南海海域安全防護相關的軍事行動或聯盟即已陸續展開。公約針對專屬經濟區內涉及漁業糾紛相關規定，僅同意採取經濟處罰手段，印尼卻首先動用軍艦抓扣中國大陸漁船，增高經濟爭議解決的安全風險，其次，美國在亞太地區的日、澳盟友，爲了抗衡中國大陸在南海持續強化宣示主權舉動，2015 年開始悄悄重劃安全地圖，彼此低調建立新關係。日、澳最先以維護海上安全爲名，主動發起聯合印度，進行高層對話，接著，印度貸款給越南採購巡邏艇，日本租借軍機給菲律賓，日本與印度更達成「2025 願景」（Vision 2025）協議，2016 年 3 月日本通過新安保法，極力尋求解脫集體自衛權的束縛，

澳洲部隊積極加入美、菲聯合軍事演習的陣容，美、菲更達成美軍輪流派駐菲律賓五處軍事基地進一步的協議，2016 年 4 月分，菲律賓外交部長艾曼德拉斯（Jose Rene Almendras）訪問河內，雙方達成行動計畫協議，日本海軍出現兩艘驅逐艦前所未有的停泊金蘭灣，美國國防部長卡特（Ash Carter）宣稱，印度與美國原則同意，使用對方軍事基地進行補給與維修，美日澳印四方安全對話機制一旦成形，中國大陸抗議力度必然亦會跟著加大。

菲律賓是南海仲裁案的始作俑者，既由美國鼓勵挑起，也由中國大陸選擇突破，2018 年 11 月 20 日，中菲峰會，雙方強化一帶一路倡儀合作，並同意提升至策略合作層級關係。此外，將共同管理爭議，透過友好諮詢，促進海事合作，努力促進達成「南海行為準則」共識，兩國外長也完成《油氣開發合作諒解備忘錄》簽署，共同商討永續利用海洋資源等議題。2019 年 2 月 19 日美國國務卿，特意強調支持南太平洋與中華民國有邦交國關係的 6 個國家，親自選擇出席在帛琉舉辦的「密克羅尼西亞元首高峰會」，更緊接著於 3 月 1 日會見菲律賓總統杜特蒂表示，北京南海填沙造島，對美菲同盟構成潛在威脅，在與菲律賓外長聯合記者會強調《美菲共同防禦條約》（Mutual Defence Treaty）共同防衛義務，顯見中菲經濟與美菲安全兩條軸線的合縱連橫正在加速展開。

二、針鋒相對加劇

2010 年後，中美在西太平洋南北海域緊張對立情勢，即日漸升高，北京不斷提醒美國，南海是中國大陸核心利益，美國則持續強調，維持南海穩定及自由航行，是對亞洲盟友的重要承諾，雙方針鋒相對日趨全面與升級，中國大陸持續在南海爭議水域及島礁強化軍事網路建設，美日澳菲等國則以南海為軍事聯合演訓舞臺，不斷強化羅織中國大陸包圍網的密度與強度，雙方不僅聯合軍演頻率增加，規模也漸次擴大，觸動南海各國軍事競賽加劇，南海被西方媒體視為第三次世界大戰

的火藥庫、引爆點。首先，美軍「史坦尼斯號」航母戰鬥打擊群開啟南海巡航，接著，日本由最先進的直升機護衛艦、潛艦組隊編成準航母戰鬥打擊群參與印尼及菲律賓舉行的聯合軍演，南海周邊各國也不斷加大在南海的軍事存在，如越南海軍展示蘇愷 -30 戰機飛越南沙南威島的照片，菲律賓加強添購各項反潛軍備，印尼部署 4 架阿帕契直升機戰鬥隊在納土納群島。

2016 年 3 月 4 日，日本防衛省發布《中國安全保障報告 2016》，聚焦在提醒中國大陸航空航太研發一體化的「空天一體」南海戰略，正在加快成型。中國大陸為確保海洋權益和領土問題優勢，正在推進各軍一體化運作體制和編制改革，加速國產航母及潛艦現代化，提高海、空軍更寬廣範圍的行動能力，從沿海擴大溢出到太平洋島鏈，深入南海與印度洋，加強南海領土問題存在感與話語權。預判中國大陸的意圖，是通過人工島礁，建造海空監控措施，配合空天一體部署，令美國猶豫軍事干預。中國大陸人工島礁保護，須保證握有足以對抗美軍的海空一體布署，以人工島為基地起飛的解放軍戰機或啟航的軍艦對各國在南海的航行即能達成威懾目的。2016 年 5 月 8 至 9 日中國大陸於南沙島礁等礁群實施大規模聯合軍演及巡航，除了 6 艘主戰艦艇外，轟 -6K 並隨伴掩護，水面下還有潛艦護航，在中國大陸本土還有火箭軍進行遠程保障，甚至更派遣轟 -6K 飛赴永暑礁上空進行訓練，美國也不甘示弱，在解放軍演習結束的次日（5 月 10 日）緊跟著派遣飛彈驅逐艦「勞倫斯號」（USS Lawrence）自由巡航中國大陸的永暑礁 12 浬領海範圍，較勁意味十足更深具挑釁意涵。（詳如中美兩極針鋒相對大事記要表）

中美兩極針鋒相對大事記要表

時間	大事記要
2011.11	美國總統歐巴馬提出亞太再平衡。
2012.6.3	年度香格里拉對話，美國防長說明美國亞太再平衡要旨。

時間	大事記要
2013.1.22	菲律賓提國際仲裁照會及通知。
2013.11.23	中國大陸宣布東海防空識別區。
2014.8	中國加速填海造陸。
2015.5（月底）	中美在香格里拉對話激辯南海問題。 美國高規格接待臺灣民進黨總統候選人蔡英文訪美。
2015.9.25	中美峰會，兩人針鋒相對。
2015.10.27	美國驅逐艦駛入中國島礁 12 海浬，引起中美隔空較勁。
2015.11.2	美國宣布每季度至少兩次南海巡航。
2015.11.7	馬習會當天美國和馬來西亞兩國國防部長同登航母進入南海海域宣示。
2015.11.8-9	美軍 B-52 轟炸機飛越南海空域，中國地面管制人員示警。
2015.11.10	美國眾議院外委會亞太小組主席訪臺主張重新檢討一中政策。

資料來源：筆者參考中國評論新聞網整理自繪。

三、聯動網絡加密

(一) 群島聯動

　　中越本在西沙群島存有領土主權爭議，2014 年 5 月，中越兩國又因為南海鑽井平臺事件爆發嚴重衝突，中越雙方海域爭議也擴及北部灣海上邊界問題。2016 年 2 月美國公布中國大陸在西沙永興島布署飛彈，指責中國大陸軍事化南海，美國至西沙中建島附近宣示「航行自由」，西沙群島因美國軍艦航行介入，擴大演變成美中越國際海域爭議，加上印尼和馬來西亞的納土納群島主權歸屬問題，在美國不斷擴大穿梭介入下，南海整體範圍的南沙、西沙和中沙群島的主權糾紛逐漸匯流而有群島聯動發展的趨勢。

(二) 海域聯動

　　南海海域爭端因日本的積極加入，也把東海的爭端聯動帶入，使

南海與東海的爭端產生聯動發展的態勢。美國與日本原都是南海域外國家，日本因與中國大陸在東海上的釣魚島爭議列入美日安保條約適用範圍，加上日本視南海海域為日本經濟航運生命線，首相安倍晉三二度上臺後，為了有效呼應美國在南海的自由航行舉動，並試圖緩解中國大陸在東海的壓力，遂在美國政策支持與鼓勵下，同步在東海與南海轉趨積極態度與作為，2019 年 6 月，日本派出準航母出雲號艦隊與美國雷根號航母戰鬥群在南海共同演練，日本將東海爭端帶入南海，中國大陸自然將南海之火引回東海，2020 年後，中國大陸海警船連續航行釣魚臺，更逼進 12 浬領海，時間創下 2012 年 9 月日本「釣魚臺國有化」以來最長滯留記錄，中國大陸強化東海釣魚臺維權，無疑旨在迫使日本軍力擴大投射南海意圖時產生寒蟬效應。

(三) 軍政聯動

美國主張南海全域公海化，中國大陸則主張「南海九段線」主權權利不容置疑，雙方針鋒相對，爭議範圍日趨擴大從島礁擴及整片海域，從單片海域擴及區域海域更上階到地緣政治的軍政聯動層次。2017 年美國國務卿與白宮發言人先後強硬表態，南海是國際領土，所有島嶼必須阻止中國大陸占領，北京強化南海島礁與海域控制，違反中國大陸不會將島礁軍事化的外交承諾，北京則指稱該舉合理維護島嶼主權，與軍事化無任何關聯。美國曾對南海島礁與海域主權歸屬不持特定立場、不介入政策，2010 年歐巴馬政府啟動亞太再平衡，美國南海政策隨即轉採直接插手與強力干涉，連續發表的幾份國家戰略文件如 2014 年 6 月的《中國軍事與安全態勢發展報告》、2015 年 2 月的《2015 年國家安全戰略報告》與《美國軍事戰略》等，都顯示南海問題占有重要地位，南海更與北韓核、恐怖主義等並列為主要威脅，美國更運用軟硬兩手策略應對臺灣，一面警告臺灣勿與中國大陸共同面對釣魚島爭端，一面促使日本和菲律賓與臺灣簽定漁業協議，力使臺灣成為美國亞太再平衡政策的緩衝支點。2016 年 4 月 11 日的廣島七國集團外長會議，日本主動

配合美國亞太政策把南海爭端提列至會後公報，聲稱反對任何可能改變現狀的恐嚇、強制或單方挑釁行為，內容指向明顯，日本為因應釣魚島問題的緊急事態，更擬定《統和防衛戰略》作為自衛隊行使領土、領海內自衛權作戰的應處方針，進而修法解禁海外派軍行動，積極派遣艦隊駛入南海，2017年3月21日更宣布出借菲律賓海軍2架TC-90教練機，派出最大驅逐艦出雲號前往南海參與聯合軍演，加大軍事介入南海意圖與強度。

　　面對美國亞太再平衡，中國大陸巧用馬習會實施臺海再平衡策略反制。馬英九政府曾在美國力促與鼓勵下，對南海歷史水域主張與立場轉趨模糊與淡化，外交部2015年南海說帖與馬總統之前相關正式講話都出現類似說法，改循民進黨領海法主張，依國際法強調實占原則，美國隨之表達讚賞之意並派出副國務卿首訪臺灣。隨著兩岸馬習會的歷史性進展，馬英九總統率團於2016年1月28日，登臨太平島，擴大宣示主權，並指出太平島適宜人居與經濟生活的島嶼事實，3月22日進一步提出南海和平倡議路徑，共同推動南海和平合作開發。此外，中國大陸為提升亞太海上投射和兩棲攻擊能力，積極組建全方位遠洋艦隊，如其興建出塢的半潛船（Semi-submersible），有能力裝載甲板潛入水中，成為支援軍事兩棲運用或人道救援任務的有力基地與工具，強化中國大陸海上作戰應變能力，以提升其民用和軍事領域實力，足見南海爭端已不僅僅是海域的區域爭端更是地緣政治的區域爭鋒。

柒、和平契機隱現

　　中國大陸為避免激化南海周邊國家衝突，維權行動盡可能由海監或漁船進行，並藉機宣示島礁與漁場主權。南海地區充當中國大陸安全緩衝區，更是中國大陸與周邊國家最重要的商業貿易通道，中國南海核心利益與周邊國家經貿航道安全與資源開發利益密切相關共利共榮，主動需求與客觀環境都需要營造一個和平發展機制與島礁經略和平轉化的實

際行動。

中國大陸南海九段線承繼中華民國十一段線，各國除軍艦基本上享有無害通過權，東協南海領土爭議僅存於越南、菲律賓與中國大陸，越南則隨菲律賓進退。2015 年 4 月，越共總書記訪問北京表示，面對中越雙邊關係時起時伏，但堅信友誼與合作依然是中越合作主流，2016 年 1 月 28 日，續掌權的阮富仲，再度重申暫時擱置南海爭議，爭取經濟合作發展。

菲律賓 2016 年 6 月 30 日繼任的杜特蒂總統主動擱置勝訴的國際裁決表示，中菲可共同開發近海油氣資源且不排除直接雙邊對話，畢竟實際經濟富裕比潛在安全顧慮更重要。2017 年 1 月 3 日菲駐中國大使透露，將依菲中協議建立協商機制，共同解決敏感問題，與中國大陸合作開發南海爭議地區資源隨時保持開放態度。

一、中華民國和平倡議

中華民國雖堅持南海主權歷史權益與主張，但歷任政府擱置主權爭議，共同和平開發的聲明與倡議始終延續不斷，縱使歷經多次政黨輪替，亦從無改變。尤其 2015 年 5 月，國民黨執政的馬總統更承繼前民進黨政府陳總統於 2008 年卸任前提出的南海倡議，具體提出「主權在我、擱置爭議、和平互惠、共同開發」的南海經略最高指導原則，發表更具體、更明確與更具實效支撐的南海和平倡議，明示三要三不要的主張與架構，分階段推動擱置爭議、整體規劃與分區開發的共同協商途徑。2000 年，中華民國政府為堅示南海非軍事化決心，率先改派海巡人員接替太平島駐軍，致力打造太平島為「和平救難之島」、「生態之島」與「低碳之島」的行動亦從未間斷，2016 年 4 月 8 日，馬總統於外交部「南海議題及南海和平倡議」講習會提到，和平最好的方法，就是共同協商，次日《臺日漁業協議》3 週年，馬總統視察彭佳嶼表示，西方慣用訴訟或仲裁解決爭議，東亞各國包括日、俄、韓涉及領土爭

議，都主張談判不願意尋求司法解決，中國大陸自然也不例外，相關島礁擴建問題不涉及領土領海即不在國際法限制規範範圍。

2016年3月22日中華民國外交部公布「中華民國南海政策說帖」，指出南海爲我先民活動場域，中國政府最早命名、最早使用、最早納入領土版圖、最早行使管轄的歷史主張與立場，並分從歷史、地理與國際法等面向，詳實闡述南海和平倡議，中華民國依據《聯合國憲章》與國際法，一貫主張和平對話與合作及共同互惠開發南海資源。2016年蔡英文政府上任後，持續堅守「擱置爭議，共同開發」的中華民國政府原則，南海和平締造者中華民國將義不容辭。

中華民國馬政府於2012年8月提出「東海和平倡議」，主張主權無法分割，資源可以共享，始終沒有受到周邊國家的重視，直到2013年4月在美國亞太再平衡政策助力與馬英九政府親中政策催化下，日本終於同意與臺灣完成《臺日漁業協議》簽署，解決兩國四十年漁權爭議，馬英九政府受到東海和平漁權協議成功經驗的鼓舞，緊接著再提出「主權在我、擱置爭議、和平互惠、共同開發」的「南海和平倡議」，期望和平與合作之海成爲南海與東海共同努力的目標與願景。

二、中越合作開發

越南針對美國軍艦南海島礁巡航的立場表示，尊重《聯合國海洋法公約》等國際法相關規定的無害通行權，2014年5月，越中南海鑽井平臺事件，引發越南大規模排華衝突，2015年3月2日越南對中國大陸在南沙島礁試飛，表達抗議，聲稱是在越南「長沙群島」的非法建設，同年4月，越共總書記訪中，聲稱中越合作與友誼依然是主流，11月中國大陸國家主席赴越南展開國事訪問，成爲越南國會發表演講首位外國領袖，2016確定掌權的阮富仲延續友好主張，重申爭取中國大陸合作發展經濟，在臺灣太平島附近的越南敦謙沙洲，雖然砲陣地建構完善，但越方保留和平用途並未實際將火砲登島部署，越南並警告周邊島

礁擁有國家勿片面使用武力，以維持島礁和平開發。

三、中馬油氣開採

2015 年 6 月 3 日馬來西亞海軍和海事執法局機艦與中國大陸海警船在瓊臺礁附近海域對峙，瓊臺礁緊鄰南康暗沙中部，由中國大陸實際控制，馬來西亞則控有南康暗沙，附近布滿多座石油鑽井平臺，馬來西亞一直主張擁有這片島礁主權，大陸海軍則持續在馬國開採油氣平臺附近的南北康暗沙海域巡航宣示主權，給馬國相關油氣單位造成不少心理負擔，馬來西亞安全部長威脅說，馬來西亞將採法律行動應對中國大陸漁船進入馬來西亞專屬經濟區，但在經過與中國大陸長期南、北康暗沙對峙和談判後，馬國為維護其繼續在九段線內開採油氣的權力與權利，終於改採相互合作的方式與途徑，共享資源開發的權益與福利。

四、印尼合作軍演

東南亞人口最多的國家是印尼，也是亞洲穆斯林世界最重要的國家，印尼極度依賴中國大陸提升經濟，與中國大陸保持緊密關係的大方向，不會因納土納群島海域主權重疊爭議改變，以確保伴隨中國大陸崛起持續受益，中國大陸也不會為了重疊主權爭議與印尼發生衝突。2014 年起印尼發起兩年一度海上聯合軍演「科莫多海上聯合軍演」（MNEK），與現行多數南海聯合軍演性質不同，尤其與美國盟邦的聯合軍演大相逕庭。演習重點置於非軍事領域合作，以海上災害救援行動為主軸，針對各項人道救援行動展開演練，並加強各國經驗交流及協作能力，提升維和任務能量。印尼海軍司令表示，印尼海軍將積極進行相關努力，促進總統佐科威「印尼成為世界海軍支點」的願景實現，「科莫多海上聯合軍演」的定期舉辦就是其中最重要的行動之一，印尼海軍投入大批艦艇與人力，其他國家也投入相當艦艇與人力參演，此外，國

際艦隊觀艦式、海軍論壇、海事博覽會以及多項民間交流也同時在印尼舉行，首屆 MNEK 即有 18 個國家參與，2016 年演習主題喊出「為和平隨時待命合作」，規模更加擴大，共有包括美、俄、日、印度與東南亞共 37 國參與，第 15 屆「西太平洋海軍論壇」亦同時舉辦，2018 年參演國家 34 個，各型艦艇共計 50 餘艘艦，聯合軍演與論壇，在印尼鼓勵與呼籲下，形同一場國際海軍和平大會師，規模盛況空前，對亞太地區的和平推動將有相當助益與貢獻。

五、島礁和平經略轉化

(一) 中國大陸開放黃岩島

中國大陸在西沙與南沙兩個群島的島嶼與島礁藏有豐富的天然礦物資源，2013 年 9 月至 2014 年 6 月，中國大陸在島礁等地大量填海造陸並於重要部位廣泛部署各式雷達建設機場跑道與空防設施，海空監控南海海域的能力不僅可用於軍事用途，亦可運用於各項民生需要，在實際控領黃岩島（Scarborough Shoal）後，一度也曾在 2016 年 3 月展開建設，美國明確表態指出，基於菲美 1998 年簽署的軍隊互訪協定（VFA），黃岩島造島行動侵犯美國政策紅線，將導致嚴重後果（serious consequences），高少凡分析黃岩島爭執與中國南海政策轉變時指出，中國大陸不希望美國藉機介入，遂被迫放棄建設黃岩島與永興島（Woody Island）、南沙群島構成戰略鐵三角的南海布局，但中國大陸選擇在菲律賓杜特蒂總統訪中後表達最大善意，主動將中國大陸控有的黃岩島開放菲律賓漁民使用，開啟島礁開放漁業資源開放共享的合作先機。

(二) 菲律賓南威島旅遊

蔡志銓、張秀智共同分析中越南海爭端時指出，1956 年中華民國海軍先後派出艦隊 3 次巡察南沙群島，在太平島、西月島與南威島重樹

石碑、舉行升旗典禮，並改編為「南沙守備區」，1973年南越占領南威島，南北越於1975年統一後，開始進行南威島的填海造陸行動。南威島，是越南占有南沙群島48個島礁中最大的島，現為越軍南沙群島第一線軍事指揮中心駐地。南威島基礎設施堪稱完整，設有無線電發射塔與2個碼頭及一條長約550公尺飛機跑道，並備有直升機坪，在其他控領的10個島礁也同步進行填海造陸，面積約達48公頃，2004年越南曾邀集海外僑民乘坐改裝軍艦，赴「南威島」等島礁旅遊，並贈送南威島消防艇，其他島礁則獲贈溼空氣轉化淡水與太陽能發電設備及蔬菜棚與無土栽培等民生用具，島礁開發旅遊用途後續將逐漸獲得正面激勵與鼓舞。

(三) 中華民國太平島觀光

臺灣力求在尷尬的國際主權爭奪縫隙中，塑造和平締造者的形象，長期致力開發太平島為和平基地用途，太平島長擁有一條飛機跑道與民生診所及相關居民住處，是南沙最大的淡水島，島上居民曾有救助遭遇風暴越南水手的友善經歷。臺灣海岸警衛隊和海軍更曾多次聯合在太平島附近舉行海上急難搜救演習，島嶼上原生態資源豐富，開放觀光已進入議題討論，更有臺灣旅遊業者蓄勢待發推出太平島觀光行程，尋求打破僅軍事行為可登島的安全限制，旅遊規劃行程包含生態、文化遺跡與醫院等，傍晚還會在海岸線觀日落，這些旅遊期待已逐漸形成政府開放觀光的壓力，畢竟臺灣自以為傲的南海和平倡議需要實際行動證明，國防監管單位沒有理由拒絕。

捌、中美南海競逐

一、中國南海行動

1949年10月1日中國共產黨在國共內戰中獲取大陸戰場的完全勝利，成立中華人民共和國，1971年接續中華民國政府在聯合國的中國

席次代表權，據此有權承接中華民國政府在國際的權益與義務，南海相關中國的歷史權利由中華人民共和國完成承接並出臺相關南海政策與行動自有其不便質疑的法理角色與立場。

(一) 南海政策

1. 指導原則

為宣示中國大陸提高海洋資源開發能力，堅決維護國家海洋權益，2012 年下半年，中共中央成立中央海洋權益工作領導小組辦公室，開始積極加強海洋維權規劃與戰略部署，建設海洋強國在中共第 18 次全國代表大會報告，首度提升至國家發展戰略高度。2013 年 7 月 22 日為提高維權效率和能力，大陸大力整合海洋事務機關，重點重組國家海洋局並實施海警局掛牌運作。相關島礁建設持續並漸次加強各種軍民通用用途，不論支援用兵需求或支援資源共同開發與緊急海上救難，南海具備內海通用職能，有效達成海洋強國目標，將隨島礁建設逐步強化與相互連通而使中國大陸經濟成功轉化成海陸經濟並進態勢。

中國大陸經濟從陸地經濟轉向海洋經濟的重要支撐，為中國大陸綿延不斷的海岸線與伴隨的廣闊海域，尤其即將動工興建連綿海域的海上浮動核動力平臺（核電廠）更是海洋經濟龐大動力需求最強的後援。南沙國際航運中心規模次地開展，相關燈塔設施、自動氣象站、海洋觀測中心與海洋科研等建設陸續完成，5 座燈塔中的 4 座已陸續開啟使用。南海上空位處國際繁忙空域，2016 年 7 月 13 日主要島礁民航成功試飛，證明永暑、美濟、渚碧礁等機場功能建設完備，可大幅提升南海地區多功能空中交通公共服務能力。此外，島礁大型多功能燈塔投入使用，各項海事航運行動功能與效益大為增加，永暑礁醫院正式完成啟用，深具國家二級醫院水平標準，加上其他便利的通聯與民生設施陸續改善完成與增建，南沙島礁國際海空運公益服務能力將大為增加與充實。

2. 政策聲明

2016 年 2 月 23 日中美外交部長舉行會談並共同召開記者會，王毅於會中清楚表示，南海非軍事化需要各方共同努力，中方希望抵近偵察挑釁少一些，先進武器炫耀少一些，中國堅持根據國際法享有航行自由，並努力通過對話管控分歧，通過談判解決爭議，大陸依法有權維護歷史主權和正當權益，中國大陸有能力也有信心，與東協國家共同維護南海地區和平與穩定，29 日中國大陸外交部長王毅接著會見新加坡外交部長，除了重申前述要點，並強調依 DOC 第四條規定運用雙軌思路與當事國推進接觸與合作。中國大陸外交部發言人陸慷也表示，中國大陸反對任何國家以所謂「航行自由」為藉口，損害中國主權、安全和海洋權益，中國一貫尊重和支持依國際法在南海享有的航行自由。南海仲裁宣判次日的 2016 年 7 月 13 日中國大陸國新辦綜整政府南海相關聲明與官方文件，正式發布《中國堅持通過談判解決中國與菲律賓在南海的有關爭議》白皮書，除再度重申南海各方行為宣言的精神與法律效力外，特別指稱中國大陸對南海九段線的歷史性權利主張並非來自於《聯合國海洋法公約》，而是源自一般國際法與歷史既有慣例，《聯合國海洋法公約》特別存有領土主權與邊界劃分的法理侷限，尤其法律不溯及既往的根本原則更不能受到侵犯與踐踏。（詳如中國大陸南海白皮書要點分析表）

中國大陸南海政策白皮書要點分析表

項次	要點
1	1947 年中華民國政府《南海諸島位置圖》，已證實九段線主張的法理存在。
2	菲律賓違反《南海各方行為宣言》，中菲將透過談判解決南海有關爭議的承諾。
3	仲裁案否定《南海各方行為宣言》第 4 條「由直接當事國通過談判解決爭議」的法律效力。

項次	要點
4	2006 年，中國大陸已基於《海洋公約法》第 298 條提出排他性聲明，包括主權、歷史皆不能納入仲裁。
5	期望中菲能透過協商談判，解決南海爭議。

資料來源：筆者參考中時電子報資料自行整理繪製。

3. 行政建置

　　2004 年 7 月，專責研究南海相關議題與政策的中國南海研究院成立，繼而中國大陸教育部委由南京大學成立南海專案研究項目，結合海軍指揮學院、南海研究院等研究團隊，共同成立南海協同創新研究中心，在南海研究專案的大框架下，再細分為 10 個子研究項目，包括美、澳等國與臺灣的人才培養、國際交流等課題。2012 年中國大陸在海南省所轄屬的西沙群島最大島永興島，正式建制行政組織三沙市政府，負責主管南海島礁行政事務，三沙市除正式建立南海常規軍備巡邏制度外，各項建設指導亦主要實現國防建設與經濟建設協調發展的需求。2013 年三沙市人口統計為 1,400 餘人並逐漸增長，估計目前人口數已達 2,000 人左右，永興島新建醫院配有最先進的醫療設備，2015 年12 月永興學校正式開學啟用。三沙市將循序漸進開放觀光，引入多元旅遊項目，目前新建一艘 7,800 噸的「三沙 1 號」，每月 4 次往返，三亞至西沙永樂群島郵輪旅遊航線開通後，島嶼間的交通補給條件大為改善，永興島建有日產 1,000 噸海水淡化廠，海水淡化設施覆蓋西沙人居島，綠化寶島生態行動更已次第展開。

　　1970 年代前後，中共海軍僅進駐西沙群島的宣德群島，防患中國大陸漁民被扣與周邊鄰國漁船發生衝突情事，則力有未逮，逐陸續發生各類島礁衝突事件。（詳如中國大陸南海大事記）隨著中國大陸海軍力量日漸增長與南海政策逐漸浮現，海上民兵宣示主權護漁發展模式亦日漸成熟，張良福在〈中國大陸的南海政策作為〉指出，2013 年，大陸

以補貼和協助防衛訓練方式，根據漁民日常作業區域和海域漁業情況，以漁村為基礎，依船編組、以船定兵編組模式，正式成立「三沙海上民兵連」，進行建制編制護漁行動，並利用休漁期和漁船統一休整時組織訓練。海上民兵漁船每年出船 4 次，每次補助約 2 萬美元，是中國大陸在南海重要的聯繫網絡與前鋒力量，幫助中國大陸強化爭議島礁的控制權並活絡海域整體經濟，目前受政府支持和訓練的漁船，規模大約有100 艘。

中國大陸南海大事記

年分	事記	事件描述
1974 年	西沙自衛反擊戰（越方稱「黃沙海戰」）	解放軍海軍與南越海軍在西沙群島西部永樂群島海域發生戰爭，南越海軍撤退，中國大陸占領永樂群島珊瑚、甘泉、金銀三島。
1988 年	赤瓜礁海域（又稱南沙之戰或「314」海戰）	聯合國教科文組織第 14 次會議決定，由中國大陸在南沙群島建立第 74 號海洋觀測站。越南派出軍艦干預。最後，中國大陸占領赤瓜礁，越南搶灘占領鬼喊礁、瓊礁。
1995 年	美濟礁事件	1 艘菲漁船船長向菲國政府報告，在美濟礁被中國大陸解放軍拘留 1 個星期，且中國大陸政府正在該島修建建築物，中菲爭端由此開始。

資料來源：筆者參考中時電子報資料整理自繪。

4. 軍演反制與布署

2015 年美國連續派遣多架次與多批次的海空艦艇與戰機，對中國大陸領土周邊與占有島礁附近，實施抵近偵查與自由巡航，挑釁意味十足，2016 年 4 月美菲年度「肩並肩」聯合軍演，6 月「海上戰備暨訓練聯合演習」，美國再行派遣「史塔森號」（USS Stark）、「史普魯恩

斯號」（USS Spruance）、「莫姆森號」（USS Momsen）等驅逐艦及航空母艦雷根號密集現身南海自由巡航，2016 年 5 月 18 日美國國防部更嚴厲指稱，美國海軍一架 EP-3 海上偵察機在南海國際空域進行例行巡航時，中方兩架殲 -11 戰機實施「不安全」攔截，造成雙方一度僅距約 50 英呎的危險遭遇。（詳如中方反制美方偵察分析表）

中方反制美方偵察分析表

時間	美方	中方
2015 年 5 月	「沃斯堡」號在南海國際水域巡邏。	海軍飛彈護衛艦「鹽城」艦近距離跟蹤和監視。
2015 年 5 月 20 日	P-8A「海神」反潛巡邏機飛赴中國大陸占領島礁上空偵查。	提出 8 次警告。
2015 年 11 月	兩架 B-52 轟炸機飛越南沙島礁附近海域。	地面發出警告。
2016 年 5 月 10 日	勞倫斯號進入南沙島礁海域。	兩架殲 -11、一架運 -8、三艘艦艇進行識別查證、警告驅離。

資料來源：筆者參考人民網資料自行整理繪製。

　　中國大陸為有效因應美國與盟邦針對性十足的聯合軍演，與頻繁現身中國大陸海域和南海的抵近偵查及自由巡航行動挑釁，特別在 2016 年針對南海仲裁案積極強化在南海軍事布署（詳如中國大陸 2016 南海軍事布署記要表），仲裁宣布前更選擇在前一週（7 月 5 日到 11 日）於西沙群島附近海域舉行戰役級規模實兵演習，三大艦隊齊聚加上岸防飛彈發射助威聲勢撼人。目前中國大陸在南海除了南沙空域及黃岩島無法掌控外，北部空域設有兩個涵蓋中沙與西沙群島的飛航情報區，南海大半飛航資訊已能充分掌握，紅旗 -9 發射器 8 具進駐永興島東北角，環島四周空域處於有效探測與雷達照射範圍，核子潛艇也已在南海周邊

海域開始戰鬥巡邏，搭配新型中程導彈，對美國航母戰鬥群構成十足實質威脅。此外，為進一步強化對南海島礁掌握實力，3 艘各具偵察、補給與測量不同功能軍艦同時舉行入列命名授旗儀式，島礁重要訊號接收發射塔、燈塔及雷達等設備一應俱全，搜索雷達、火控雷達與隱形艦炮部署完備，顯見中國大陸掌握南海企圖與能力日漸相符。

中國大陸新研發成功的首款大型水陸兩棲輸具「蛟龍 -600」（AG-600）更具有多重功能，除能用於森林滅火、水上應急救援，也能用於兩棲登陸作戰，更能改裝成反潛機在南海實施巡邏監測。蛟龍 -600 搭配引進的「野牛」氣墊登陸艦，成為兩棲快速登陸作戰新模式，裝載特種反潛裝備後，更可與反潛機協同合作，將對周邊爭端勢力形成海上強大威懾。

中國大陸 2016 南海軍事布署記要表

日期	布署行動
2016 年 1 月	於永暑礁新機場試飛民航機。
2016 年 2 月	於永興島布署兩營紅旗 -9 防空飛彈。
2016 年 3 月	於永興島布署鷹級 62 反艦飛彈。
2016 年 4 月	渚碧礁舉行燈塔啓用儀式。 殲 -11 戰機於永興島起降。
2016 年 5 月	在永興島、渚碧礁、永暑礁建設機庫。

資料來源：筆者參考中時電子報資料自行整理繪製。

5. 兩岸籲求

2016 年 1 月 28 日中華民國政府馬英九總統率團登上太平島，同日中國大陸外交部發言人表示，兩岸中國人將南海中華民族祖產，建設成和平之海、友誼之海、合作之海，維護南海航行自由、和平穩定、繁榮發展，兩岸不僅都有責任維護且須共同努力，次日，解放軍《環球時報》也發表社評表達歡迎國民黨政權承認「兩岸同屬一中」，讚賞馬英

九頂著美國壓力保衛祖先留下的島礁，是中華民族捍衛領土的積極行動，並強調，南海U形線權益是大陸承擔國民黨執政時期的主張，中國騰訊網更進而罕見秀出中華民國國旗圖片與不避諱或加引號方式表述「中華民國」。中國歷史海域從中華民國政府到中華人民共和國政府一脈相承，雖存有國際海洋法適法性爭議，但卻有國際法與國際慣例的歷史法理根據。中華民國政府「十一段U形線」主張符合《聯合國海洋法公約》承認「擁有陸地故擁有海洋」之規範，尤其太平島島嶼主權主張完全合理合法，民進黨蔡英文政府縱使消極應對，亦絲毫不能減損中華民國政府依國際法對南海享有之歷史權益，何況中國大陸不僅承繼中華民國的歷史權利主張，更在實力上極力增強固化。

2005年7月11日中國航海家鄭和下西洋600週年，中國大陸國務院核定，每年7月11日為中國「航海日」。西元1405年起，鄭和以28年時間率領艦隊，7次航向大洋，鄭和船隊展現不同於西方殖民之姿的是，東方儒教禮儀精神，是一種和平、包融的海洋文明，當代中華民族偉大復興再度重現海洋，兩岸共同努力重建東亞海域秩序，共同維護中華民族主權合法權益，7月11日中國大陸航海日，恰是兩岸東海與南海油氣開發合作大門的催化劑，透過青島兩岸海洋圓桌論壇的長期經營與行動實踐，兩岸海洋戰略合作實務終有突破的機會。

(二) 一帶一路倡議

中國大陸反制美國在印太區域圍堵的思維與作為。2012年中共18大，習近平當選國家主席，提出2020年全面建成小康社會的目標，以實現中華民族偉大復興的中國夢，在2018年6月政治局會議上，習近平充滿自信的宣稱，世界處於百年未有之大變局，而中國大陸亦正處於近代最好的發展時期，中國大陸因應大變局，在經濟建設尤其是基礎設施共建共享聯通聯網的和平發展經略成果日盛情況下，為有效阻卻美國聯合盟邦圍堵妨礙其和平發展與經略路徑，在陸海域兩方向採取了一系列穩定局勢的措施，以「雙軌思路」在南海積極與東協各國加快推動

「南海行為準則（COC）」協商腳步，並與菲越同時強化高層互訪與擴大各項交流活動，在美國總統大選，拜登宣布當選後，中國大陸旋即於 2021 年 1 月 22 日通過並公布《海警法》，正是以法律授權中共海警在必要時可對外國船隻動武，此被視為針對日本而來，並加大對澳洲經濟制裁力道，下令禁止進口 7 項澳洲大宗商品。疫情期間，美軍在印太航艦戰鬥群受疫情影響嚴重，中共擴大軍演與遠海長航訓練，在規劃「十四五」發展目標時，首次提出並不斷強調內外「雙循環」發展概念，即以國內大循環為國家發展主體，有效因應世界百年未有之大變局，構築國內國際雙循環相互促進的新發展格局，並確立「雙循環」為未來國家主要的發展目標，北京希望以提升科技能力、擴大國內市場來因應當前及接續而來的經濟發展困局，進而力求全面突破美國擴大聯盟之圍堵。

一帶一路倡議是中國大陸在中美海陸抗衡的重大戰略布署。海權國家以美國亞太再平衡與印太戰略整體布署串聯相關盟邦構成對中國大陸的安全包圍網，中國大陸則以一帶一路倡議積極尋求擴大周邊國家共好互利的經貿發展網。美方指控中國大陸南海軍事化，中國大陸外交部長回應指稱，中國大陸恪守不在南海地區實施軍事化的承諾，中國大陸有關島礁建設僅限於自衛必要，中方將視美方挑釁程度進行必要反制，以確保島礁安全與和平發展。

1. 發起與內涵

2013 年 9 月和 10 月，中國大陸國家主席習近平分別在中亞陸地國家哈薩克和東協海域國家印尼出訪時，公開提出「一帶一路」的主張與倡議，接著在中國大陸中央經濟工作會議再次總結強調，主要說明建立兩大海陸經濟路線、六大海陸經濟連接走廊和數項海陸工作支援機構的必要性與重要性。

兩大海陸經濟路線，以中國大陸為核心，交會於歐洲，歐亞環連成一體。陸路經濟帶，概分南北兩個軸線，北線從中國大陸經蒙古、中

亞、俄羅斯到歐洲，南線從新疆經巴基斯坦、西亞到地中海沿岸各國，串聯亞太、中亞和歐洲三大區塊。海上絲路，連接東南亞、南亞、中東、北非及歐洲各國，最後經陸路一帶再回到北海港口，其中六大經濟走廊，更綿密串接海陸兩線，亞洲心臟地緣優勢顯露無遺。除海上絲路主幹線外，還有「冰上絲綢之路」、「太平洋絲綢之路」等各型海上支幹線的輔助延伸，如拉丁美洲即被視為海上絲綢之路的自然延伸。海陸兩大經濟路線和六大經濟走廊建設所需資金支援，由中國大陸於2014年成立「絲路基金」提供，間隔2年後，中國大陸再發起成立「亞洲基礎建設投資銀行」（簡稱「亞投行」），供應融資需求，並陸續推動各種大型交通基礎建設的國際對接，以期進一步擴大一帶一路戰略影響範圍。

2. 目標與成效

一帶一路倡議具體實踐是中國大陸在「基建與經濟合作」下的地緣政治戰略，尤其在應對美國為首的海上聯盟安全網，中國大陸海上絲路更倡議實現五個海域經濟發展目標，促進跨領域合作，促進人文擴大交流，相關國家融入一帶一路環狀網絡，經濟上自此就與中國大陸深度對接，中國大陸透過經濟利益聯繫政治關係自然更具備影響該國發展的政治潛力。一帶一路合作程度深淺可分為「合作文件」或意向書與「諒解備忘錄」（MOU）或協定兩種檔次或兩種不同層次，合作文件僅涉及個別項目或限意向性項目，諒解備忘錄在一定程度上可視為正式的國際條約或合約。

根據中國大陸商務部已公開的文件或資料，截至2021年1月29日，中國大陸已與171個國家和國際組織，共計簽署各式合作文件205份，包括G7國家第一個加入的義大利，沿線國家貨物貿易額占中國大陸總體外貿比重在2020年已達29.1%，中歐班列火車更通達21國92個城市，沿線直接投資占全國對外投資比重不斷上升，已至16.2%，中老鐵路與雅萬高速鐵路等跨國重大項目取得積極進展，中白工業園跨境

園區新入園企業與在華新設企業更形增加顯著，對促進帶路整體經濟發展貢獻顯著。

3. 和平發展

南海衝突起始於域內國家因為主權重疊與海域劃線衝突，加上域外國家各自解讀 1994 年批准通過的《聯合國海洋法公約》，故中國大陸除對南海行動主張擱置主權爭議，雙軌協商外，並傾向依帶路和平倡議，加速南海島礁和平建設，整建重要港口、機場和平用途，尋求共同合作與和平發展。南海重要島礁基本建設大致就緒，相關自衛防務也已建立，島礁間相互聯繫與交通網絡更已初具雛形，後續和平發展建設工作將陸續開展。2012 年中國大陸已在海南省完成三沙市行政區的設置，海南島礁整體建設將在中國大陸海南地方行政當局統籌規劃下，強化島礁多功能發展管理與運用，2016 年 1 月 6 日永暑礁首度完成民航客機試飛，中國大陸外交部聲稱其目的，主要在於提供島嶼人員更便捷的交通聯繫，並為海域緊急救援提供重要保障，2016 年 4 月 17 日永暑礁機場實現軍機載送重病工人轉運海南醫院的緊急救援任務。中國文藝工作者 50 餘名搭乘崑崙山艦，於 2016 年 5 月 3 日，遠赴南沙群島進行慰問演出，崑崙山艦多元載運能力與多用途發展，大為增強南海和平發展之願景期望。

當前海南島礁碼頭設施和航道設施、海水淡化、電力和環保設施等民生整體基建工程日趨強化改善，海南行政當局並力促著重發展現代漁業與海上旅遊兩大產業，力求促使傳統捕撈業順利轉型養殖業、加工業、服務業多元發展，以此增益環南海郵輪旅遊航線的積極拓展。郵輪業更獲得大陸國防部發布《西沙旅遊攻略》和最佳線路圖的有力支撐與支援，正朝海南大力推動的重點旅遊產業開展，乘坐郵輪從海南三亞出發到西沙永樂群島，可盡享浮潛體驗、海上拖釣、攝影等體育休閒活動，對中國大陸南海和平發展將提供更多重要貢獻。

(三) 地緣挑戰

國際論辯後通過各種官方聲明或外交渠道表態，明確支持中國大陸在南海仲裁案所持立場的國家，前後計有 66 國，第一波最早表態集中在仲裁案結果宣布前的 4 月，計有俄羅斯、白俄羅斯，東歐的波蘭，南亞的印度、巴基斯坦、孟加拉國，中亞的吉爾吉斯、哈薩克，東協的汶萊、柬埔寨、寮國，非洲的甘比亞，大洋洲的斐濟等國。第二波表態的國家也在宣判前的 5 月，頗有一路由東向西的趨勢，擴及阿拉伯半島與非洲大部分地區的國家，如 22 個阿拉伯國家聯盟與西亞地區國家，還有非洲埃及等 8 個國家。第三波表態逼近宣判日期的 6 月，主要是剩餘的非洲國家，有肯亞等 18 個國家，最後一波表態集中在 7 月上旬的中非等 8 個國家，顯示在南海仲裁宣判前，多數國家即率先強烈表達支持中國大陸的立場，使得仲裁案的法律效力與聲譽嚴重減損。

1. 菲律賓前倨後恭

菲律賓前總統艾奎諾三世（Aquino III）長期抗中立場鮮明，於 2013 年，率先將南海爭議提交國際仲裁，希望透過仲裁取回菲律賓外海的島礁權益，面對的是中國大陸主張「九段線」的「歷史性權利」，企圖從國際海洋法的新法理角度突破，不過國際無政府主義的鐵則，還是要依國際權力評量，中國大陸當前的國力直追世界第一的美國，怎可能輕易屈從，何況中國大陸在仲裁初期即斷然拒絕，縱使菲律賓仰賴美國政策支持與支援，仍然不敵國際實力原則。菲律賓私心作祟更為了勝訴，不惜拉臺灣的太平島的島嶼地位陪葬，犯了嚴重的戰略性錯誤，反讓中國大陸把司法仲裁途徑拖至領土主權與海域劃界場域，頓使司法仲裁原意全失。2015 年 8 月 6 日，菲律賓外長在東亞系列外長會議期間，極力鼓吹國際司法仲裁，並藉機大肆攻擊中國大陸南海政策，然而，相關條約明載菲國領土範圍指出，東經 118° 線為其西部界限，黃岩島和南沙群島，位於菲律賓西部界線以外，不是菲國固有領土事實昭然，何

況就實力原則，黃岩島也不再由菲律賓實際控領，縱使菲律賓仗勢美菲條約護持，自 1999 年即以海軍一艘破舊船艦藉故坐灘仁愛礁，進而採軍事人員定期輪換企圖形成實際控制，中方僅止提出抗議，並未採取規復行動，但並不代表中國大陸會繼續容忍，中國對領土主權的防護自有相對應國力的全盤原則與策略，菲律賓不可等閒視之。

2016 年 5 月 10 日菲律賓川普型的杜特蒂（Duterte）以願意與中國大陸就南海議題舉行「雙邊對話」，中菲共同開發近海油氣資源，透過多邊談判解決南海爭議等獲得勝選，5 月 16 日杜特蒂總統首次會見駐菲使節團表示，願與中國大陸加強互利合作，並致力於改善和發展中菲關係，主權聲索爭議磋商會在多國論壇提出，並不排除直接雙邊對話，7 月 14 日杜特蒂出席大學晚宴活動再度重申表示，戰爭不是菲律賓優先選項，將要求前總統羅慕斯（Fidel Valdez Ramos）代表前往中國大陸，開啓對話，杜特蒂總統表示，菲方自主決定菲中關係發展方向，獨立外交政策將持續奉行不悖，並願與中方尋求重啓對話。杜特蒂多次連番雙邊對話表示，也證明菲律賓預算部長表明杜特蒂總統傾向與北京進行雙邊對話的談話不假。（詳如菲律賓杜特蒂總統涉南海言論分析表）

菲律賓杜特蒂總統涉南海言論分析表

時間	言論
選戰初期	聲明如當選總統，不惜與中國大陸挑起戰爭，並尋求盟國協助。
4 月初期	雖支持多邊牽制中國，但仍要就共同開發進行開放雙邊會談，發言人表示，菲律賓需要中國大陸投資和技術。
4 月 24 日	杜特蒂說，要親自駕水上摩托車登上黃岩島，插國旗親自「收復」，如果它們（中方）要殺我，反正我也想要成為烈士英雄。
5 月 3 日	杜特蒂向支持者表示，願意讓步換取支持鐵路建設，也願意與中國大陸共同開發南海資源。
5 月 7 日	杜特蒂怒斥艾奎諾三世在 2012 年黃岩島對峙並失去事件表現軟弱，他說，為什麼不派軍艦？政府出賣國家。

時間	言論
5月9日	杜特蒂呼籲，菲國、越南、馬來西亞、汶萊、中國大陸等南海聲索國，和美國、澳洲、日本就南海爭端召開峰會，另外，他也將臺灣列入聲索國之一。

資料來源：筆者參考中時電子報資料自繪整理。

　　杜特蒂政府首任菲國國防部長洛倫扎納（Delfin Lorenzana）表示，主權雖然很重要，但菲方不願與任何國家作戰。縱使周邊各國持續軍事化加速南海緊張局勢，菲律賓現政府政策，則以打擊分離主義組織激進分子優先於解決南海領土爭端，菲律賓主要國防預算不是保護周邊水域，而是用於國內安全防範，菲國軍方計畫購買更多軍事裝備如快艇和直升機，解決內部紛亂，而不是將資源用於海事安全領域。2017年5月中菲在中國貴陽舉行第一次南海問題雙邊磋商機制（BCM）會議，2018年2月13日第二次會議換地在菲律賓馬尼拉舉行，中國與菲律賓外交部副部長分別率團與會，會後發表聯合聲明宣稱，雙方目標為維護和促進地區和平與穩定，加強海上對話合作增進互信，共同管控防止意外事件、共同探討啓動油氣、海洋科研等合作事項，足見磋商機制有利於促進雙邊關係穩定發展，將成為中菲建立信任措施並促進海上安全與合作的重要平臺。

　　2. 東協行為準則

　　中國大陸外長於1995年東協外長會議首度宣示，願依照《聯合國海洋法公約》精神和平解決南海爭端，2002年中國大陸與東協十國於東協十加一高峰會，共同完成「南海各方行為宣言（DOC）」簽署，之後雙方針對行為履行內涵與規範進行多次年度分層協商，2018年6月，第15屆高官會議（DOC-SOM）與第24次聯合工作組會議（JointWorking Group Meeting, DOC-JWGM）終於達致四項協議：第一，磋商過程應將磋商文本草案嚴格保密（strictly confidential），第二，文本為磋商基礎

的「動態檔」（living document），各方保留諮商或修正權利，第三，磋商文本草案將提中國大陸與東協外長會議，第四，聯合工作組（DOC-JWGM）就此草案至少應進行三讀，每一讀結果將提送高官會議（DOC-SOM）。2018年8月初第51屆中共與東協外長會議，新加坡外長宣布《準則》磋商文本草案達成一致並表示，這是《準則》協商的一個里程碑（milestone），中國大陸與菲律賓外交部長同讚稱，此乃《準則》磋商過程取得的一個重要突破，東南亞國家力求在中美之間尋求有力平衡，不希望選邊站隊，以區域內問題區域解決的共識，願意以理性、合作的眼光，通過 COC 化解固有矛盾，故中國大陸和東協國家對南海行為準則的後續讀會充滿期待與希望，受限於國際政治因素的另一主權聲索國中華民國，亦對南海行為準則立場重申，願同相關國家平等協商，共同保護與開發南海資源，促進南海區域和平穩定，美國除呼籲遵守南海各方行為宣言精神外，並力主不改變南海地形地貌，自願凍結島礁奪取、不採單邊行動針對他國經濟行為等具體作為，希望相關主權聲索國與周邊國家共同遵守。

　　仲裁案宣告後，美國與周邊國家支持依國際法以和平途徑解決南海爭議，東協 2012 年金邊會議，即曾因南海問題未達成共識致聯合宣言自 1967 年東協成立以來首度流產，2016 年仲裁案裁決前的 6 月 9 日，中國大陸與東協的《南海各方行為宣言》高級會談，如期在越南舉行，會後得出三項主要結論，除持續強調全面有效落實《宣言》內容外，並加強磋商南海行為準則，與加快制定因應海上緊急狀況的「外交高官熱線平臺」，以讓《海上意外相遇規則》有效發揮即時效用，相隔 5 日後的 6 月 14 日，緊接著的東協外長磋商，會後東協主席國寮國通報各成員國稱「未能達成共識」，因此，也未就南海問題發表任何東協聯合聲明，柬埔寨除於會中強烈反對發表聯合聲明外，首相洪森更曾在公開場合，痛批日本域外國家對東協施加壓力，寮國也對南海問題表明慎重立場，由於東協全體一致共識決的制約，涉及南海主權爭議又僅

限 4 個東協濱海國家，東協共同立場只能繼續維持《南海各方行為宣言（DOC）》的共同原則，並呼籲尊重《聯合國海洋法公約》和平手段解決爭端。

3. 南韓自求多福

南韓與日本同為美國駐軍盟友，日本積極穿梭於南海爭端漩渦，卻避開拉攏近鄰韓國，除了與韓國也有島礁領土爭端外，韓國政府向來不得不親中的態度扮演關鍵，韓國在中國大陸有廣大市場之利，又忌憚北韓態度，更有韓國一統的歷史使命，故對於美國的美日韓聯盟促請，始終敬謝不敏，多方迴避。

南韓總統朴槿惠 2015 年 11 月 2 日與日本首相安倍晉三舉行第一次的首腦會談及美韓兩國國防負責人同步參加的定期安保磋商，都把會談重點聚焦在美軍南海巡航議題，但結果皆不如所望。美國政府曾私下多次要求南韓，至少口頭表示對美國行動的理解，南韓政府始終不曾點頭，韓國朴槿惠總統深切顧及中方感受，會談觸及該議題時，始終刻意侷限在航行自由、和平解決爭議等普世原則，南韓國防負責人韓民與總統朴槿惠口徑一致，頻在記者會呼籲各方不要做出影響南海和平與穩定行為的原則層面。中美南海爭端日趨緊密，美方要求南韓盟友公開表態的壓力亦伴隨日增，南韓基於北韓核問題的優先國家利益，在中美雙方力求平衡並堅守不選隊站邊的平和立場，仍是面對南海爭議最佳的選擇。

4. 俄羅斯坐觀利收

俄羅斯向來堅守不結盟的立場，但是中俄戰略夥伴關係的緊密較諸美俄關係的忽冷忽熱與冷戰恩怨情仇不可同日而語，中俄為首組成的陸權國家，與美日結盟的海權國家，向來就存有不可逃避的海陸地緣政治爭議，美日同盟在南海持續擴大結盟遏制大陸，並連番同聲譴責大陸的主權主張，迫使大陸尋求攜手俄羅斯，在南海問題上相互戰略支援，俄羅斯在大陸刻意拉攏下，其域外國家身分角色日漸舉足輕重，與美日日

趨等價指日可待，南海成爲海陸交鋒的新熱點就顯得不足爲奇。俄國駐中國大陸大使傑尼索夫在中俄戰略夥伴關係確立 20 週年紀念時，指桑罵槐的暗批美國是干涉南海局勢，造成緊張程度遽增的域外國家，俄羅斯在領土主權爭議與美國一樣保持中立立場，美中在南海的緊張情勢，俄羅斯是旁觀的第三者，中國大陸縱使有求於俄羅斯，也僅止於要求表態支持中方南海主張，俄羅斯不須動用一機一艦，國際形象與外交利益就能垂手可得，南海風險越高，軍售利益越有所圖，俄羅斯爲東南亞第二大武器供應國，緊追美國之後，美國獲益最多，俄羅斯亦不遑多讓。

中俄兩軍 2016 年 9 月在南海舉行高度象徵意涵的聯合軍演，藉以威嚇美日聯盟勢力，但是俄羅斯獨來獨往的作風，加上舊蘇聯精神不減，昔日帝國威權雖然失色但風光依舊，俄羅斯對於南海自有盤算，絕非發自內心自發協助中國大陸，中美鷸蚌相爭，俄羅斯不會放棄漁翁得利之良機，積極遊走於多方競爭者之間，謀求俄羅斯自身最大利益當然是俄羅斯的最佳抉擇。

二、美國南海取向

左右南海局勢走向的關鍵決定因素，將是域外以美國爲首的角力行動。美軍率先從幕後走到幕前，開啓南海自由巡航行動，對此議題不選邊站的澳洲也躍躍欲試，日本《新安保法》後，美方正式邀請日本自衛隊協同巡航南海，在美方政策鼓勵下，日本不僅熱烈參與，更積極穿梭串聯域內周邊國家聯合行動，使 2015 年形成南海衝突事件的高峰期，日本在這年首先派兵海外，接著，隨同菲律賓一起要求中國大陸停止造島行動，並鼓動越南和菲律賓挑起事端，更首次與印尼舉行二加二部長級磋商，表明日印加強合作制衡中國。（詳如 2015 年南海各國衝突事件簿）從美國一連串亞太與南海政策轉變，並擴大成推動印太戰略，全面展開遏制中國大陸，顯見中美南海角力已不再是短期的局部衝突，而

是長期的地緣戰略對抗。

2015 年南海各國衝突事件簿

國家	時間	事件
中美	10 月 27 日	美國軍艦在渚碧礁與美濟礁 12 浬內巡航。
	12 月 10 日	一架 B-52 轟炸機飛進華陽礁上空 2 浬範圍內。
中菲	5 月 11 日	菲律賓總參謀長率領大批記者和軍官登上中業島。
	10 月 29 日	聯合國常設仲裁庭第一階段裁定南海仲裁案，明年宣判。
中日	9 月 19 日	日本《新安保法》明年 2016 年 3 月生效，自衛隊首次派兵海外，料衝擊南海情勢。
中澳	5 月 11 日	澳洲外交部長籲中國大陸勿在有主權爭議的南海劃設防空識別區。
	6 月 5 日	澳洲國防部長表示，將與美國和其他國家一起反擊中國大陸南海造島。
	12 月 14 日	一架 P-3 爾偵察機首度貼近南海島礁巡邏。

資料來源：筆者參考中時電子報資料自行整理繪製。

(一) 印太戰略開場

印太戰略是美國圍堵中國大陸在印太區域發展的思維與作為。2017年 10 月 18 日美國國務卿提勒森（Rex Tillerson）於華府「戰略暨國際研究中心 CSIS（Center for Strategic and International Studies）」發表「定義下個世紀的美國與印度關係（Defining Our Relationship With India for the Next Century）」的演說時，強調美國將與日、澳與印度等民主國家，進一步接觸與合作，並多次提及印度洋及太平洋地區一詞，簡稱為印太地區，美國總統川普（Donald Trump）2017 年 11 月 6 日訪問日本，美日雙方在峰會提出自由開放的印度洋－太平洋時，川普第一次提出印太戰略一詞的說法，指出美日兩國未來合作關係的戰略願景，除了強化

軍事同盟合作關係外，也包括雙邊經貿與投資等關係的增進與加強。接著，同年 11 月 16 日薛瑞福（Randall Schriver）在參院美國亞太助理國防部長任命聽證會，表達對印太地區架構的理解輪廓時指出，美國必須透過強化及深化盟邦長期戰略夥伴關係，確保對中共長期戰略競爭優勢，其中指出的軍事優先協助夥伴國家除新加坡與越南外，特別也把臺灣列入，蒙古與紐西蘭則被列入為可發揮以小搏大優勢的安全夥伴國家。2017 年 12 月 18 日白宮發布《國家安全戰略》時，印太相關觀念陳述雖納入官方正式文件，但印太戰略一詞則未出現，顯示美國印太戰略尚處於萌芽階段，其實美國擴大聯盟因應中國大陸崛起已不是新鮮的事，印太戰略既非一項新政策組合，也不是特別新穎的說法，更缺乏整體性與長期性規劃，僅是力求有別於歐巴馬政府時期的「亞洲再平衡戰略」（Asia rebalance），並顯示對中國崛起的警覺與不安日漸增強力求圍堵。

(二) 亞太再平衡擴展

1994 年美國選擇性簽署《聯合國海洋法公約》相關《執行協定》後，老布希（George Walker Bush）政府發表兩次東亞戰略初步報告，接續的柯林頓（William Clinton）政府發表東亞戰略報告，正式為美國亞太地區安全戰略定調。2010 年時任國務卿希拉蕊（Hillary Clinton）走訪亞太主要國家，對於協調中國大陸與東協國家南海主權糾紛表達高度介入意願，2012 年美國國會國防授權法案，針對美國亞太地區戰略與兵力態勢，要求美國國防部提出評估報告，同年 6 月 3 日美國防長帕內塔（Leon Edward Panetta）於香格里拉對話，重申美國亞太再平衡主張主要內容，美國有責任和義務為亞太地區盟友與夥伴提供安全保障，為維護國家利益，確保美國高效創造安全環境，將運用創新概念與能力，調整軍事部署態勢，於 2020 年前將 60% 美國戰艦部署亞太地區。為阻止中國大陸崛起所形成的權力真空，美國致力於亞太再平衡戰略，在南海地區開展積極行動，除通過輪流布署頻繁出訪等外交積極作為

外，並增強各區聯合軍演與擴大聯繫交流互訪等方式，體現美國強大的軍事存在。

爲充分有效支持美國強大軍事存在布署，美國國防部在 2015 年 8 月發表《亞太海洋安全戰略》作爲指導架構，2016 年美國國防授權法案要求總統更進一步發展一整體戰略，藉以提高美國在該區域之整體利益。2016 年 4 月 10 日美國國防部長卡特（Ashton Baldwin Carter）亞太行前，在紐約發表「亞太再平衡戰略」，公布增加兵力布署與增派先進海空軍武如 F-35 戰機、B-2 轟炸機、兩棲攻擊艦與驅逐艦及海神反潛巡邏機等常駐太平洋艦隊，卡特登上南海巡航的美軍航空母艦後更透露，美國國防預算將做出重大投資，增補落後於解放軍數量的美軍水面艦隊並增強長程轟炸機與海底反潛力量。

(三) 南海政策指導

美國、澳洲和印度三國智庫於 2011 年 11 月指出美澳印三邊對話，建立印太地區安全、穩定、自由開放貿易及民主治理秩序的必要，首度發表的聯合報告超越亞太地區視野含括印度，接著，印太概念在美總統川普（Donald Trump）亞太行的首次演講中出現，自由開放的印太一詞驟然成爲媒體輿論與國際關係研究新興熱門詞彙，2017 年 10 月 18 日美國防長蒂勒森（Rex Tillerson）發表演講，美國印太戰略框架雛形初現，2017 年 8 月美國川普爲退出阿富汗預先做好完整布署，提出南亞新戰略，積極發展與印度戰略夥伴關係，推動印度在阿富汗問題新角色，接替蒂勒森的新防長馬提斯（James Norman Mattis）於 2018 年 1 月 19 日公布新國防戰略，重新定義中俄等不同修正強權（revisionist powers）國際戰略競爭對手的身分角色，以重新聚焦與面對越來越大的新威脅。此外，美國《2018 財年國防授權法案》，授權國防部長馬提斯建立印太穩定性倡議，推動美印高級國防合作，更鼓催印度積極推動向東行動政策（Act Eastpolicy），以求有利於美國主導的印度、日本、

澳洲亞洲安全架構與戰略深度對接。美國印太戰略發展更契合日本、印度、澳洲及美國夏威夷的菱形發展渴求，日本右翼政權始終無法忘情二次大戰大東亞共榮圈的夢想，心心念念內外菱形遏制包圍中國大陸的意圖，小菱形專門針對南海，嚮往構築日本、菲律賓、越南與印尼合作包圍網，大菱形有利對接美國印太戰略，美國印太戰略與日本菱形包圍構想，重點在利用中印邊界所引發的傳統地緣政治敵意與不信任，及對中國大陸一帶一路倡議的戰略疑慮與猜忌，以強力拉攏印度加入美日聯合澳洲共同炮製的印太戰略網絡。

1. 政策要旨

美國冷戰後至 2010 年的南海政策，對於南海島礁與海域主權歸屬爭端，始終採行不持立場也不介入政策，隨著美國亞太再平衡政策積極推動，加上 2012 年中國大陸收回菲律賓黃岩島後又持續加大重要島礁軍經基礎建設，南海迅速引爆成為地區問題焦點。美國深切認為，中國大陸南海主權的政策、意圖、行為與能力主張有別於其他周邊國家，並公開指責中國大陸違反合作外交努力，造成區域緊張升級的風險，2013年 6 月美國提出南海政策六大要點，除了重申美國對主權爭議不持預設立場，特別強調相關聲索國應根據《聯合國海洋法公約》合法宣示主權，美國將持續維持南海自由航行以保障國家利益，並確保區域自然資源合法開發，美國反對使用武力威脅宣示主權，積極尋求和平方式包含國際仲裁解決爭端，尤其強調有關爭議解決的多邊安排，對於雙邊或單邊擅自解決不僅排斥而且堅決表示反對。

2. 政策焦點

美國南海政策目標很明確也很清楚，就是平衡中國崛起，削弱大陸南海權力，主要作為聚焦在固化南海現狀，主張各聲索國據有島礁就地合法，聲稱相關歷史主張歸零，再依據《聯合國海洋法公約》，由美國主導確定南海行為規範，成就美國亞太再平衡整體目標。2016 年 2 月15 至 16 日美國總統歐巴馬與東協 10 國領導人舉行峰會，宣稱南海議

題焦點不是中美之間的代理人戰爭，而是南海國際規則以及法律行為規範的研討，4月17日中共軍機自永暑礁執行後送任務，次日，美國國防部提出嚴正抗議，質疑中共藉後送平民，達成軍事宣示目的，6月3日美國防長卡特在第15屆「香格里拉對話」，提出建設亞太地區原則性安全網絡倡議，卡特聲稱歡迎中國大陸參與，卻又批評中國大陸陷入自我孤立的長城，建立排除中國大陸在外的亞太版北約意圖明顯。

　　為截堵中國大陸獲得潛艦技術優勢，美國更提供菲國感測器、雷達與通訊裝置構成「天眼」，強化其南海監控中國大陸的能力。美國明顯採行狼群戰法，第一波借勢運用越南、菲律賓現有爭端，第二波挑動日本敏感神經，接著，鼓勵澳洲充當第三波支援，最後誘引印度跨入戰場，美國則在後為眾狼群壯膽。接著，美國全力尋求法律途徑徹底否定兩岸法理主張的正當性，菲律賓的南海國際仲裁就是美國背後支持的傑作，持續鼓勵並煽動臺灣中華民國政府更改南海歷史主權立場更是美國始終不棄的目標。

　　美國在南海的國家利益，主要顯現在維持區域和平穩定、航行與飛越自由、商業貿易等，反對島礁軍事化片面改變南海現狀，主張《聯合國海洋法公約》為解決爭端的法律基礎，其有關南海政策之調整顯示，南海政策為美國亞太再平衡政策的核心組成，不是孤立的單項政策，美國推動南海政策調整，針對中國大陸意圖明顯，主導南海問題意志強烈，積極外交作為與聯盟持續不輟，一面大力固化美、日、菲、澳聯盟並積極探求增強印度、越南夥伴關係，一面擴建或新建軍事基地，頻繁舉行雙邊和多邊聯合軍演，另外極力拉攏結盟，運用各種多邊國際場合，肆意挑起並擴大南海問題爭論。

　　3. 印太巡航

　　(1) 角色扮演

　　2015年10月美軍首次出動「拉森號」（USS Lassen）驅逐艦實施自由巡航時，宣稱並無偏袒任何一方，而是公平於分屬中國渚碧礁、菲

律賓北子島與越南南子島、奈羅礁與敦謙沙洲 5 個島礁 12 浬內實施，B-52 戰略轟炸機飛航則聲稱誤入中國南海島礁 2 浬。2016 年 1 月 30 日美軍柯蒂斯‧韋伯號（USS Curtis Wilbur）驅逐艦再度選擇航近中國大陸、臺灣、越南三方共同聲稱擁有主權而由中國大陸實際控領的西沙中建島 12 海里內，刻意點名提醒不管是敵是友，美國一視同仁，對保有美國在南海區域操縱談判空間預留餘地，顯示美國熱衷扮演幕後操縱者身分與角色。在南海，美國先後擁有四種不同乃至矛盾倍出的角色，50、60 年代首先扮演的是旁觀者角色，認為南海主權未定也爭議不大，其次，於 70、80 年代喬裝中立者角色，公開聲稱不介入衝突，冷戰後，隨著中國大陸國力日漸興起，新的不穩定因素迭出，美國強力防範新興霸權崛起，極力扮演制衡者甚至宰制者角色，進入 21 世紀後，美國直稱其守護南海國家利益的堅定立場，強行扮演挑撥者甚或操縱者角色，以維護航行自由為名調集盟友直接不避嫌介入南海爭端。

(2) 計畫布署

2016 年 4 月 26 日美國國防部公布「2015 年航行自由」（Freedom ofNavigation）（2014 年 10 月 1 日至 2015 年 9 月 30 日）成果報告，美方自由航行全球 13 國，南海區域包括中國大陸、臺灣、印尼、馬來西亞、菲律賓與越南 6 國，五角大廈強調，美方每年就自由航行行動，總結美軍任務與相關活動，並提供非機密性報告，作為調整兵力布署與任務調配的重要政策參考。美國南海航行自由布署，出現兩個明顯變化，一是川普政府下放南海航行自由計畫決策審批權，2017 年上半年開始，歐巴馬政府時期白宮一案一審原則，改依年度計畫，責由五角大廈和美國太平洋司令部執行，二是啟動南海聯合巡航協調機制，由外交與軍事共同合作，不再放任單方行事，改採共同聯合作為。歐巴馬執政全期，南海自由巡航 5 次，川普第一任初期，即已超過歐巴馬政府 8 年全任期。

不僅巡航次數更加密集，巡航力度亦更為強化，2016 年 3 月 1 日

駛近南海爭議海域的航母戰鬥群，是中美爭議以來規模最大軍事行動，除航母「史坦尼斯」號（USS John S. Stennis）領頭外，還編隊有 2 艘驅逐艦、2 艘巡洋艦和第 7 艦隊指揮艦，反潛、防空、對地攻擊能力完備。美軍搭配自由巡航，更在軍演期間夾雜火力展示助威，2016 年美菲肩並肩聯合軍演，美軍以高機動性火箭系統（HIMARS），在馬尼拉北方烏鴉谷發射火箭，其射程搭配導彈足以涵蓋南海眾多島礁，意味美軍擁有隨時從菲國島嶼出擊南海的能力。

2016 年 4 月 7 日美軍舉行無人艦「海獵人」號（Sea Hunter）下水儀式，為印太海域布署無人艦隊自由航行暖身。美海軍第三艦隊與第七艦隊亦將在印太區域展開共同巡航任務，隸屬於第三艦隊的太平洋水面作戰群（Pacific Surface Action Group）已先期派駐協防東亞，第三艦隊司令部位於美國加州聖地牙哥的洛瑪角海軍基地，轄區包括太平洋東部及北太平洋海域一帶約 5,000 萬平方公里範圍，南海有些聲索國要求，外國機艦行經島礁附近，應「事前獲得批准」或「事前通報」，美國認為違反《國際法》保障的航行自由權，《國際法》許可的任何地方，美國會繼續飛航、航行與行動。

(3) 聯盟行動

2016 年 4 月 14 日美國防長卡特與菲國防長蓋茲敏（Voltaire Gazmin）共同宣布更新美軍輪調駐菲計畫，美軍將在菲國境內至少 7 座基地輪調派駐，美菲亦將藉此在南海進行聯合巡航。2016 年 3 月 8 日美國太平洋空軍司令訪問澳洲表示，美國希望澳洲政府同意，讓美軍空中加油機與 B-1 戰略轟炸機，能在達爾文港與亭德爾（Tindal）兩座空軍基地進行輪調部署，如此，美軍轟炸機抵達南海緊急應變，僅需 5 小時航程，澳洲在美國亞太再平衡戰略身分角色重要性，將再獲得進一步提升。

美國機艦自由巡航區域已涵蓋南沙到西沙，行動不斷升級，緊接著的觀察指標是中方所屬中沙群島的黃岩島，日本及澳洲均公開支持美

軍自由航行行動，美、日、澳亞太巡航聯盟基本上已然確立，接著就是看聯合巡航力度與頻率如何能有效發揮，及中國大陸如何加大反制行動了，印度基於不結盟外交政策公開回絕美國聯合巡航邀請，澳洲對與中國大陸經貿合作終究仍存顧忌，加上南海各國皆大多抱持觀望態度，美國主張聯合自由航行的密度與強度仍有諸多挑戰。聯合國貿易與發展會議發布的《海上交通評論 2011》報告顯示，2010 年通過南海地區的海上貿易貨物約計 84 億，超過全球年貨運總量的一半有餘，這樣龐大的航運量對於航行自由自然極受關注，《聯合國海洋法公約》對此特別提醒與規範，只要適當顧及所屬國權利與義務，經濟海域的公海航行自由沒有任何爭議，但美國聲稱的航行自由，指的不是合法貿易阻撓，而是排斥監偵活動，美國逕自解讀航行自由包含和平時期的軍事活動、軍事監視調查等活動，顯然有夾雜強權放大解讀之嫌。

(四) 結盟挑戰

1. 日本角色

(1) 聲明宣稱

日本認為美國印太戰略與其鑽石經略密切相符，對於美國南海政策亦步亦趨、緊密相隨，日本政府稱譽美國自由巡航為保護開放、自由、和平海洋的國際協作之舉，對於中國大陸在南海擴大島礁建設則警示強調，中國大陸單方面軍事化島礁行為，加劇南海緊張情勢，國際社會同表關切。

日本曾為第二次世界大戰侵略國家也是戰敗國，對南海周邊國家有歷史情節與深刻教訓警示，戰後日本成為美國在東亞最主要的軍事盟國，在美國政策激勵下，積極尋求突破戰敗國憲法限軍的枷鎖，渴望重新躍上世界版圖躍躍欲試，日本防衛大臣中谷元，一面頻頻指摘中國大陸南海軍事化，一面多方尋求協助周邊海域國家發展新式軍備武裝，強化軍事安全防衛能力。日本與美國同為南海域外國家，並曾在二戰期間侵占中國大陸南海領土與周邊鄰國，如今積極主張干預南海並擴及印

太，突顯日本對南海與東南亞野心不減反增。

(2) 勾聯澳印

日本首相安倍第二次上臺即於 2012 年 12 月，提出「安全保障鑽石構想」，以日、美爲基礎，連通澳洲，邀請印度構築美、日、澳、印菱形區塊，進而有效制衡中國大陸海洋發展需求，日澳兩國於 2014 年升級爲特殊戰略夥伴關係，並啓動有關《訪問部隊地位協定》磋商，這份形同軍事同盟的重要協定一旦正式簽署，兩國軍事活動結合不僅更加順暢，澳洲亦將繼美國之後，成爲日本最緊密合作的軍事夥伴。2015 年 12 月起，安倍展開積極串聯行動，接連與印度和澳洲完成首腦會談，澳洲被定位爲準同盟國，日澳聯合訓練新協定更快速放上談判進程，2017 年 1 月，日澳《軍需相互支援協定》進一步完成簽署，同年 9 月生效，美澳聯合軍演日本陸上自衛隊首度參與，美日澳印四國戰略對話與構建覆蓋面更廣的安全合作機制，日本更全力尋求創建。日本的積極行動，換來 2018 年 1 月 18 日澳洲總理滕博爾（Malcolm Bligh Turn-bull）1 天的快閃訪問，以強化更廣泛層面的軍事合作，同日，日自衛隊統合幕僚長河野克俊出席印度安全論壇，美、印、澳軍方同謀深化軍事和安全合作。滕博爾承繼澳洲前二任總理，成爲日本國家安全保障會議（NSC）第三個受邀的外國領導人，日澳首腦聯合聲明，雙方確認從數量和品質上加大軍事領域合作，包括日澳空軍聯合演習，並對日澳《軍需相互支援協定》生效表達歡迎之意，突出日澳特殊戰略夥伴關係意義非比尋常。

日印首腦會談，安倍提到推動日美印英文字首組合的 JAI 合作。日方將派出海上自衛隊，定期參加美印馬拉巴爾聯合演習，強化三國防務交流。印度對美國太平洋司令哈里斯重啓日、澳、印、美海軍非正式戰略聯盟的提議，持謹慎態度，2007 年安倍即首度提出相關想法，印度迄今未表達聯合巡邏之意，就連反海盜中立議題也未表態。中日兩國皆表態積極爭取拉攏印度，日本副首相麻生太郎首先於 2013 年 5 月 4 日

訪問印度，21 日中國大陸總理受邀在印度國會發表演說，29 日印度總理訪問日本，同年年底日皇明仁夫婦訪問印度，2014 年印度新總理莫迪上任，在習近平到訪前，即先行於 8 月底率先訪問日本，日印兩國達成印度洋海軍定期軍演的協議，更期望達成定期外交國防二加二會談，隨著中國大陸一帶一路經略勢力在印度洋日趨擴展，印度傾向日本的結盟似乎更形迫切。

(3) 軍援東協

日本積極批評中國大陸軍事化島礁的同時，日趨加大對東協海域周邊國家的軍援與聯繫，首先，日本向越南和菲律賓提供巡邏船，加強其海域巡航護衛能力，海上自衛隊並與相關國家開展聯合訓練，緊接著，日本與新加坡合作建立從太平洋經過麻六甲海峽進入印度洋的海盜信息中心，為印太海域信息聯繫安全網絡完成先期準備。2015 年 11 月，日越達成日本海自艦艇停靠金蘭灣協議，日本解禁海外派軍行動修法完成後，2016 年 4 月 12 日，戰後日本最大規模艦隊出現南海，除開赴菲律賓蘇比克灣參加美菲年度「肩並肩」聯合軍演外，兩艘護衛艦「有明號」與「瀨戶霧」，更首度停靠距離南沙、西沙群島僅 500 多公里的越南軍港金蘭灣，牽制中共南海行動意圖明顯，但為避免過度刺激中國大陸反應，「親潮號」潛艦則未跟隨前進停靠越南，形同日本航空母艦，為海上自衛隊目前最先進的反潛平臺直升機護衛艦的「伊勢號」，則於同期參與由印尼海軍舉辦的「科摩多」多國海軍和平演習，淡化日本協助軍事圍堵中國大陸的色彩，不過，日本戰艦與軍機頻繁環南海停靠並參與聯合軍演，充當美國太平洋協管，為美國聯合編織遏制中國大陸勢力擴展的泛南海朋友圈企圖已不言可喻。

(4) 聲援國際

日本不僅穿梭聯繫協助編組聯盟，更不計嫌擴大軍援東協南海聲索方反制中國大陸，更利用國際重大會議平臺主動聲援牽制，2016 年 4 月 11 日日本承辦年度 G7 外長會議，不顧中國大陸事先警告和反對，

主動促起發表《海洋安保聲明》，內容顯然承繼美國含括軍用航具的公海主張，此外，履行法院裁定，保持軍事克制等呼籲，更是意有所指，針對性十足，會後公報更充滿警示性語句，頗有抱團取暖壯大聲勢之強烈意涵。

雖然避免激化事態保持不點名指責，但是七國一致的聲明，傳達的終究還是濃烈的警告意味，更是顯現日本新安保法案 2016 年 3 月付諸實施後，日本對中國大陸發起的遏制不會僅止於此一輪，中美南海全面博弈是否演化為中日正面迎撞，日本接續的圖謀與行動具有關鍵作用，誠如日本唯一南海問題智庫同志社大學南海研究中心的聲稱，日本在南海既不擁有正義又能力不足，欲發揮制約中國大陸的先鋒作用，恐怕自己周遭的東海就先引火上身。

2. 北約歐盟

北約組織在二戰後由美國主導在歐洲成立，主要目標防範蘇聯集團武力進犯，軍事組織性質定位明確，蘇聯集團瓦解後，北約組織並沒有隨之解散，反而逐漸東擴並日益成功轉型為共同應對緊急事變的聯合組織，軍事性質逐漸淡化，安全與政治目標卻日漸強化，組織規模非但沒有縮減，反而進逼俄羅斯，更隨著歐盟極化的進展跨越洲際限制，成為歐盟影響全球化抗衡中美兩極的重要屏障。發自英國「國際戰略研究所」的《2016 亞太地區安全評估：關鍵與發展趨勢》報告，批評中國大陸填海造陸並布署軍力，使南海軍事化升級不斷，中國大陸不接受國際仲裁庭對南海仲裁結果，更引發北約軍事委員會主席帕維爾（Barry Pavel）加劇南海不穩定的批評，菲律賓抗議中國大陸在主權爭議的南海牛軛礁周邊集結近百艘大型漁船後，英國、法國、德國更先後宣布派艦艇通過南海，行駛「航行自由」的權利，毫不遮掩聲援美國需求。

尤其英國，2016 年積極脫歐公投後，南海問題不持立場的政策斷然捨棄，倡導維護南海航行和飛越自由日趨高調，首相強森（Boris Johnson）在 2017 年時任外交大臣就表示，英國新航母首航就將派往南

海巡航，2018 年 2 月英國國防大臣威廉姆森延呼應聲稱，英國反對南海「軍事化」，英國「伊麗莎白女王號」航母打擊群準備進入南海，強力阻嚇敵手，法國國防部長帕利（Florence Parly）也在推特宣布，核子動力攻擊潛艦「翡翠號」和支援艦「塞納號」亦將航巡南海海域，德國亦同時表示，前往亞洲的護衛艦，回程時將通過南海海域，成為通過南海的第一艘德國軍艦，加拿大亦不甘示弱派遣軍艦途經臺灣海峽，加入南海附近海域參與美方軍演，顯見歐洲整體海上力量東移加入南海競逐的趨勢日益彰顯。

玖、南海展望

　　南海地緣戰略競逐分析，主要依循戰略思維─政策計畫─機制行動的軸線，並參考歷史、地理與國際規範要素，聚焦在南海國際司法論辯仲裁案的前因後果與所遺留的仲裁爭議，進而詳細分析相關主權聲索國衝突的成因與自行消除的可能性，最後對於中美兩強的政策行動，如何化約在南海行為準則成就與擴充上，藉此導引後續域外國家聚焦澳洲可能的行動貢獻度期許。（詳如南海地緣戰略分析比較表）

南海地緣戰略身分角色分析比較表

主要國家 戰略	戰略思維	政策計畫	機制行動	小結
東協（菲律賓）：仲裁身分立場	1. 和平解決爭端 2. 遵守國際法	1.《聯合國海洋法公約》 2. 南海各方行為宣言 3. 南海行為準則	1. 制定外交高官熱線平臺 2. 有效海上意外相遇規則 3. 越南旅遊團 4. 印尼海上和平軍演與論壇	1. 資源為地緣競逐焦點 2. 仲裁與協商文化本質不同 3. 陸海競逐關鍵經貿 4. 中國大陸主導澳洲協商

主要國家 ＼ 戰略	戰略思維	政策計畫	機制行動	小結
東協（菲律賓）：仲裁身分立場	菲律賓 1. 抗中 2. 國際仲裁 3. 多邊談判 4. 雙邊對話	把南沙海域大部分劃進去其主張的巴拉旺群島向外 200 海浬經濟海域	1. 破舊軍艦坐灘仁愛礁 2. 雙邊磋商機制	
中國（兩岸）：主權角色身分	1. 中華民國歷史 U 形線 2. 中國大陸九段線 3. 中國大陸海洋強國 4. 中國大陸一帶一路 5. 雙軌思路	1. 中華民國南海和平倡議 2. 填海造陸與行政建制 3. 海洋核動力平臺 4. 軍力布署與軍演行動	1. 太平島和平救難之島 2. 南沙島礁國際公益服務 3. 海檢維權行動 4. 海上民兵 5. 增強島礁和平用途 6. 強化觀光旅遊發展	
美國（域外）：集體身分	1. 亞太再平衡戰略 2. 印太戰略 3. 和平的方式解決爭端 4. 多邊解決	1. 強化聯盟 2. 直接干涉 3. 南海現狀固化 4.《聯合國海洋法公約》規範 5. 60% 的美國戰艦部署在太平洋	1. 印太司令部 2. 軍艦巡航 3. 鼓勵國際仲裁 4. 自由巡航 5. 鼓勵中華民國更改立場	

資料來源：筆者自繪整理。

　　根據前表比較分析，南海龍騰鷹揚地緣競逐將出現下列四種特質與現象。

一、資源為地緣競逐焦點

南海地緣競逐焦點表面上看是島礁領土爭議，實質上爭逐的焦點是豐富的油氣與漁業資源。南海競逐關係出自歷史主權主張，接著形成地理經略，最後出現國際規範的需求，由於當前國際規範概由國際強權所制定，受國際強權強力介入與影響，遂出現不可避免的競逐關係，競逐不免產生爭議進而釀成衝突發生，主要原因可歸於菲律賓在美國支援下所提起的南海國際仲裁案，由於相關爭議主權聲索國，如中華民國當局基於特殊政治因素，未獲邀請或拒絕參加如中國大陸當局，加上其他主權聲索國各有所圖未積極響應，國際法庭組成的正當性與合法性又備受質疑，遂使判決依據與判決結果不僅無助爭端之解決，反而帶來更多爭議與衝突，尤其爭議與衝突的焦點藏在後面的油氣與漁業資源的爭奪與分配，更增添南海地緣關係的複雜度與脆弱性。

二、仲裁與協商文化本質不同

美國在南海爭端傾向於多邊主義並偏向訴諸仲裁，中國大陸則專注於雙軌思路與協商解決，本質上呈現東西方解決問題的文化背景差異。美國在推出亞太再平衡政策後，南海態度與作為迅速改採強勢介入與直接干涉，更進一步強硬宣稱南海為國際領土，不許中國大陸片面占領，日本基於自己切身的東海主權爭議與南海航運利益緊密追隨美國南海政策，扮演美國在南海的國際協調操縱者，2016 年 4 月 11 日廣島七國集團外交部長會議公報中不點名指責中國大陸激化事態，更向馬來西亞與菲律賓出借軍備，海上自衛隊更出現停靠主權聲索當事國菲律賓蘇比克灣與越南金蘭灣港的支持舉動，甚至積極前往南海及印度洋參加美國為首的聯合演訓。美國藉由機艦通過爭議海域行使自由航行權的行動強化，與廣邀域外國家日印澳等國進入相關國際海域實施自由航行，以支持其在南海多邊主義與仲裁解決的主張，日本配合增加南海巡航與訪問

頻率的意圖尤其不會減弱，中國大陸則藉環繞臺灣海峽與西太平洋演訓常態化發展支持其南海爭端解決雙軌思路與協商解決的主張。

2016 年 6 月 9 日中國大陸軍艦首次出現在釣魚臺海域附近巡航，日本表達嚴正關切與抗議。美、日共同藉助南海海域倡導經濟海域的軍艦航行自由權，中國大陸繞越釣魚島主權海域本就天經地義，更何況海域自由航行也是美日極力宣揚的共同主張，日本不能一方面隨著美國起舞，要求中國大陸遵照造國際法開放自由航行，一方面卻在中國大陸行使相同權利時，提出抗議或作出激烈反制，軍艦航行自由權若能各方公平享有，中國大陸應自不例外，一視同仁。

三、陸海競逐關鍵經貿

美國印太戰略發展以美國南海政策為焦點，印太戰略則有著政治結盟的期許與效能，中國大陸的南海政策則為中國大陸一帶一路經略的重要發展，而一帶一路經略則有著經貿擴展的實質與效能，經由長期競爭發展，將在政治與經貿出現虛消與實長的區別。中國大陸與美日同盟及南海各國明顯正在南海展開軍事競賽，且規模不斷擴大，南海被西方媒體視為第三次世界大戰的火藥庫、引爆點。繼美軍「史坦尼斯號」（USS John Stennis）航母戰鬥打擊群駛入南海後，日本最先進的直升機護衛艦、潛艦組成編隊「準航母戰鬥打擊群」亦駛入南海，參與周邊國家舉行的聯合軍演，越南海軍公布蘇愷-30 戰機飛越南沙南威島照片，展示不可輕視的軍力，菲律賓不斷添購各項反潛軍備，顯示強化軍備的強烈意圖；印尼也在納土納群島部署了 4 架阿帕契直升機。各國不斷加大在南海的軍事存在，隨著軍事存在的增加，衝突的可能性也逐漸加大。令美國憂心的是，中國大陸運用一帶一路經貿網絡配合反介入戰略限制美國軍事航行自由與介入的能力日益增強，美國的印太戰略則在南海盟國對美方行動的實質支持不冷不熱，此外，南海問題對中國大陸

的重要性遠大於美國，周邊國家對此心知肚明，保護航行自由主要關係到美國的核心利益，但出自於歷史和地緣因素，中國大陸不會因為美國而在南海問題上有所動搖。

四、中國大陸主導澳洲協商

南海和平發展與合作開發宜由中國大陸主導，澳洲接替日本替代美國協商促成。南海周邊國家已一再重申在國際準則與原則下，相互平等尊重，東協與中國大陸的《南海各方行為宣言（DOC）》也在美國呼籲下，朝處理南海爭端的共同行為準則邁進，尤其主張和平手段解決爭端的精神，普遍獲有共識。南海有爭議領土的主要是越南、菲律賓與中國大陸，中越友誼與合作是主流，與中國大陸合作開發南海自然資源，菲律賓持開放與歡迎態度，並願主動召集美、日、澳域外國家和域內主權聲索國，共同透過多邊談判解決南海爭議，必要時更不排斥雙軌或雙邊協商，畢竟菲律賓國民實際的生活富裕高過潛在的安全隱憂，中國大陸在強調主權的同時堅持對話管控分歧，談判解決爭議，控有的黃岩島也已開放菲律賓漁民使用，相關島礁建設也可為南海海域監控與開發能力做出和平貢獻，越南在長沙島也做出遊覽與贈送民生設備行動，中華民國太平島的人道救援創舉，印尼災害救援軍演擴大都讓南海爭端的和平締造露出曙光，東協與中國大陸共同願將《南海各方行為宣言（DOC）》，作為處理南海爭端的最高原則，更尊重《聯合國海洋法公約》努力追求和平手段解決爭端的精神。南海未來發展主要還是仰賴美國與中國大陸的各自風險控管，並共同朝和平發展合作開發共享的方向努力，中國大陸若能在呼籲美國軍艦增加公益監偵活動下進一步考量把軍艦納入無害通過權，並積極偕同東協國家主動召集域外國家提供和平創新作為，澳洲接替日本代替美國促成南海和平開發的轉化將更具效益。

Chapter *3*

澳洲文化結構

在美中互動下，澳洲的文化結構是一個多元文化互動的結構，也是一個典型的國際社會相互主體建構的結構，更是一個由中美所代表的特殊東西文化互動結構。澳洲的文化形成，歷經西方英國殖民與澳洲原住民的主僕互動，然後是英國移民與歐洲移民及原住民的交織互動，再經由容納東方亞洲移民而形成多元文化結構，在這樣一個特定的社會環境中，澳洲文化所形成的共有觀念，建構澳洲國家身分認同與利益，包括澳洲社會所形成的規範、制度、意識形態、組織等，這樣的「共有觀念」建構澳洲具敵意的「霍布斯文化」如原住民與外來殖民，與具相對利益的競爭者「洛克文化」如東西方移民相互競爭，及區域發展文教共榮的朋友「康德文化」三種文化狀態，主要特徵顯現為同時具有敵人、競爭者與朋友三種型態，以此促進澳洲從本身從「利己認同」轉變為印太區域社會「集體認同」，這種認同型態並非一成不變，因而決定的「身分」亦跟著改變，由於澳洲政黨輪替的國內主權統治文化基本形勢無法避免，與中美互動下的親美與親中國際無政府文化交織發展，將不斷出現對立乃至競合的國家安全戰略與政策。澳洲文化結構拘束決策者主觀判斷，決策者主觀判斷所決定的政策產出，透過回饋過程，再度影響文化結構的形成，這是澳洲決策者的自覺，也是國際社會對澳洲應有的知覺。

第一節　島國共有觀念

在美中互動下，澳洲逐漸從大洋洲島國規範的自省中，發展海陸平衡的共有觀念，進而產生區域整體發展的願景形塑。

壹、大洋洲島國規範

大洋洲東方島國規範主要由澳洲主體形塑，顯現在西方歐美殖民與東方原住民主觀與客觀互動形成的地緣與歷史文化及未來區域發展的有

效因應。

一、地緣單元島群

大洋洲（Oceania，又稱澳洲 Autra）意即大洋中的陸地，海洋面積概約 3 億 6,100 萬平方公里，太平洋海域就占約 49%，陸地面積概約 897.1 萬平方公里，約占世界陸地面積的 6%，海洋與陸地比約 4 倍有餘，南北距離長達 8,000 多公里，東西距離寬約 1 萬多公里，狹義指西部美拉尼西亞、中部密克羅尼西亞和東部玻里尼西亞三大島群，廣義指赤道南北廣大海域，位在亞洲和南極洲之間，含括太平洋西南部和南部海域，東臨太平洋，西鄰印度洋，並與南北美洲遙遙相對，由丹麥地理學家馬爾特・布（Malthe Conrad Bruun）命名。大體上分為六大島群單元，包括澳洲（Australia）、巴布亞紐幾內亞（Papua New Guinea）、紐西蘭（New Zeland）、美拉尼西亞（Melanesia）、密克羅尼西亞（Micronesia）和波里尼西亞（Polynesia）。

澳洲面積 769 萬平方公里最大，占據大洋洲陸地面積 85%。巴布亞紐幾內亞占據世界第二大島嶼伊里安島（紐幾內亞島）的東半部，領土面積 46 萬平方公里，與亞洲國家印尼接壤，是唯一與別國有陸地疆界直接密接合的大洋洲國家，紐幾內亞中間線分界，被聯合國組織與國際奧會接受為政治地理界線，巴布亞紐幾內亞劃歸大洋洲，印尼巴布亞省劃歸亞洲。紐西蘭主要由南北兩大島組成，面積 27 萬平方公里，另外三大地理單元分布在太平洋中部和南部海面上的三組群島，陸地面積有限。美拉尼西亞群島位於 180° 經線以西，大致位於東南亞大巽他群島東南方向、澳洲大陸東北方向的外海中，帶狀島嶼呈西北─東南方向分布，延伸 4,500 多公里，陸地總面積約 15.5 萬平方公里（不含紐幾內亞島），位於中太平洋的密克羅尼西亞，意為「小島群島」，絕大部分位於赤道以北，陸地面積不大，僅約 2,584 平方公里，該群島大致位於菲

律賓以東的「颱風發源地」洋面以南。波里尼西亞意為「多島群島」，位於太平洋中部，該群島基本位於南緯 30° 至北緯 30° 之間，180° 經線以東的廣大區域內，島嶼主要位於中東部太平洋海面上，陸地面積 2.7 萬平方公里（其中夏威夷群島 1.7 萬平方公里），除夏威夷群島面積較大，其他地區島嶼面積小。（詳如大洋洲島群地緣分析表）

大洋洲島群地緣分析表

島國	面積	位置	備考
澳洲	面積最大 769 萬平方公里，占據大洋洲陸地面積 85%	位於南太平洋，北臨印尼，西臨印度洋	大洋洲在亞洲和南極洲之間，包含赤道南北海域，東臨太平洋，西鄰印度洋，與南北美洲遙遙相對，面積約占世界陸地面積 6%，海洋面積 3 億 6,100 萬平方公里，太平洋占 49%。南北距離 8,000 多公里，東西距離 1 萬多公里，大體上分為六大地理單元，包括澳洲、巴布亞紐幾內亞、紐西蘭、美拉尼西亞、密克羅尼西亞和波利尼西亞。
巴布亞紐幾內亞	面積 46 萬平方公里	南臨澳洲，北和東南亞相連，占據世界第二大島嶼伊里安島（紐幾內亞島）的東半部	
紐西蘭	面積 27 萬平方公里	位於南太平洋，西臨澳洲	
美拉尼西亞群島	海域延伸 4,500 多公里，陸地總面積約 15.5 萬平方公里（不含紐幾內亞島）	位於 180° 經線以西，大致位於東南亞大巽他群島東南方向、澳洲大陸東北方向的外海中	
密克羅尼西亞	陸地面積僅約 2,584 平方公里	位於中太平洋，絕大部分位於赤道以北，該群島大致位於菲律賓以東的洋面以南	

島國	面積	位置	備考
波里尼西亞	陸地面積 2.7 萬平方公里（其中夏威夷群島 1.7 萬平方公里），除夏威夷群島面積較大，其他地區島嶼面積小	位於太平洋中東部海面上，180° 經線以東，南緯 30° 至北緯 30° 之間	

資料來源：筆者參考《華僑經濟年鑑》大洋洲地區自繪整理。

二、海洋特質地貌

　　大洋洲島嶼海洋風貌特質突出，珊瑚礁環繞與其形成的礁湖是其最大特色。全區絕大部分地區屬於熱帶和亞熱帶地區，熱帶海洋性氣候明顯，澳洲南部和內陸地區則屬較為特殊的溫帶和大陸性氣候，太陽垂直照射遍布大部分地區，但因瀕臨大洋，天氣並不特別酷熱，河流稀少且短小，水量雖然不多，但河流終年不凍，清澈見底，外流河占據近半的流域，降雨量各地顯著差別，瀕臨太平洋的夏威夷考艾島（Kauai Island）東北部，雨量豐沛，林相發達，年均量高達 1.2 萬毫米以上，澳洲中、西部氣候普遍乾旱，雨量稀少，荒漠一片，年均降雨量則在 250 毫米以下。颶風是大洋洲常態，發源地長年不出波利尼西亞的加羅林群島（Caroline Islands）附近，澳洲西部高原連綿，沙漠和半沙漠遮蔽大半部，中部為稀少平原，東部則山地圍繞，大半陸地不適合維生，波里尼西亞滿布火山島和珊瑚礁，密克羅尼西亞多為珊瑚島，可用生活空間極少，美拉尼西亞為大陸邊緣弧狀山脈的延續，島嶼多屬大陸型特徵，島弧間夾有深海盆和深海溝，相互聯繫布滿危機。

　　澳洲大陸上湖泊多為自然生成的構造湖，紐西蘭的湖泊則除構造湖外，尚有熔岩阻塞河道而形成的堰塞湖，夏威夷島上則多為火山爆發形成的火山口湖，大片成群珊瑚礁體構成的大堡礁（Great Barrier Ree），

從布里斯本（Brisbane）以北一直延伸到巴布亞灣，有成千上萬的海洋生物棲息，是地球上最大活珊瑚體與生物多樣性最主要的研究與觀賞寶藏。

三、海洋原民人文

開啓世人對島鏈文化普查，提供後來人類學者珍貴的田野基礎資料，首推 1898 年法國第一次國際博覽會的開展，雖然主題不離殖民文化行銷與自豪的基調，但因此激勵更多人對了解原住民文化脈絡產生濃厚探討與深入研究興趣，其貢獻仍不可抹滅。南島語族（Austronesian）最近在印太區域興起溯源研究的探究風潮，同一祖語的南島語族人群，遍布太平洋東西兩岸，統稱爲南島語族，擴散方式，跳島航行最爲可能，但初始方向如何，仍存有發源地的重要爭議，人種形成可能性，初步界定屬馬來人，是全世界分布最廣的族群，從非洲馬達加斯加島，橫跨印度洋直抵太平洋的復活節島，南北則縱貫臺灣與紐西蘭群島，隨著移居區域不同出現各種不同的生活樣態與風俗習慣。

西方強權自 16 世紀後，殖民地遍及世界各地，在太平洋不同的島嶼，發現族群語言雖然無法互通，但海生動物稱呼如鯊魚、烏賊、蝦子等幾乎雷同。17 世紀荷蘭繼起在亞洲丁香島，開啓列強間的貿易掠奪與殖民之戰，也促進島群貿易日趨頻繁與興盛，對原住民的研究調查也在荷蘭接續掌握島群政治與經濟權力後，陸續加強。臺灣住有泛泰雅系的多數原住民，語言與文化生活型態疑似爲南島語系的原鄉縮影，估算在約 1 萬 1,500 年前的冰河時期，氣候發生劇烈變遷，導致海平面突然上升、改變東南亞與太平洋地貌，隨著之後人口陸續從亞洲印尼擴散，語言也隨之蔓延開展。

20 世紀末語言學與考古學研究興起，從非洲的馬達加斯加島起算到南美洲西岸的復活島，區域綿延超過半個地球，近 3 億人口布滿成千上萬島嶼，雖說著 1,200 多種不同語言，追溯語言來源卻發現存在著共

同的祖先，「南島語族」即被用來統一稱呼這一群原住民族群。臺灣原住民語言保留最多古語特徵，推測爲南島語族最古老的居住地之一，南島族群約可判斷在 5,000 年前，從亞洲大陸整體向東向南遷徙，先到太平洋與印度洋各地，再逐漸向大洋洲一帶擴展。語言與族群密切相關，語言最歧異（the great linguistic differentiation）最多元的地方也是語族最繁盛與擴散的起源地，南島語族起源地，至今存有各種不同想像，出現不同結論與看法，不過，隨著古南島民族所使用的語言古南島語（Proto-Austronesian language），陸續爲語言學家破解與重建，加上人類基因科學研究的充實與佐證，南島語族起源地之謎終將日漸揭曉。南島語族衍生南島民族，強調彼此文化共同性質，也打破狹隘的島嶼原住民認同擴展延伸到廣大的島群語族認同。

四、海洋移民融入

遠古時期澳洲原住民，已發現在大洋洲定居，斐濟 1,800 年前發現南島語族或玻里尼西亞人定居，然後在近百年西方海洋移民開啓島嶼的殖民統治與住民脫離殖民獨立建國時期。16 世紀歐洲人發現大洋洲時，當地原住民生活型態尙處於新石器時期，但居住在那裡已達數千年之久。大航海時代，亞太航權控領最早由葡萄牙發端，西班牙緊隨在後，葡西兩國通過《托爾德西里亞斯條約》（Treaty of Tordesillas）的協議瓜分新世界，之後分別占據東西兩大半球，積極拓展殖民地。

隨著荷蘭與英國陸續加入殖民戰局，亞洲殖民地的占領也跟著陸續向南轉移至大洋洲島鏈地區，1788 年英國在澳洲首先建立殖民地，陸續引來英國與歐洲大陸大批移民定居大洋洲各島嶼。1842 年至 19 世紀末，法、英、德等國，競相吞併或瓜分大洋洲諸島，除湯加外，歐洲列強與後來興起的美國幾乎殖民控制各島嶼。二戰後，民族主義興起，國際輿論人權意識抬頭，大洋洲人民普遍覺醒，各殖民地紛紛獨立取得建國地位。

　　大洋洲是南極洲外，全球人口最少的一個洲，人口總計約 5,225 萬，居民主要是歐洲移民後裔和原住民，間接點綴少數亞洲移民，獨立國家或託管地區共 29 個，分布在三大群島，除了獨立國家外，主要仍是美國、英國、紐西蘭、法國等西方國家散布在太平洋上的殖民或託管小島，基督教爲絕大多數居民信仰，當地住民分別說著波里尼西亞、密克羅尼西亞和美拉尼西亞三種不同語言，而英語則爲絕大多數居民的共通語言。澳洲人口占約 2,569 萬，大部分人口組成爲歐洲白人後裔，巴布亞紐幾內亞人口占約 840 萬，是大洋洲面積和人口第二大國，人口組成以原住民爲主。紐西蘭總人口約占 500 萬，人口組成，主要也是歐洲白人族裔。

　　「美拉尼西亞」之名源自希臘語，意爲「黑人群島」，主要指的是那裡的原住民，人口占約 180 萬左右，位於該群島之上的獨立國家計有巴布亞和紐幾內亞、索羅門群島、萬那杜和斐濟，新喀多尼亞群島仍屬法國屬地。密克羅尼西亞意爲「小島群島」，主要由密集的小島組成，人口約占 55 萬，人口由原住民、亞洲、歐美移民共同組成，獨立國家計有諾魯、吉里巴斯、帛琉、馬紹爾群島、密克羅尼西亞聯邦，馬里亞納群島和關島仍爲美國屬地。波利尼西亞意爲「多島群島」，大小島嶼並列，該地區人口由少量原住民和亞洲、歐美移民共同組成，除併入美國領土的夏威夷群島面積較大、人口較多以外，其他地區不僅面積小，人口更稀少，復活節島除東加、西薩摩亞和吐瓦魯已獨立，庫克群島與紐埃島自治外，其他仍分屬美、英、法等國占有。（詳如大洋洲海洋移民人文組成分析表）

大洋洲海洋移民人文組成分析表

國別	人口數	主要組成	主要語言	備考
澳洲	約 2,560 萬	大部分人口為歐洲白人後裔	英語	居民主要是歐洲移民的後裔和土著人，絕大多數居民能講英語
巴布亞紐幾內亞	約 840 萬	原住民為主	巴布亞皮欽語、希里摩圖語和英語	
紐西蘭	約 500 萬	歐洲白人後裔為主	英語	
美拉尼西亞 獨立國家有：巴布亞和紐幾內亞、索羅門群島、萬那杜和斐濟，南部的新喀多尼亞群島為法國屬地	約 180 萬	「黑人群島」	美拉尼西亞語	
密克羅尼西亞 獨立國家有：諾魯、吉里巴斯、帛琉、馬紹爾群島、密克羅西亞聯邦。另有美國屬地：馬里亞納群島和關島	約 55 萬	由原住民、亞洲歐美移民共同組成	密克羅尼西亞語	
波里尼西亞 除夏威夷群島面積較大、人口較多以外，其他地區島嶼面積小，人口較少	少數	該地區人口由少量原住民和亞洲、歐美移民共同組成	波里尼西亞語	

資料來源：筆者參考《世界百科全書》大洋洲自繪整理。

貳、海陸平衡規範

澳洲是大洋洲最大陸地，大洋洲又泛指廣大綿延之海域，澳洲掌握海陸平衡規範發展之鎖鑰。

一、大洋洲陸地最大

(一) 陸地資源管理

　　澳大利亞聯邦（The Commonwealth of Australia）幾乎占了大洋洲大部分的陸地領土，所以原始大洋洲也叫澳洲，位處太平洋西南方，介於南太和印度洋間，主要由澳洲大陸、塔斯馬尼亞島和海外領地組成。

　　澳洲是世界上最古老的陸地版塊之一，形成許多奇特的地理特點。澳洲整體大陸東西長約 4,000 公里，南北距離約 3,150 公里，北面大陸架延伸至巴布亞紐幾內亞，南面大陸架伸展至塔斯馬尼亞島附近，各處深淺寬窄不同，落差約在 30 到 240 公里之間。全世界陸地平均海拔約為 700 公尺，澳洲平均海拔則不到 300 公尺，陸地基岩層主要由史前期地質形成，避處於主要地震區之外，長年奇特怪異的地形和地貌為其顯著特點。澳洲地表起伏和緩，最高山科修斯科山 2,230 公尺，沙漠面積廣達 340 萬平方公里，約占澳洲陸地總面積的 44%，但澳洲卻得天獨厚擁有最多樣的生態環境，蘊藏豐富多元的生態物種，位列全球 17 個擁有生物超級多樣性的國家，澳洲政府基此特有資源，積極推動「生物多樣性行動計畫」，廣設許多特有保護區，進行獨特生態系統的維護與保育，2006 年全球「環境可持續指數」排比，澳洲成果豐碩，名列全球第十三，受讚譽為績優國家。

　　澳洲地理位置相對孤立，開發晚於其他各洲，眾多自然遺產得以保留，國土寬廣，又橫跨各種不同經緯度，多樣自然景觀並存，如熱帶雨林、濱海沙灘、自然遺產大堡礁與烏魯汝等，各類稀有動植物種悠然存活其間，提供澳洲觀光遊覽與科學研究極高度價值，與美國同列為世界自然遺產擁有最多、最豐富與最多元的國家，此外，澳洲人均國土面積，僅占 0.353 平方公里，是世界人口密度最低國家之一，在人口集中聚居的地區，更有高度現代化的城市建設與設施，與歐美工業國家同列為世界先進發展國家。

　　澳洲也是農牧業高度發展的先進國家，中部低地平原，是澳洲的主要放牧帶，澳洲共計存有約 230 多種哺乳類動物，800 餘種鳥類，其中 400 多種是澳洲所獨有，尚有超過 300 多種蜥蜴類與 140 多種蛇類及二種稀世的鱷魚類動物。澳洲乾燥炎熱的地面下藏有豐富的地下水資源，蘊量面積達 250 萬平方公里，其中大自流盆地面積達 155 萬平方公里，滋養廣闊天然牧場與農業灌溉，使澳洲羊毛生產成為世界最大，畜牧產品位居主要出口國之一，沿海平原蔗田遍布，也使澳洲原糖產量出口成為世界第三大。澳洲森林面積約占全國面積 6%，林相豐富，種類多元，最常見的樹種尤加利樹，有 500 餘種，金合歡則有 600 多種，為澳洲增添不少特殊風貌。澳洲能作畜牧及耕種的土地不多，僅占 26 萬平方公里，沿海地帶，除南海岸外，東南沿海地帶，四季溫和終年綠意盎然，生鮮蔬果無汙染且價廉物美，長年供應不斷，加上氣候宜人，是澳洲人口主要分布帶，也是一條環繞大陸最適於居住與耕種的旅遊、度假「綠帶」，這條綠帶成為養育澳洲整個國家的生命臍帶。

(二) 地下礦產運用

　　澳洲貧瘠沙漠區占國土三分之一，卻蘊藏著各種豐富的礦藏、能源及資源，其中煤儲量 1,700 餘億噸，為南半球國家第一位，鐵礦石儲藏量約 350 億噸，鐵礦砂出口量和產量分居世界一、二位，金礦儲量不遑多讓為世界主要產金國之一，鈾礦蘊藏量高達 40 萬噸，僅次於美國居第二位，占世界總儲量的五分之一，足可和沙烏地阿拉伯石油相媲美，鋁鐵礦占世界總儲量 35%，為世界最大，鋁土礦儲量估計存有 50 餘億噸，鋁製品生產成為世界第二，石油蘊藏量 25 億桶，天然氣 48 億桶，也是世界鉛、鋅、鎳主要的生產和輸出國。

　　此外，澳洲更還蘊藏有多種稀有貴重金屬如鈦、鈹、鉬、釩、鋯、金紅石等資源，總之，澳洲資源蘊藏量琳瑯滿目，種類繁多，世界著名，有占世界最大的黃金、鈾、鐵礦石等，第二大的鈷、鋁土礦等，第三大的銅和鋰與第四大的鉛及第五大的黑煤和錳礦等資源，具備經濟

開採價值的礦產蘊藏量，各類估算幾乎均以億噸或萬噸為基本單位，加上礦產儲量品質高且靠近地表，易於開採，使澳洲採礦業躍升至世界最大採礦業之林，在全球範圍內具有價格制定與談判競爭力，採礦業主要以出口為導向，出口占行業總收入高達 70% 以上，隨著先進的鑽探程序及頂尖技術的引進，專業工人開採技術日漸提升，未來天然氣和鐵礦石出口將更進一步增長，礦業高比例出口的情況將更形突顯，對外市場依賴也將更高，風險也將隨之提升。

澳洲礦業與礦物活動雖僅占澳洲整體經濟約 8%，但外銷比重卻高達 40%，澳洲農業暨資源局經濟數據顯示，中國大陸及其他亞洲地區對礦物原料的龐大需求為主要的推動因素，澳洲資源產業規模，不僅促使澳洲成為引領全球礦業技術、設備與服務（METS）的開發及製造國，更外溢至礦業經濟供應鏈的製造、管理、教育訓練與研發整體效益的提升，澳洲礦用卡車領先的設計與技術運用就是一個典型的範例，澳洲開發成功並經實效充分驗證的礦業軟體，更在全球礦山規劃與開發方面，扮演重要的領先角色，澳洲從礦業生產製造出發，經過 METS 系統不斷的創新設計與精進，成就了澳洲礦業服務業整體外銷的知識經濟利基，資源產業不僅擔綱澳洲經濟成長與外銷的重要引擎，更是激發澳洲整體創新動力的重要憑藉。

二、四面環海國度

澳洲大陸陸塊雖大，但四面環海，東面受廣闊的太平洋海域包圍，西、北、南又受印度洋三面環繞，海域面積廣闊使澳洲陸塊相形渺小，說是一個典型的海洋國家發展型態亦不為過且更恰如其實。

(一) 海空通道建設

澳洲陸塊完整且四面環海，近鄰國家隔海相望，東南鄰國紐西蘭，直線飛行距離約 4,157 公里，最近的島嶼距離也有 2,250 公里，飛機航程概算僅需約 2 至 3 小時。東北部隔帝汶海與東帝汶、印尼和巴布

亞紐幾內亞相望，距離巴布亞約 150 公里，與馬來群島、印尼、東帝汶等國直線飛行距離達約 3,457 公里，東部與其他太平洋島國的海上距離則更是遙遠。中國大陸企業曾計畫斥資在巴布亞紐幾內亞西邊，距離澳洲賽巴伊島（Saibai island）僅 50 公里的達魯島（Daru）建造新城市，縮短與澳洲城市的海上距離，卻引起巴紐政府與澳洲方面的重要關切，澳洲憂心中國大陸將在「新達魯市」建設海軍基地，藉此封鎖澳洲或阻止貨物運輸。

澳洲海岸線環繞整個島洲，平直長達 3 萬 6,735 公里，持有海域面積約 230 萬平方公里，橫亙東北部沿海的大堡礁，更是全球最大最珍貴的珊瑚礁群，2012 年 11 月，澳洲設立含括 6 塊著名水域的全球最大海洋保護區。澳洲人口最稠密的地區散布在東部沿海平原，平均集中分布於東部沿海、各州、領地首府及西部沿海伯斯附近，全國三分之二以上人口聚集在面積只占澳洲全國約略 5% 的東南部，剩餘人口散居分布在其他沿海地區。

澳洲位處的大洋洲，是洲際間海空航運往來所需民生必需用品的主要供應站，也是世界海底電纜最密集交匯的地方，戰略地理位置十分優勢，澳洲共設有 86 個港口，其中 11 個主要港口如墨爾本（Melbourne）、伯斯（Perth）、雪梨（Sydney）、布里斯本（Brisbane）等，就承擔大洋洲共約 86 條國際海運航線，雪梨與墨爾本港航運量更列名世界前三十的大型港口。最主要的國際機場也有 8 座，分別建於東南部的雪梨（Sydney Airport）、墨爾本（Melbourne Airport）、坎培拉（Canberra Airport），東部的布里斯本（Brisbane Airport），南部的阿德萊德（Adelaide）及西部的伯斯（Perth Airport）、北部的達爾文（Darwin Int'l Airport）、凱因斯（Cairns Airport）等，往返亞洲航班包括香港、新加坡、曼谷和吉隆坡等大都市的國際航線最為密集，除了亞洲航班，往返歐洲和美國國際航線的航班亦不在少數，航線可說遍及世界各主要城市。

(二) 海域資源保育

澳洲南起昆士蘭班達堡海岸，北到紐幾內亞邊緣的海域綿長 2,000 多公里，總面積約 23 萬平方公里，由大約 2,500 個珊瑚礁與 500 個島嶼所組成，計分七大地區和五大領域，是目前世界最大最著名的大堡礁（Great Barrier Reef）活珊瑚群。珊瑚礁主要由珊瑚石灰骨架構成，逐次向著陽光處成長，這些珊瑚礁生成至今概估約有 175 萬年的壽命，受到地球溫度與海平面升降影響，已經歷過 12 次的死生循環。現存活的珊瑚約有 400 多種，顏色錯綜複雜、光怪陸離，更是五彩繽紛令人目不暇給。生存在大堡礁的海洋生物超過 1,500 多種，鮮豔、亮麗、光彩奪目，精采程度不亞於燦爛的珊瑚礁群，更可貴的是，珊瑚礁遠離陸地足有幾十公里之遠，不受陸地汙染，始終得以維持其生命源遠流長，聯合國世界教科文組織依據《世界遺產公約》，正式核定大堡礁登錄為自然世界遺產，由人類共同守護。

「大堡礁海洋公園」設立於 1976 年，是世界馳名的旅遊勝地，也是全球最佳的一處浮潛勝地。海洋公園南起班德堡海岸，伊莉特夫人島，向北延伸巴布紐幾內亞與澳洲大陸間的海洋，南北長約 2,000 公里，寬約 50 至 260 公里，總面積為 35 萬平方公里，滿布著險峻的岩石、未開墾的大片雨林，潔白沙灘的度假村，為大堡礁旅遊貢獻每年約 42 億澳元的收益。凱因斯是進入大堡礁海洋公園的門戶，為深具海洋生態旅遊特色的城市，二戰後，澳洲政府大力發展觀光業，廣建便捷海、空交通聯繫各景點，在大島設立休閒中心並投下巨額經費保育，使大堡礁美麗海洋世界，持續吸引全世界遊客不斷，每年平均約有 140 萬潛水者由凱因斯進入大堡礁尋幽訪勝，不過，受到全球氣候暖化、過度漁撈和汙染增加等威脅，海洋公園珊瑚的覆蓋率將會日趨減少，預測 2050 年時，將大為減少 5%，澳洲政府須提前預備有效防範。

參、區域發展整體

一、島國主體籲求

大洋洲島國含括澳洲著名旅遊勝地，不僅存有地球暖化與氣候劇烈變遷對土地地物地貌的強烈衝擊，更有對殖民者反思與原民文化主體復振的籲求。

(一) 爭取氣候正義

抗暖化是太平洋島國，不分地域，團結一致努力追求的共同目標，殷切期待在巴黎氣候會議爭取應得氣候正義的呼聲，澳洲不能置身事外，應該共同響應。馬紹爾群島女性詩人凱西（Kathy Jetñil-Kijiner）最負盛名的一首詩〈告訴他們〉（Tell Them），懇切呼籲並提醒世人，氣候變遷全球暖化造成海平面上升對島民生活的嚴重威脅，島民生活美好的記憶無關島嶼大小，島上子民對島嶼的依戀與哀愁也沒有大小之別，海水上升淹沒小島的殘酷事實正日趨進逼，島嶼子民生命雖形堅韌但更顯無奈。全球暖化日趨顯著，海平面與氣溫逐年上升，氣候極端異常頻頻，劇烈氣旋不斷，導致太平洋島國損失慘重，太平洋島國領袖在對抗氣候變遷上被迫推上積極角色的第一線。

2013 年，斐濟率先發起「太平洋島國發展論壇」（Pacific Islands Development Forum, PIDF），簽署全面禁止開發石化燃料公約，呼籲成立基金會，補償因氣候變遷受損地區，2030 年全面採用潔淨能源，停止採礦及石油補助，打造以太平洋為架構的再生能源網絡，正面迎撞澳洲採礦大國，深受熱帶氣旋所苦的萬那杜，在聯合國氣候會議上急切表示，全球暖化受害國正尋求擴大結盟，力圖採取「氣候損害稅」（climate damages tax）等方法對國際石化能源公司集體訴訟求償，太平洋區域環境規劃組織（Secretariat of the Pacific Regional Environment Programme, SPREP）更協助推出臉書與推特文案，印製小國談判策略

和論述口袋書，在網路上擴大串聯同步發聲大力支援。「小島發展中國家聯盟」（Small Islands Developing State, SIDS）由太平洋諸多島國發起並組成，每年循例在氣候會議上團結一致，爭奪大國手中的全球暖化國際政治話語權，澳洲應努力求得礦產資源優勢與全球暖化對抗的平衡，進而積極支援島國的抗暖化正義需求，以贏得大洋洲島國的尊敬與推崇。

(二) 復振文化主體

二戰後斐濟總理馬拉（Kamisese Mara）因應新興獨立國家的風潮，率先帶頭倡議「太平洋之路」，由於新興島國在許多重要議題急需連結共同外交如去殖民、漁業、海洋管理、永續發展、貿易協定等以追求國際分量與周邊大國分庭抗禮，尤其須與「全球南方」（Global South）結盟共同奮鬥。前西德總理布蘭特（Willy Brandt）於 1980 年在任時，發起創立「國際發展問題獨立委員會」，發表「南北世界：致力於解決生存問題的倡議」（North-South: A Program for Survival），第一次畫出全球經濟發展不均衡的南北界線，1990 年聯合國協助成立「南方委員會」，指出除了「南南合作」，北方國家也不應對失衡的南方國家視若無睹，改善南北不對等關係有其必要性。1963 年前稱南太平洋運動會的太平洋運動會第一屆在斐濟舉辦，除西薩摩亞（現屬薩摩亞）是唯一主權國家，其他參加的 11 國，都仍是英國或法國殖民地，隨著擺脫殖民統治的新興國家陸續出現，南太平洋運動會先後在 12 個國家和地區舉行，澳紐則從未主辦。

2006 年斐濟政變，被澳紐逐出其主導的「太平洋島嶼論壇」（Pacific Islands Forum），斐濟政變強人反而轉向呼籲逐出澳紐，並另行發起成立「太平洋島嶼發展論壇」（Pacific Islands Development Forum）新組織，同時強化與提升美拉尼西亞先鋒集團（Melanesia Spearhead Group）角色與地位，區域內許多島國政要，有感於澳紐長期干預的新殖民疑慮，對於澳洲粗暴干涉與譏評更諸多微辭，漸難容忍，紛紛呼應

斐濟訴求。2009 年吉里巴斯總統 Tong 接續提出「太平洋要畫自己的航道」的典範轉移（paradigm shift）宣示，島國對外活動長期受澳紐主導，其次歐、美勢力為主，日本、中國大陸、臺灣、韓國與後冷戰地緣政治新勢力積極加入後，太平洋島國主體呼聲此起彼落，共同主張跳脫發展中小島國框架，自我定位為大洋島國，代之以群島之洋稱之，強調區域內緊密連結，共同珍視原民文化傳統，努力發展海洋為資源而非限制的視野，此外，島國與紐澳在氣候變遷、海平面上升等利益衝突不斷增加，紐澳無法代表區域，島國應在區域及聯合國相關組織積極取得發言權與主導權。

　　2012 年臺灣中央研究院舉辦的「海上大棋盤：太平洋島國與區域外國家間關係」研討會亦顯示出，二戰後脫離殖民地或屬地獨立的太平洋島國日漸興起，區域組織相繼成立，但在周邊澳紐強勢主導下，南太平洋局勢掌控，仍是周邊大國包括紐、澳、歐、美、日、中的棋局，島國分析的視角被嚴重忽略與漠視，太平洋島國研究受限專門研究資料稀少，研究資源有限，引用資料來源缺乏直接實地參政研究，紐澳官方文件與媒體主導論述方向，研究取徑不自覺的迎合大國觀點，始終無法彰顯太平洋島國的主體性，加上國際關係實力原則的驅動，島國地位提升除本身努力外，更待周邊大國與國際相關組織與機構多方共同扶持。澳洲國立大學亞太事務學院下的「美拉尼西亞國家、社會與治理」（State, Society and Governance in Melanesia [SSGM] program），對島國區域發展脈動與文化脈絡掌握就充滿期待，臺灣民進黨政府積極尋求進展與突破的南島外交政策，如太平洋藝術節、南島論壇與藝文互訪等作為與活動，日趨發展並帶動成為國際原住民社群中廣受矚目的新興議題，「南島」（Austronesians）隨著南島語族數億之多人口的發掘拓展，澳洲政府力助大洋洲原住民文化主體復振不會孤獨。

二、區域經貿發展

(一) 外向經貿發展

　　繼礦業後，澳洲製造業和服務業迅速發展，國內生產總值比重逐漸提升，服務業更日趨成為國民經濟主導產業，產值超過澳洲 GDP 一半以上，服務業、製造業、採礦業和農業形成澳洲四大主導產業，由於產業市場吸納量不大，經濟持續發展仰賴外在市場，國民經濟主要朝外向型發展，為善加利用優勢生產要素，澳洲政府大力支持鼓勵企業轉向技術含量較高的專業化生產。人口約 2,100 多萬，國內消費市場有限，外向經貿政策尤其是中國大陸市場腹地吸納量，曾使澳洲順利經受亞洲金融危機與 2003 年嚴重旱災的雙重考驗，澳洲深度仰賴對外資源供給，財政和國際貿易平衡取決於礦業資源產業，商品出口 50% 以上與礦石有關，主要市場落在亞洲中國大陸等新興國家，礦業占國民經濟比重顯著。

　　對外貿易是澳洲經濟重要組成，澳洲充分發揮資源豐富的優勢，成為全球礦產品、畜牧產品和農產品等初級產品主要出口國，歐美日新興科技製品則為相對進口品項。澳洲受限南半球區位，無法與歐盟、北美自由貿易區等關稅協定充分擴大貿易規模，但靈活緊隨美日的經貿政策與基於規則的國際貿易體系倡導，則使澳洲從多邊貿易、亞太經合組織和世貿組織 3 個層面實現貿易與投資自由化獲益匪淺，亞太經合組織更是澳洲政府地區性戰略經營的重點。

(二) 區域經貿聯網

　　澳洲運用雄厚的資源加上合宜的經貿政策，發展成為南半球經濟最發達的國家和全球第十二大經濟體，更成為大洋洲最為成熟發展的工業化經濟體，澳洲天然資源開發產業規模宏大、生產力高，製造業種類更形繁多，近年服務業與資訊業及通訊設備與高科技產業更成為發展最快的產業。澳洲得天獨厚，沙漠占去國土三分之一面積，卻蘊藏豐富的

礦藏資源，造成澳洲產業的興盛，礦產業出口高居世界首位，農產品出口亦名列前茅，綠帶形成的旅遊資源舉世聞名，新興科技迭創佳績，對大洋洲島國經貿外交需求支應擁有堅實後盾。澳洲外交貿易部出版品 Composition of Trade 資料顯示，澳洲貿易出口主要結構分布，61% 屬大宗原料（primary products），20% 為高附加價值之加工商品（Elaborately），進口產品結構主要分布為精密加工產品（ETMs）居多，其次為大宗原料，顯見澳洲雖是一個後起的工業化國家，但農牧業、採礦業仍為澳洲傳統主力產業，也是大洋洲島國經濟發展可供參考的主要憑藉。

澳洲政府提供經費鼓勵就業訓練提升技術水準，以提升企業競爭力，同時協助企業區域性發展，造就通貨膨脹與勞資糾紛為世界經濟合作開發組織（OECD）會員國中最低的優良記錄。澳洲貨品出口近 60% 到亞洲地區，對東南亞國協的出口更超過歐盟和美國，進口來源主要是中國大陸和美國，澳洲國家投資委員會（National Investment Council），獎勵跨國公司國內投資和在澳洲設立總部，只要不違澳洲國家利益，任何行業投資都容易受批准，貿易服務業成為全球成長最快產業，澳洲政府經費預算重點置於支持社會福利與醫療健保，少數用於國防與教育，澳洲和許多國家包含大洋洲島國吉里巴斯，巴布亞紐幾內亞等簽有租稅協定，避免雙重課稅，繼亞洲與東協之後，澳洲應多關注大洋洲周邊地區的經貿發展，提供更多優惠的經濟與財政政策，以促進大洋洲地區的經貿發展。

第二節　多元融合文化

澳洲文化狀態發展歷經英國殖民與澳洲原住民的敵意文化對峙狀態，逐步融合發展至自由移民相互競爭文化狀態，最後共同在澳洲聯邦國民與公民文化激勵下，朝向整個區域夥伴文化狀態發展。

壹、敵意原民

一、原民與殖民

(一) 原民歷史

　　從麥哲倫環球航行到庫克船長登陸，將近 250 年左右的時間，歐洲人並沒有發現澳洲大陸，這段期間是澳洲原住民存在的原生史實。澳洲政府對原住民（Aboriginal and Torres Strait Islander/Indigenous Australians）的行政認定，主要指澳洲和托雷斯島上原住民之總稱，屬全世界最古老的文明人種之一，推估 4 萬多年前，原住民即登上澳洲這塊土地，原意「南方大陸」的澳大利亞（Australia）一詞，在西方航行者發現後即陸續沿用至今，澳洲原住民伴隨岩石化遠古文明古蹟的次第發掘，澳洲原住民原始文化高度發展亦充分獲得有力的佐證。

　　緊隨南島語族的追蹤發現與探究，澳洲原住民乘坐獨木舟從亞洲逐步遷徙至澳洲，並由北向南逐次擴展，散布於澳洲大陸各地。澳洲原住民語言在南島語族 1,000 餘種語言中存有 700 多種，原住民不蓄莊稼，不養牲畜，專以狩獵為生，用來獵取動物的簡易工具「Boonmerang」迴力鏢習用至今，宗教傳統和文化習俗一併保存流傳，創造的原住民藝術，富有與大自然生存搏鬥所鑄刻的汗痕與淚跡間或夾雜點綴斑斑血跡，成為現存最古老的藝術傳統之一。原住民憑藉天賦的想像力與創造力，不斷賦予傳統新生命與新意涵，原住民藝術始得源遠流傳生生不息。澳洲原住民特有的民族樂器 Didgeridoo，用澳洲特有的尤加利樹製成，是世界最古老的管樂器，伴隨澳洲不分原民與移民人人會自覺哼唱的「叢林流浪」（Waltzing Matilda）小曲，成為表徵澳洲國家的傳統民謠，譽之為「澳洲的非官方國歌」一點都不為過。

(二) 殖民統治

　　大洋洲包含澳洲與玻里尼西亞的殖民統治首由英國庫克船長（Cap-

tain James Cook）率領船隊先後三度前往太平洋登陸澳洲東岸和夏威夷
群島揭開序幕，1788 年 1 月 26 日，英國航海家菲利普帶領放逐囚犯
船隊抵達澳洲升起英國國旗，開始正式建立第一個英國殖民區，緊接
著，1790 年，第一批來自英國的自由民開始移居澳大利亞，首先聚集
雪梨周邊墾荒，接著逐步向內陸地區尋求擴展，1803 年，英國殖民區
已拓展至今日的塔斯馬尼亞灣區，1817 年，英國官方文件第一次出現
澳大利亞名稱，屬名澳大利亞的英國殖民統治正式開啓。英國統治澳洲
初期，原住民估計約有近 30 萬人，隨著英國殖民政府對白人移民的縱
容，驅趕捕殺原住民事件層出不窮，加上蓄意坐視種族間的相互衝突與
惡化的居住環境，更對外來移民傳入的傳染病防堵無力，原住民人口逐
漸面臨大量消亡而無法阻擋的命運。

　　英國殖民帶來大量西方強勢文化的引入，原住民傳統多次徘徊在
文化迷思的十字路口。經過殖民文化多次震盪，大洋洲藝術家多方尋求
嶄新的途徑，不斷反思傳承傳統原住民文化的精義與神髓，以當代新的
視覺與肢體語言，持續激發太平洋地區藝術家源源不絕的創意與活力，
原民文化傳統在原住民多方反思與接力傳承下，不僅未見消散，反而頻
頻注入現代元素日趨推陳創新，著名紐西蘭原住民毛利藝術家雷哈娜
（Lisa Rahana），以新興數位科技創出的作品「追尋金星（感染）」（in
Pursuit of Venus [infected]），即是充分蘊含現代藝術家對殖民文化反思
對話的代表作品。紐西蘭另一著名毛利女舞者，將傳統毛利舞蹈元素，
以現代舞巧妙詮釋，女舞手持傳統兵器藉由情緒與吶喊傳達舞蹈蘊含之
內涵，同時藉以維繫原民傳統，極力扭轉過去殖民統治者曲解的樣貌，
原民傳統航海與船具製作技術，更有別於西方船艦設計概念，特殊的弦
外浮桿充當海面上的平衡，讓輕巧的獨木舟在太平洋群島中平穩航行超
過無數個世紀之久，顯見原民特有工藝智慧歷久彌新經得起時代考驗，
殖民者雖然強勢，原民仍有可供借鑑之處。

二、公民與原民自決

(一) 公民規範

　　1901 年原有的 6 塊英屬殖民地成為澳洲獨立建國的澳洲聯邦主體，開啟脫離英國獨立的進程，但 1900 年為了獨立建國通過的憲法（Constitution Act, 1900）卻排除澳洲原住民的適用，二次大戰後的 50 年代，澳洲政府迫於人權壓力開始對原住民實行人道福利政策，提高其文明程度，給予應得公民地位，1967 年，刪除憲法中對原住民歧視的條文修憲案，獲得公民投票通過，但原住民須受特別保護的公平性也隨修憲案的表決，正式把原住民一詞移出澳洲憲法。

　　黃鴻釗、張秋生的《澳洲簡史》提到，原住民被納入澳洲人口總數計算，始自 1971 年起的人口普查，澳洲政府基於行政與司法需要，1980 年代起，採具澳洲原住民或托雷斯海峽群島人血統（descent 或 origin）、自我認定（self-identification）與被原民社群接受（community recognition）三項標準，認定原住民人口。1986 年澳洲完全脫離英國成為獨立國家，本土劃分除了原 6 塊英屬殖民地改稱為新南威爾斯、昆士蘭、南澳、塔斯馬尼亞、維多利亞與西澳 6 州外，另外將原住民主要居住地的 2 塊區域，增設為首都領地（Australian Capital Territory, ACT）含傑維斯灣領地，及北領地（North Territory, NT）兩個領地，為了修補原公投修憲案刪除原住民一詞的特別保護缺憾，1992 年將原住民放在憲法前言的修憲公投，卻未獲通過，顯見澳洲公民集體對原住民權益的保障與尊崇仍有努力空間。

　　范盛保在分析澳洲原住民族爭論時提到，聯合國分別在 1994 年通過《原住民權利國際規約》與 1995 年通過《原住民權利宣言草案》，主要將原住民的權利概分為生存權與平等權兩大類，平等權包含公民權與集體權，公民權確保原住民個人權利不被歧視，集體權彰顯原住民集體認同、自決、文化、財產、補償和司法與政治權為整體不可分

割。原住民全稱是「原住民暨托雷斯海峽群島人」（Aboriginal and Torres Strait Islander），澳洲政府成立「原住民及托雷斯海峽島民委員會」（ATSIC），作爲保障並創造他們健保、教育、就業與住宅等切身權益的政策規劃平臺，由於原民人口普查採取自我認定的結果，原住民人口呈逐年持續成長的趨勢，如 1981 年全國原民人口普查約 14.5 萬人，1994 年增長爲 30 萬 3,000 多人，2001 年普查人口總數已達 41 萬 3,000 人，澳洲統計局估算，實際人口應超過 45 萬 8,000 多人，約占澳洲人口總數的 2.4%，2006 年澳洲統計局資料更顯示，原住民人口已達 51 萬 7,000 餘人或 2.5% 的澳洲人口比例。

(二) 自決發展

澳洲原住民權益在聯邦政府積極努力下，政治與行政基本權益逐步獲得相關應有的重視與保障，但在司法權益的保障上則進步緩慢，尤其關乎主權領土的土地權益保障一直受到司法的干預與限制。英國宣布擁有澳洲主權時，英國殖民政府與原住民並沒有簽訂類似北美洲政府與印第安原住民的保障條約，英國政府雖也劃出保留地給原住民，但英國法庭仍認定所有澳洲土地皆爲皇家土地，原住民所在地的主權，也就落入英國及其所屬澳洲殖民地政府之中，法院判決據此否定原住民享有土地的法律權益，澳洲聯邦政府成立後，原住民仍受隔離未享有澳洲一般公民權，西澳洲甚至施行種族隔離政策，禁止原住民進入某些公共場所。

澳洲聯邦政府在 1967 年前的憲法，並未制訂有關原住民法律的權利，任憑各邦政府自由心證，整體原住民行政與政策付諸闕如。澳洲原住民爲了爭取自身權益，不斷發動各種宣傳運動與抗爭，1972 年，澳洲政府終於點頭成立原住民諮詢委員會（Aboriginal Land Rights Commission），隔年又成立全國原住民諮詢委員會，1980 年更以具固定會議場所的原住民開發委員會（Aboriginal Development Commission）機構，取代 1977 年的全國原住民總會，目前原住民相關事務機構，除原住民及托雷斯海峽島民委員會（ATSIC）外，尚有原住民事務部與相關部會

原住民行政權責單位。

隨著 1980 年代以來，世界各地原住民運動逐漸興起，原住民一詞逐漸脫離澳洲土著侷限，土著（Aborigine）被廣泛改稱爲原住民（Indigenous Peoples），特指由於優勢族群進入，政治經濟處於不利地位的長住且有固定文化底蘊的人群。原住民表徵族群自主性的表現，顯現對自己文化的自信，北領地人口約 25 萬，是澳洲原住民主要居住地，也是原住民獲得高度地方自治權利的重要觀察指標，由於原住民的文化根深蒂固，北領地的發展亦成爲原住民以旅遊業爲主要經濟型態的參考範例。毛利人電影製作家大衛‧瓦提提（Taika David Waititi）在《雷神索爾3》開拍時，爲黃金海岸傳統領域擁有者尤甘貝（Yugambeh）族人舉行歡迎儀式，毛利長者相應回以祈福儀式，展現大洋洲兩大原民族群合作的象徵，劇中 Korg 原型來自紐西蘭奧克蘭 K 路上的玻里尼西亞夜店保鏢，玻里尼西亞原住民身材魁梧卻輕聲細語的特質，逐漸成爲大洋洲另類主體印象或意象符號。Korg 與索爾（Thor）搏鬥用的長叉，就是著名斐濟（Fijians）的「食人叉」或「三叉矛」（Trident）放大版。劇中女武神瓦爾基麗（Valkyrie）的戰鬥機裝飾色系，展示毛利（Māori）民族旗的顏色，最終戰鬥出現的新戰機設計，向澳洲原住民旗表達敬意，原出現於漫畫中的白人 Valkyrie 反串爲黑人的安排改變，更是呈現大洋洲原住民反抗殖民主義的重要隱喻。

三、移民競爭

(一) 罪犯與自由移民

1. 流犯獄政

自 1740 年至 1788 年，英國本土百畝以下的小農場被併購，原爲自由民的獨立小耕農無地可耕，城市生活謀職又困難，所以出現大批窮苦的工人和失業的貧民淪爲罪犯，英國爲了解決國內監獄人滿爲患，興起

了將罪犯流配海外（Transportation beyond the seas）的作法，澳洲被英國設定為北美流放罪犯不敷需求的替代處所，自 1788 年至 1868 年被遣送至澳的流犯，據估計總共高達 16 萬 8,000 人，澳洲第一任總督菲利普創建流犯殖民地初期，即飽受糧荒困擾，為了應付糧荒，總督雖帶頭削減糧食，但罪犯分配到的糧食根本不足果腹，饑饉問題加上流放罪犯期滿人數漸增，為了解決問題，英國政府刻意操縱，在流放罪犯的同時鼓勵罪犯留住澳洲，進而開放自由人移民，使澳洲成為地球上另一個不列顛（Britain）。

隨著英國移民政策顯著轉變，各殖民地流配罪犯活動至 1868 年完全被廢止，各地殖民當局積極吸引大批英國自由移民來澳開拓發展，為了鼓勵更多移民加入墾荒，初始開發者配合殖民當局廣泛尋找水源與適宜開發的原始土地，監獄遂逐漸為莊園替代，進而發展成 6 個殖民地和保留的 1 個北領地，為了更進一步解決共同問題與困難，謀求更多相同利益，6 個殖民地更進而逐步匯流成一個統一的政治集合體。

2. 自由移民

李龍華的《澳大利亞史》指出，隨著英國船隊帶來更多的罪犯，菲利普總督隨之發布殖民地擴大發展指引，以免費贈送土地和配給罪犯勞力，吸引英國自由民移居來澳，刑滿獲釋恢復自由身分的罪犯，也享有同等待遇，並從英國本土請來農業專才，優先指導開發雪梨附近的帕拉馬塔（Parramatta）肥沃土地，試種農作物，先期發展農牧，力求自給自足，1792 年 12 月菲利普離去時，殖民地人口規模已達 3,000 餘人，耕地面積更達 1,700 英畝，另有 4,000 英畝贈送給移民和軍官開墾。隨著英國本土經濟蕭條壓力日增和新南威爾斯殖民地拓展日益吸引，大批英國自由人移民接踵而至，殖民地人口劇增，50 年代後，新南威爾斯和維多利亞兩州相繼發現多處金礦，大批淘金者蜂擁而至，1860 年澳洲人口突增至約 110 萬餘人。

隨著殖民地日益擴大與緊密貫連，促進納稅、土地與關稅共同利益

需求日趨迫切，要求殖民地統一爲聯邦進而脫離自治的呼聲日漸提升，澳洲聯邦會議終於在 1900 年制定完成聯邦憲法，並歷經漫長的折衝與談判，始於 1986 年爭取到英國政府的同意，成爲正式聯邦國家。澳洲組成與美國神似，都是殖民歷史成爲原住民與多元移民混合而成的國家，各類移民及其後裔占絕大多數，其中歐洲裔占 83% 位居首位，因此，澳洲自由移民形成的國度，政治文化組成元素與架構，大都承襲歐洲，更與英國趨同，澳洲特色的英語爲通用語言，國旗左上角仍保留整幅的英國國旗圖案，不僅不以爲異，反而更像以此爲榮。不過，澳洲多元種族形成的多元移民文化畢竟是已存在的事實，多元文化成爲主流政策發展自然就不足爲奇。

(二) 移民與教育多元

1. 移民社會

黃源深、陳弘共同提出的澳大利亞文化簡論指出，隨著歐洲裔移民人數的增加，對亞洲人的移民態度也逐漸發生改變，二次戰後 50 年代初起，澳洲工業化加速，文化、教育和科學事業大幅進展，不再禁止來自中國大陸、日本、東南亞與太平洋島國移民，越南和柬埔寨難民，使亞洲移民比例大爲提升，澳洲大規模移民計畫，更使近 100 多國約 400 多萬人，定居澳洲，20 世紀 80 年代全國人口超過 1,500 多萬，澳洲成爲一個多民族、多文化的社會，澳洲政府順應提出多元文化概念，強調國內各民族平等，努力保存各自文化傳統，彼此互利共存，共同爲澳洲的發展而努力。在歐洲裔占最大多數的澳洲人口，又以英國與愛爾蘭裔居多，官方語言爲英語，中文因來自中國大陸移民爲數不少，成爲僅次於英語的第二大使用語言，歐洲裔的移民不同於歐洲本土信奉天主教的傳統改信基督教比例約占居民的 63.9%，神似美國新教改革著所形塑的新社會，人均 GDP 高達 6.7 萬美元，甚至超過美國，這是一個崇尚多元文化極度類比於美國移民社會的移民國家。

自 1989 年起，因爲移民人口大量減少，澳洲人口成長率開始減緩，1995 年，海外移入人口數僅剩 6 萬餘人，雖然移民人數減少，但澳洲多元移民的社會，爲澳洲的社會帶來充滿生機與活力，不斷豐富澳洲生活內涵，使澳洲逐步發展成爲全球都市化最深的國家之一，大都會聚居型態顯著，散居十大城市的人口即占澳洲人口總數的 70%，多數人口更集中在東部海岸與其東南角。

澳洲多元社會與文化組成歸因於兩個元素，亦即外部民族多元文化與內部種族多元文化，內部種族文化主要由英裔與歐裔同質性高的自由移民事實組成，外部民族多元文化的形成，主要與經濟發展存有密切關係，隨著外部民族文化的多方移入，內外多元文化交織共榮，激盪澳洲文化與世界文化同步發展，並能前瞻國際文化主流發展，東岸雪梨、墨爾本等國際化大都市，福利高、待遇優與良好經濟發展氛圍，日益吸引眾多北美與南美新移民包括美國在內，中國大陸和印度移民更超越歐美成爲澳洲年度移民最多的來源國。

2. 多元教育

許建榮在多元文化的歷史教育建構中提到，澳洲人口組成繼美國之後，成爲全球化人口移動的典範，澳洲政府爲有效因應全球化與多元文化發展，積極思考多元文化教育議題與內涵，希望不同歷史文化背景的多元族群，可在澳洲多元教育途徑發掘多元的發展興趣與能力，共同參與澳洲的建設與進步。澳洲教育文化發展重點，置於尊重澳洲多元移民歷史文化交融的傳統，透過澳洲教育制度、教育內涵與思維等的建樹與探究，澳洲文化教育的多元本質將可充分發掘並逐步創新求變與發揚光大，豐富多元文化教育內涵與教育文化品質也將更形發展與更具吸引力。

澳洲州政府設教育部自管轄區大、中、小學和技術教育學院教育，大學和高等教育學院政策則由聯邦政府制定並提供經費。學校主要區分公立、私立與天主教學校三種類型，學制區分學齡前教育、中

小學 12 年義務教育與高等教育，廣泛推行職業教育，重視師資隊伍組建與培育，科技教育獨樹一格發展迅速，成效顯著。澳洲高等教育辦學品質與素質世界馳名，全國僅有 1 所聯邦政府立法成立的國立大學，主要配合國家重大發展政策研究，州政府則由聯邦補助共成立 36 所公立大學，2 所特許私立大學。1990 年代，各大學普遍升格為綜合型大學，並在海外主要國家廣設分校。不同於美國資本主義社會所形成的私立金貴，澳洲是高度社會福利的國家，由於聯邦政府年度固定提供高等教育機構足額經費，2008 年，7 所大學進入世界前一百大，6 所得到 AACSB 國際認證。

澳洲為全球留學教育重要樞紐，留遊學成為澳洲經濟最主要收入來源之一，澳洲大學不論公私立，皆允許自行開設課程與頒授證書、文憑和學位，澳洲教育部則以學程名錄（CRICOS）配合實施管理。澳洲大學校際聯盟發展興盛，現有三大校際聯盟，各具發展特色，8 所最著名大學組成八大盟校，5 所理工、社會科學、創新研發，和文化創意產業專業導向發展的大學組成澳洲科技大學聯盟，6 所商業、藝術、人文、教育、設計產業等見長於世的大學組成澳洲創新研究大學聯盟，校際聯盟發展型態讓澳洲高等教育發展如虎添翼，增添不少國際競爭力。

四、國民夥伴

(一) 國際多元視野

1. 文化途徑多元

澳洲是南半球僅次於巴西的第二大國，也是全球面積第六大國，世界自然遺產豐富同美國一樣名列前茅，屬於一個超級的中等大國。澳洲1970 年代前實施的「白澳政策」，使澳洲文化發展僅為西方文化尤其是英國殖民文化為主流的延展，1970 年代中期以後，澳洲去蕪存菁、截長補短積極吸收多元文化精義，推動多元文化轉變，進而成為生機勃發、生趣盎然的多元文化社會，澳洲社會原住民與來自全球超過 160 個

國家的移民共融，2011 年澳洲人口普查數據顯示，約有 26% 澳洲籍國民，出生自其他國家，澳洲文化多元性不僅是既成事實，更已成爲澳洲社會最顯著乃至最傲人的國家特徵。

澳洲承襲英國爲海洋法系國家，法治基礎建全，人民高度守法，優厚社會福利更使社會發展秩序平和穩定。移民條件限制雖曾大幅放寬，但嚴重種族衝突事件仍不多見，整體而言，澳洲社會治安情況堪稱良好，較諸美國種族暴亂頻傳則優異許多。澳洲政府設特別節目廣播事業局，主管 SBS 電視臺和廣播電臺，SBS 電視臺主要承擔多元文化政策之大眾教育，自 1980 年開始運作以來，除新聞、體育和部分歷史記錄片用英語播送外，其餘以澳洲各移民族裔語言爲基礎，搭配英文字幕實施播送，貼心爲非英語背景人士提供了解世界的媒體渠道，多元文化由多元傳播並圍繞澳洲主體文化形塑，匠心獨具，成效卓著。

2. 文化主流強固

澳洲原民文化在歐洲移民帶著歐洲強勢文化因子進入澳洲之後，逐漸融合改變澳洲原生文化風貌，延續歐洲文化慢條斯理步調爲主體形態發展的澳洲文化，在美國嬉皮成風與速食文化進入後，澳洲不信任權貴的文化核心特質逐漸顯現與突出。澳洲人持續爭辯自己文化的屬性與特質，多方負面看法居勝，認爲爲澳洲不具獨特文化特質，外國圖書、音樂、繪畫與影視作品充斥市面，本土作品抄襲成風，只是外來文化的贗品，短短一百多年的澳洲歷史不具文化生成條件，尤其澳洲人對於英國態度，充滿矛盾的複雜情緒，自卑感不時襲上心頭、占據腦門與堵住心口，隨著澳洲與世界其他國家的國際接觸日漸頻繁，多方參與國際事務，國際地位日升，澳洲多元平等且豐富先進的社會底蘊，讓澳洲人的文化自信倍增，澳洲人不僅有文化而且卓越不凡。

(二) 區域文化優勢

1. 輸出獨有文化

澳洲居家普遍使用英語，原住民母語也幾乎僅限老輩使用，多數

年輕原民迫於生活與工作已陸續與主流英語社會趨同，澳洲英語地方特色濃厚，為國際英語主流中的獨特方言，原住民語言更退化至剩不足 20 種，其中 110 種語言僅剩年長者使用。澳洲是一個宗教信仰自由的國家，沒有國家主體信仰的宗教，占多數的歐洲裔澳洲人也沒有承襲歐洲傳統的天主教信仰，而是改信與美國人一樣的新教基督教，近年澳洲人顯著增加的宗教信仰，是來自東方的佛教，與華裔、印度裔大宗移入有關。澳洲承襲歐洲福利國家觀念，偏向社會主義保障體系，強大的工礦業與農牧業支撐，社會福利種類多元又齊全，堪稱是一個從搖籃到終老的社會福利國家，尤其澳洲位處遙遠的大洋洲，周邊沒有歷史大國威脅，更沒有新興強國競逐，大洋洲超級島國地位無人可擬，面積、人口、經濟實力與國力等，其他島國都望塵莫及，十足現代化的軍隊更是澳洲發展國威、協助維護國際正義的堅實後盾。

澳洲地理位置偏處地球南陲，曾被誤認為與文化主流世界脫離，然而，1960 年代後，澳洲注入原住民文化元素的主流文化即與世界主流文化緊密接軌，並躍升為世界主流文化主要輸出國之一，如藝文領域聲名卓著的世界級大師，更是世界文化藝術的主要貢獻者。澳洲文化出現隱憂，是在 1980 年代後，飽受好萊塢電影為主美國文化的侵襲，澳洲文化被取代的危機日漸浮現，澳洲在美國文化肆虐下的整體適應能力值得澳洲各界密切關注。

2. 充沛藝文活力

澳洲藝文活動前期異常貧瘠，原住民既沒有統一的語言文字，作為英國囚犯的流放地後，罪犯生活乏善可陳，大部分出版書籍主體集中於對新大陸動植物與土地河流等自然景觀的探索與冒險，二戰後，本土意識文學開始興起，70 年代後，擺脫所有傳統文化制約的澳洲文學迅速發展，性、挑釁或科幻等題材陸續開放，間接喚起原住民意識的覺醒，有別於殖民反思攸關原住民傳統文化內涵的文學作品與活動開始活躍展開。澳洲政府成立藝術理事會文學委員會，大力發展高品質內涵的文學

作品與活動，1973 年懷特（Patrick Victor Martindale White）即以《風暴之眼》，首開澳洲人獲得諾貝爾文學獎之先例。

澳洲初期保守的繪畫和建築風格，在融入現代印象、立體等革命元素後，藝術豐富多彩更具獨特性，被讚譽為世上最具活力國家之一，澳洲的建築更融入最新氣候暖化的全球化需求，注重節能環保與強調綠色建築，法律對許多建材原料的環保標準採用最嚴格的規範。澳洲搖滾樂團國際馳名，流行音樂廣受全世界歡迎，在西方流行樂壇中享有盛名，具有顯著影響風潮的分量，澳洲電影在全球的影響力也不容忽視，早在1970 年代工黨惠特蘭（Edward Gough Whitlam）執政時，即率先成立澳洲電影發展公司，後更名為澳洲電影委員會（AFC）並設立澳洲電影局，專責拍攝電影並嚴格監理品質，觸動興起澳洲史上第一輪電影製作風潮，更為澳洲之後累次贏得國際電影製作各獎項奠定深厚基礎。

第三節　濱海廊道發展

壹、海洋主體基礎

一、多元海洋景點

(一) 典範治理

澳洲大陸版塊分離後，居處於南太平洋一角，卻悠然躲開千年世局的紛亂與禍害，土地上孕育出的動植物，豐富的礦藏和各類資源既珍貴稀少又獨特，加上原住民元素的潤飾，濱海生活的浪漫，民風純真質樸，社會平和與世無爭，多元文化充滿活力，吸引全球遊客慕名湧至，蒞享澳洲活力且多樣的生活體驗。2018 年著名的滙豐銀行 HSBC 就政府良善治理要素發布《外籍人士調查報告》，在海外人士最想工作和生活的國家榜單排名第六，在澳生活認為自己身體健康狀態變好且過的既

安全又舒服的人口，超過半數，75% 的移民表示，希望把父母接來澳洲。

澳洲的經濟總體排名居世界前端，單項排名更顯突出，如工作生活平衡排名顯著，位居前六名，工資增長情況、工作安全與職業發展排名同居前十名，經濟信心排名第十一，兒童保健與學校品質分居十五與十六、可支配收入排名第二十三等，最重要也最關鍵的是，澳洲整體生活優雅閒散、步調節奏和緩，生活品質排名高居世界第二，家庭健康與生活品質共列第三名更是舉世稱羨，直稱爲世界中宜居的移民天堂一點也不爲過。

(二) 世界景點

新南威爾斯州是澳洲最古老和人口稠密的州，海港之城雪梨，環擁著世界上最美麗的海港——雪梨港，雪梨歌劇院、雪梨港大橋、邦迪海灘等是著名景點，從市中心到郊區，布滿光彩耀眼的純淨海灘，熱鬧豐富且多彩多姿的水上活動，海浪拍打聲不絕於耳，處處散發著海洋出神入化的迷人魅力。維多利亞州擁有壯闊的自然景觀、獨特的土著文化，文化之都墨爾本，是電影、電視與藝術、舞蹈和音樂的首要發源地，大都市的迷人丰采與大洋路和丹頓農山的自然風光強烈對比，風光無限、風情無限，遊客可盡情體驗。位於澳洲最北部的北領地，沒有大都市的繁華喧囂，卻擁有精彩非凡的大自然風光與曠野奇趣，著名首府達爾文軍港，戰略價值不凡，主要內陸城鎮愛麗絲泉，人如其名，充滿幻境，著名景點烏魯魯、卡塔丘塔和澳洲最大國家公園卡卡杜國家公園，原住民風味十足。

最小的塔斯曼尼亞州隔著海峽與澳洲本土相望，面積一半以上是世界自然遺產、國家公園與自然保護區，迷人的海灘、高遠的山脈、珍禽動物應有盡有，足供讓人留連忘返。昆士蘭州第二大城市的黃金海岸，風光旖旎、美不勝收，是世界衝浪者的美麗天堂與愛不釋手的度假勝地。澳洲特有動物品種琳瑯滿目、千變萬化，令人目不暇給，袋鼠和樹

熊嬌滴可愛，讓人無限寵愛，眾多世界一流的葡萄酒產區如獵人谷、亞拉河谷、巴羅莎谷、瑪格麗特河等，地如其名，讓人垂涎欲滴，未飲先醉，年度節日風采各異，伴隨美食良酒，人不醉酒，酒自醉人，詩意紛飛、美不自勝。

二、島國地景風貌

(一) 盛名海灘

澳洲是古老大陸又四面環海，遠處南太平洋島國更增添神祕與遐思，海灘是澳洲最美麗的象徵，海洋和海灘更形成爲國家不可替代的標誌，與澳洲文化幾乎難分難捨、關係稠密濃得化不開，海洋是澳洲人生命的要素，澳洲人的生活更幾乎離不開海灘，各區名勝總是伴隨著不可或缺的著名海灘，如邦代海灘、黃金海岸等，海灘是澳洲國家旅遊局文宣不可分離的景象。澳洲出名的文物如書籍、照片、電影等都看得到著名海灘的點綴，像澳洲傑出作家提姆溫頓（Tim Winton）的書，經常圍繞的主題就是描寫西澳海灘場景的風情萬種，有名的攝影師馬克斯・杜本（Max Dupain）描繪澳洲海灘文化的成名之作《晒著太陽》，對健康與活力、熱愛戶外與運動休憩的欣賞表露無遺，這些作品讓澳洲人對海灘產生無盡的共鳴，海灘是澳洲當地的靈魂所在，海灘文化滲入澳洲人的生活骨髓，食衣住行育樂均抹不掉海洋的薰染，除了舉世聞名的雪梨邦迪、伯斯的科特索和阿德萊德的格雷爾等的城市海灘，當地一些位處偏僻、幽靜但風味不凡的海岸奇景，同樣魅力不減。

最富盛名的尚有下列 12 個精選海灘：像鄰近金伯利海岸盛產珍珠的布魯姆小鎮的西澳布魯姆凱布爾（Cable）海灘；聯合國教科文組織世界遺產區鯊魚灣貝殼海灘；衝浪者天堂的昆士蘭黃金海岸（Gold Coast）主海灘；位於古老的黛恩樹雨林（Daintree Rainforest）和大堡礁（Great Barrier Reef）兩大世界遺產的交接點上的苦難角海灘；提供

座頭鯨觀賞的新南威爾斯的傑維斯海灣（Jervis Bay）海厄姆海灘；捕魚勝地的雪梨金寶灣，受天然叢林地包圍的皇家國家公園賈邦海灘；以長沙灘聞名的拜倫灣（Byron Bay）華特格斯海灘；具特色濱海小屋的維多利亞摩寧頓半島（Mornington Peninsula）磨坊海灘；逐浪聖地的大洋路貝爾斯海灘；海灘駕駛聞名的南澳弗勒里雲半島（Fleurieu Peninsula）阿爾丁加海灘；屬菲欣納國家公園一部分的塔斯曼尼亞酒杯灣等。這些海灘各具地方特色，保有原始風味，搭配國際盛名的海灘，為澳洲海灘生活增添不少點綴與情趣，美麗的海灘，令人心醉的澳洲。

(二) 濱海度假

澳洲人臨海而居，人海合一，約近 85% 的澳洲人住在離海 50 公里內的沿岸區域，日常生活與海洋朝夕相處，旅遊度假更與海灘形影不離，海濱度假是澳洲文化傳統更是生活寫實。澳洲被海洋圍繞，欣賞海洋與利用海洋等量齊觀並落實在學校教育課程的設計與規劃，澳洲從小游泳與水上救生技藝必備，對海灘利用與游泳學習充滿自信，珍惜大自然卻不懷懼怕，衝浪御浪技藝更是聞名於世，世界海洋競技更迭創佳績，獎項不斷。澳洲全國上下充滿海洋元素，布滿海洋色彩，海洋印記鮮明烙印，原住民來自遠古海洋也逐海灘而居，殖民澳洲的西方人也來自海洋聞名的古國，多元移民亦紛自不同海洋逐浪而來，不僅以海為生，更依海而活，海洋不僅是生活的命脈，更是澳洲取之不竭、用之不盡的天然休閒觀光寶庫。

貳、陸域運動強國

澳洲人熱愛運動，又常年舉辦全球多項運動盛事，是一個名聞遐邇、著有實績的運動強國，體育運動成為澳洲文化的神髓。澳洲整個國家除著迷於特有的板球、聯盟式橄欖球、賽馬等運動外，對世界最熱門的橄欖球、足球、游泳、籃球等運動亦全力推動。每個郊區及小鎮都設有幾近頂標的運動場所，足夠滿足各年齡層的運動需求，運動成為促進

人際關係的重要潤滑劑。澳洲舉辦世界級國際賽事的歷史並不陌生，在一年中觀看多重賽事如澳洲網球公開賽、一級方程式、澳式橄欖球、墨爾本盃及雪梨至霍巴特帆船大賽等十分頻繁，令人稱羨。1956 年，澳洲墨爾本舉行第一次奧林匹克運動會夏季奧運會，成為南半球國家與英國本土外大英國協國家的創舉與盛事，從此澳洲體育運動大國的盛名不脛而走，歷久不衰，體育運動在全國各年齡層人口更是穿梭不絕，寒暑不斷。

國際運動競技場上，澳洲運動成果更是不同凡響，許多運動佳績頻傳，如具特色的賽艇、澳式足球、賽車等均名列世界前茅，其他足球、賽馬、高爾夫球和田徑等更成為國內普及的日常運動。2000 年澳洲本土繼 1956 年的墨爾本奧運盛事後，再度舉辦雪梨奧運，兩次世界奧運，加上四次大英國協運動會記錄，及踴躍出席大英國協運動會歷屆賽事，讓澳洲運動事業發展如日中天。

澳洲不僅熱烈承辦國際運動賽事，國內外賽事更獎項不斷，游泳金牌記錄最多，更是澳洲體育教育從小扎根最有力的反饋。澳洲也是全球網球運動的聖地，墨爾本公園的澳洲年度網球公開賽，更名列世界四大滿貫；墨爾本的亞伯公園賽道，則是世界一級方程式賽車（F1）競賽的重要分站；澳式足球聯盟（AFL）運動聯賽不僅吸引最多觀眾入場，更高居場外收視率之冠；其他全國橄欖球聯賽等，同為澳洲長年盛行不輟的體育盛事。

近年籃球和足球運動在澳洲亦迅速普及，澳洲籃球國家隊屢次稱霸亞太地區，並在奧運及世界盃籃球賽迭創佳績，是世界籃壇不可忽視的強勁隊伍，國家職籃聯盟的水準躍居世界水平，緊追在後的澳洲職業足球聯賽，在建立後迅猛發展，新球會不斷加盟，已逐漸躍升為澳洲普受歡迎的聯賽之一。澳洲國家足球 2006 年加入亞洲足協後，在當年世界盃足球賽表現亮麗，此後日益進展，戰績不斷累積，2015 年 1 月，終於在亞洲盃足球賽決賽擊敗南韓國家足球隊，獲得首次冠軍。目前發展

相對弱勢的棒球運動，在澳洲棒球聯盟成立後，許多聯盟球員在美國職棒小聯盟蹲點試煉，假以時日，當有令人耳目一新的成果呈現。

參、海陸共生結構

一、海域奇特景觀

極端海洋氣候，造成英國人發現澳洲的第一印象——陌生，不是洪水就是乾旱大火成災的極端氣候，造成澳洲新奇的動物，罕見的植物，前所未見，聞所未聞，如桉樹整片灰暗單調的顏色，開花卻沒有香味的灌木和草，陽光璀璨充沛，內陸氣候異常乾燥，降雨稀奇古怪，不降就一滴不見，一降就河道無法承載，氾濫成災，更沒有發現一條可觀的大河。

早年移民向內陸遷徙，雨水充沛草木蒼翠，收成豐富，就選擇定居，幾年後大旱千里，牲畜不留，顆粒無收，再度遊走他鄉，荒草藏著廢棄建物景象不斷，顯現氣候極端飄忽不定，更難以捉摸，尤其澳洲北方海域經常入侵的熱帶大風暴，就曾造成布里斯本人員損失與大批房子淹沒的兩次大洪水，北領地達爾文整個城市人口 4 萬餘人，就有近 3 萬餘人被緊急安置。叢林野火幾乎年年不斷，至今為禍更烈，野火燒出特有植物，桉樹色澤一片灰暗就是長年野火不斷的顯例，原住民主動燒荒，化大火成小火，歐洲移民驅離原住民，大火烽煙年年肆虐不斷，間歇成災，1939 年大火，維多利亞城市遭難，1983 年，包含維多利亞、南澳洲多處成災，人員建物損傷無數，大火侵襲，洪水成災。但袋鼠與金合歡（下雪時一片銀白色，有「銀歡」之稱）卻交織造就澳洲海域風貌不同凡響。

二、綠帶休閒廊道

澳洲陸塊巨大卻四面環海，沙漠和半沙漠所形成的乾旱或半乾旱

地帶雖占據陸塊過半面積，海岸線卻綿長無比，狹長的海灘緩坡蔓延向西連接平原，造就沿海廣闊沙灘和蔥鬱草木相互爭輝的綠帶休閒奇蹟。澳洲整個陸地，適合牧養及耕種的土地雖少，卻集中分布在沿海地帶，除南海岸少部分區域，整個沿海地帶形成一條環繞大陸的「綠帶」，這條綿延狹長的「綠帶」正是孕育滋養整個澳洲國家的溫床。澳洲堪稱是地球上幾乎最小的洲，又是最大的島。陸地一片空曠，海面整片寬廣，綠帶夾雜其間，帶給澳洲暢旺的生機與蓬勃的活力，繁榮澳洲也興盛大地，體育運動蓬勃發展，國際賽事成效斐然，國家治理名列前茅，積極參與國際事務，多重國際組織成員，旅遊資源豐富，國際海、空運輸業又發達，雪梨更成南太平洋交通樞紐總成，港口超過 100 個，墨爾本大港享譽國際，機場跑道達 2,000 餘個，12 個國際機場名聞遐邇，綠帶休閒孕育功不可沒。

肆、區域共榮願景

一、旅遊運輸產業

　　澳洲人民生活步調悠閒，家庭生活與朋友之間的交流位居生活首要，家庭集體舉辦派對、野餐、烤肉，或者全家海灘、公園度過一天視為恆常。不甚寒冷的冬天、不甚熾熱的夏天造就天時、地利與人和四季皆宜的旅客與移民人流不絕如縷。旅遊業得天獨厚，盡享豐厚資源，為澳洲第三大產業，主要旅遊景點俯拾皆是，各顯風華、原始現代相互爭輝，藝術科技相映成趣，馳名內外。歷年澳洲貿易投資委員會（Austrade）發布之澳洲觀光產業研究報告顯示，訪澳旅客總消費收益年年連續增長，觀光產業就業人數占澳洲勞工總數日趨成長，增速已陸續超過製造業、運輸和批發業就業人數。

　　澳洲辦事處商務處（Austrade）表示，截至 2019 年 6 月，中國大陸觀光客人數占比最高，大幅超越紐西蘭與美國甚至其總和，各州領

地增長強勁、雨露均霑、同步受益，光計 2017-18 年間收益就足以讓人振奮不已，如塔斯馬尼亞州 44 億澳元、新南威爾斯州 425 億澳元、維多利亞州 331 億澳元與昆士蘭州 326 億澳元，比例不斷超越其他勞動行業，其中塔斯馬尼亞州觀光業占比更高過全國平均水平，幾乎一半的人口都兼職，對女性就業貢獻更爲顯著，在澳洲聯邦政府主動提撥預算，推出商業活動競標基金（Business Event Bid funds）並大力降低相關申請門檻與延長申請期限的助益下，各城市及地區競標國際大型商業活動更趨積極，成效亦更爲彰顯，綠帶滋養觀光，觀光活絡經濟，循環效益精彩可期。

二、海空交錯網絡

澳洲遠離其他大陸，海運港口與空運機場構成海空運網絡，成爲國家重要生命線。墨爾本港是澳洲貨物呑吐量最大港，其他主要港口還有雪梨及布里斯本港等。雪梨港又名傑克森港，位於新南威爾斯州的雪梨大城，是一個得天獨厚的天然優良海港，東臨南太平洋，西接帕拉瑪塔河，因雪梨國際機場、歌劇院與港灣大橋皆坐落於此而聞名於世。雪梨港的形成是一個河谷谷灣，河口周長 317 公里，面積 55 平方公里，長 19 公里，滿潮時河口水位容量達 5 億 6,200 萬立方公尺，雪梨港港內原有許多島嶼，經過塡海工程，已逐漸併爲陸地。布里斯本港是一個河海交匯的大港，位於澳洲本土東部，北接陽光海岸，南臨黃金海岸，幅員廣闊，是澳洲僅次於雪梨與墨爾本的第三大都會，昆士蘭州人口最多城市，也是政治和交通核心，周遭衛星城市經濟體系和工商發展與布里斯本緊密連成一體，大都會化與經濟發展潛力無窮。布里斯本國際、內陸機場與國際海港環繞著布里斯本河口兩旁，更是舉辦多場國際盛會與運動賽會的著名城市。

位於維多利亞州南部亞拉河口的墨爾本港，在菲利普港灣北側的霍布森斯灣內，名聲特別響亮，是澳洲東南地區羊毛、肉類、水果及穀

物的輸出港，最繁忙的水上貨運港與最大現代化港，更是重要國際貿易港，每年全國 38% 的水路貨櫃運輸都在這裡處理。墨爾本港船舶主要開往亞、歐與中東主要港口，由於位處霍布森斯灣內，避風良好，緊鄰澳洲唯一全天候營運的國際機場，高速公路、鐵路連貫線直達碼頭，縱橫交錯的軌道交通系統，更是世界上最長的軌道交通之一，提供多用途的商用泊位計有 41 個，4 萬平方公尺的堆場，運用最新散裝貨物裝卸技術，晝夜 24 小時不停營運，裝卸貨櫃量幾乎是布里斯本、阿德萊德和弗里曼特爾三個港口總量的 2 倍，高占全國國際貨櫃運輸總量的 40%，幾快達一半。

墨爾本港城合一造就的經濟腹地，貫串整個澳洲東南部，是澳洲第二大都會區，也是維多利亞州的首府，更是澳洲工業和貿易的重鎮。墨爾本總貿易量約 62% 實現貨櫃化，由斯旺松、維布、維多利亞、阿普爾通四大國際貨櫃碼頭承擔，2005 年統計資料顯示，全球 42 條航線約 3,400 餘艘船使用墨爾本港，處理貨物量達到 6,440 餘萬噸，總計 1,923,462TEU（20 呎櫃）貨櫃標準箱，港口吞吐量占世界排名第五十位。墨爾本港靠近國家鐵路局的墨爾本貨運站，對節省貨櫃在港口與鐵路的轉運開支貢獻甚大，澳洲幾近 70% 的人口又居住在墨爾本附近，使當地貨運公司能確保進、出口平衡，常保貨物運送率穩占全國第一，此外，經由墨爾本港對私人投資的吸引，碼頭快速達成國際最佳經營化的水平將指日可待。

伍、大洋文化發展

一、文化主權

原住民祖靈聖地、特定部落所在地與獵區、耕地及傳統祭儀等空間，是傳統領域土地，具有維繫原住民族文化習慣與社會實踐的歷史意涵，是延續種族文化主權（cultural sovereignty）不可或缺的要素。原住

民族傳統生活領域，應視為現代國家意涵之「領土主權」，而不僅僅只是一般法律字眼上的共有土地所有權。《聯合國原住民族權利宣言》前言鄭重呼籲，關注並正視原住民族不公正、不平等對待的歷史事實，原住民族因長期殖民統治，自己土地、領土和資源被迫剝奪，致使他們無法按自己需求行使其正常之發展權，原住民族深信，自行掌管自己土地和資源，將使他們的文化、傳統和機構獲得保持與加強，並能根據自己願望和需要促進自身發展。

　　澳洲政府踐履上述原住民土地管理的宣言要旨，體現在下述 5 種行政法制措施，首先，在土地取得法制化上，由澳洲原住民族土地基金委員會（The Aboriginal Land Fund Commission）成立原住民土地合作社（Indigenous Land Corporation）統一解決，其次，在土地權利法制化上，為求補救過去法律的疏漏，1976 年澳洲先行推出原住民族土地權利法案，提供一套完整的判決申訴機制與補救規定，在不違反國家整體發展利益前提下，原住民土地擁有者，對礦產開發擁有否決權（veto），1981 年，南澳洲政府（The South Australian Government）通過一項法案，承認阿南古之地 Pitjantjara 與 Maralinga 原住民區的人民，對於擁有土地可終身享有不動產制，且有權仲裁調停，合法申請土地開採礦產等值權利金，在原住民遺產法制化上，防止具文化及特殊意義的原住民土地因過度或不當開發受到破壞，接著，在恢復原有名稱法制化上，澳洲政府依 1992 年最高法庭決議，在 1993 年通過原住民名稱法，建立全國申報制度，未經協商或同意，不得對申報土地進行任何開發或處分行動。

　　最後，完成聯合管理法制化，主要協助調解原住民社群與土地擁有者的衝突與問題。澳洲政府經由這五項行政法制政措施，共計承認約占澳洲總土地面積 15% 近 117 百萬公頃的土地為原住民所屬地。1991 年，聯邦政府進一步成立「原住民調解局」（Council for Aboriginal Reconciliation），專責建構全澳洲與原民利益平衡的有利方案，1992 年莫瑞群

島（Murray Islands）「馬伯案」（Mabo Case）判決，對尊重原住民主權更是有力的鼓舞，1993 年國會正式提議，承認並保護原住民所有權，接著，尋求脫離一般法庭成立澳洲原住民土地問題專門法庭，進一步保障原住民土地文化主權，將為大洋洲提供更值得尊敬的良好典範，有助挽回澳洲低落的區域聲譽。

二、祖靈記憶

原住民祖靈智慧財產權引起熱烈討論，始於大洋洲索羅門群島 Langalanga 人貝珠錢製作的古老技藝與傳統，他們是貝珠錢製作技藝延續不絕的少數南島語族，這項技藝與祖靈緊密相連，包括製作知識、材料取得與運用和實際製作過程，蘊含祖先靈力，為氏族或社群所共同享有，祖靈將懲罰沒有資格製作，卻擅自仿製或弄錯編串模式者。毛利人也以氏族或部落為單位，以 taonga 表達對人與自然環境的概念，含括物質與非物質無法截然切割的意涵，澳洲準備銀行為展現澳洲多元文化，透過納入原住民傳統和藝術，在澳洲兩百週年紀念紙鈔上，印製原住民藝術家作品圖樣，卻受到 Yumbulul 所屬的 Galpu 氏族嚴詞批評並告上法院，法院拒絕審理，明示現行法律不足以規範，原住民社群集體擁有作品再製和使用的處理，此外，原住民藝術家集體創作被印製在商品引進販售的判決，也與原住民文化傳統規範與認定不盡相符。索羅門群島工藝傳統認知，連接歷史傳說、祖靈信仰與生計模式，構成原民文化價值一套完整系統，人類學者與地方社群，在傳統文化翻譯與現代法律概念極力尋求平衡，但人類學者在法庭的證詞分量，始終大於當地人的傳統敘事，難脫現代政治權力問題與傳統文化混淆法律處理的殖民窠臼。

澳洲對祖靈文化烏魯魯（Uluru）的處理，展現文化與政治的高度平衡。烏魯魯是最著名的世界遺產，號稱「地球的肚臍」，中澳原住民數千年來一直作為信仰主要表徵，阿南古人創世神話的起點是烏魯魯，

也是祖靈記憶的歷史核心，英國殖民冠稱「艾爾斯岩」（Ayers Rock）
難脫干擾祖靈之嫌。烏魯魯景觀壯闊與性質特殊，一直被視作爲澳洲內
地觀光的熱門景點，但遭到驅逐與剝削的原民文化與社群陰影終究揮抹
不去，澳洲政府 1985 年 10 月 26 日決心正式宣示，還給阿南古人烏魯
魯傳統領域，1987 年雙方成立「烏魯魯－卡達族塔國家公園管委會」
共同管理，阿南古人同意「租借」烏魯魯 99 年給澳洲政府，歷經 34 年
的共處，大批觀光客威脅烏魯魯阿南古人祖靈遺留的能量，2019 年 10
月 26 日當日，烏魯魯管委會全票通過封山，全面禁攀烏魯魯，阿南古
人的祖靈得以重返寧靜，維續當年成功造就傳統原住民與現代政府雙贏
的文化主權典範，仍須雙方共同持續努力。

陸、文化主體定性

上述有關澳洲海洋文化結構與南海文化屬性的連結分析，可綜整如
澳洲海文屬性分析表說明。

澳洲海文屬性分析表

空間（觀念） 時間（文化）	澳洲共有觀念發展		
	大洋洲島國 規範	澳洲海陸平衡 規範	區域整體發展 願景
澳洲 文化 狀態 發展 原民敵意文化	海洋主體基礎		
移民競爭文化	海陸共生結構		
國民夥伴文化	區域共榮願景		

資料來源：筆者自繪整理。

澳洲空間地緣上屬於大洋洲島群的一部分，澳洲大陸的面積更可
說是構成大洋洲島群的主體核心，因此，澳洲對於大洋洲整體發展的主
導，既有責任，也有足夠的能力。澳洲共有觀念的形成與發展，歷經大

洋洲島國規範與澳洲海陸平衡規範，最後形成區域整體發展的共同願景，顯現在文化發展的狀態，則呈現原民敵意、移民競爭與國民夥伴的經歷過程，可說在長久空間多重觀念與時間多層文化的適應與融合後，已發展出具有澳洲獨立聯邦自有觀念與文化的特色。

　　尤其是澳洲的文教與體育、觀光休閒活動，更在世界上舉足輕重，其成果表現更是舉世稱羨，澳洲距離東協國家印尼僅約 2 小時的航程，其與南海的緊密聯繫更可從澳洲四面環海的海洋環境，與優渥的特殊的濱海觀光休憩廊道及大洋洲系列島鏈獲得有效連結與拓展，澳洲文化結構雖有著大陸發展的主體性，但海洋發展更可能是澳洲對南海最大的貢獻，只要澳洲把海域發展的經驗推廣到南海的發展，應可發揮南海和平發展的主體作用。

Chapter 4

澳洲身分認同

澳洲的角色身分與集體身分建構，來自於西方歐洲移民與大洋洲原住民的互動，進而來自於澳洲與東方亞洲其他民族的互動逐漸形成，並從身分認同轉移中體現不同角色的更替與轉換，就如同國際社會行為體（agent）之間的互動賦予主體間（intersubjectivity）以社會意義一樣，澳洲行為體的身分和利益即是由文化觀念建構而成，澳洲行為體（agent）通過共同規範（norms）進行相互理解（understanding）進而建構起專屬的身分或認同（identity），並決定其角色自省與更迭。澳洲透過身分建構，從西方殖民身分轉變為東方的澳洲聯邦國體，其行為體利益也隨之發生變化。澳洲身分認同變化的動力主要來自澳洲聯邦內部與亞太區域外部壓力，族群認同隨東西文化融合場景變化。澳洲身分建立在澳洲行為體的自我領悟與再現及這個行為體自我領悟相一致的結果，澳洲自我持有，與亞太其他區域對澳洲持有，兩種「觀念」共同相互建構澳洲的「身分」，進而決定其角色的演化與成分。

第一節　白澳身分轉化

澳洲與美國集體身分認同的形成，同樣來自英國母國移民身分，同樣對原住民實施殖民統治，同樣屬於白人種族政府，同樣實施自由民主體制，宗教同樣源自歐洲卻信奉基督新教。

壹、英國種族身分

一、白澳政策

是一種白種人利益優先的政策思維與作為。澳洲聯邦於 1901 年正式成立後，人口經初步統計約為 370 萬，由於擔心中國大陸為首的亞洲移民陸續湧入會日漸吞沒歐裔白種澳洲人，白澳政策（White Australia Policy）遂正式被澳洲保守黨工黨政府確立為澳洲基本國策，繼而運用

各型技術性措施如聽力測驗等，開始推動各項防止亞洲移民澳洲的種族主義政策，這項政策在推動 70 餘年後，1973 年再度執政的澳洲工黨政府正式取消。

白澳政策起源可追溯到 1850 年代亞洲移民的淘金熱潮，由於英裔澳洲人埋怨亞裔移民進入後，澳洲工資水平日趨下降，在連續發生多起種族衝突與暴亂後，原本就持排斥態度的白人自治政府，接連制定各種限制亞裔移民法案，1888 年起，澳洲殖民地即不再接受任何亞裔移民，澳洲白人政府保持種族純淨目標基本獲得滿足。種族政策幾乎是西方殖民政府對殖民地的普遍措施，南非的種族隔離政策、加拿大與紐西蘭的白人政府、美國對印第安人與菲律賓的殖民措施及英國對亞洲殖民地的管理，都顯現不同程度的種族隔離政策。

二次世界大戰後，隨著各殖民地日漸脫離殖民政府建立民族國家，各種不同程度的種族隔離政策遂日漸受到強烈質疑與反對，1950 年起，澳洲開放亞洲學生就讀澳洲大學，1957 年，非白裔人口在澳居住滿 15 年以上，可獲得澳洲公民權，緊接著，隔年澳洲移民法廢除聽力測試，1973 年是澳洲種族政策變化最大的關鍵年移民政策，不僅正式廢除白澳政策，經由移民法修正案的通過，所有移民在澳洲居住滿三年後，無論出身都有權獲取澳洲公民權，澳洲政府正式認可國際協定所有關於移民與種族的保障規範，1975 年澳洲國會更進一步通過種族歧視法案，將制定帶有種族歧視色彩的行政規則與措施視為非法，1978 年移民法再度修正，完全廢除按出生國選擇移民的政策。

1980 年起，澳洲多元文化與面向亞洲新政策同步積極開展，亞裔移民數量也隨之開始顯著攀升。由於澳洲白人移民主體的生育率普遍下降，使得某些政治團體再度出現移民種族限制的新話題，尤其是受到澳洲單一民族黨選舉勝利的激勵，白澳政策似有再度死灰復燃的趨勢，受到 2005 年雪梨種族暴亂影響，多元文化政策成為澳洲移民爭論焦點，許多白人代表政治團體，殫於經濟主導權喪失，公開辯稱白澳政策不是

種族政策，種族隔離陰影始終揮抹不去。

　　澳洲人對澳洲自己歷史與國家認同的反思代表著作，是澳洲學者費約翰（John Fitzgerald）於 2007 年著書出版的《彌天大謊：華裔澳洲人在白澳》，本書爲 1901 年澳洲聯邦政府的白人至上基本國策做了背景註腳，主要描述整個泛太平洋地區在 1880 年代後，排華風潮先後不斷興起，如美國的排華法案，加拿大、紐西蘭的人頭稅等，澳洲聯邦政府即仿效以聽寫測驗與回頭紙等行政規定實施排華，讓定居的華裔移民成爲非澳洲國民，不僅造成我者與他者族群的紛爭，也讓新移民望而卻步，妨礙國家的正常發展。澳洲原住民歷史學者基思‧溫斯查特爾（Keith Windschuttle）辯稱澳洲建國之初，聯邦政府「白澳政策」將非歐裔族群排除在外，不是種族偏見，並將政策偏見歸咎於非歐裔族群不能認同澳洲價值，這種沒有歷史根據的論證假設，不僅無助於澳洲種族偏見的澄清與反思，反而彰顯澳洲白人政府曾根深蒂固的種族偏見與誤解，特別是這種論證竟然出現在曾被澳洲殘害的原住民族裔更顯突兀。

　　澳洲積極倡導的國家價值自由、平等主義和伴侶關係（Freedom, Egalitarianism and Mateship），也是啓蒙時代以來人文主義者所一再宣揚的自由、平等與博愛（Freedom, equality and fraternity）普世價值，「白澳政策」以澳洲白人族裔角度特色去定義普世共享的價值，顯然是一種偏見更是一種自欺欺人的謊言，郭美芬在〈「白澳」時代下的華裔澳洲人〉指出，澳洲建國時期的聯邦政府以這種帶有歧視色彩強行以國家行政權力定義、創造的所謂澳洲國家價值，其實是一種阻隔非歐裔移民族群的反諷，是一種赤裸裸的盎格魯撒克遜白人至上主義，也是一種權力傲慢的象徵符碼，是經不起歷史的考驗與針貶的。

　　英國於 1770 年宣布擁有澳洲主權，1789 年英政府派遣新南威爾斯保安隊接替原駐軍，協助總督維持殖民地的社會治安，正式開始進行殖民統治，英國殖民政府爲了建設一個沒有任何有色和混血人種的白種澳洲社會，自認爲血統純潔而高貴的白人殖民者長期奉行「白澳」

（White Australia）的理念和政策，澳洲原住民遭受屈辱、驅逐和屠殺的「受難史」也正式開啓。1901 年，英國各殖民區爲了爭取共同權益，積極奔走串聯成立澳洲聯邦，所依循的憲法竟然把當時澳洲原民歸爲「動物群體」，排除在人口普查統計範圍外。1935 年澳洲政府爲了紀念英國 1788 年 1 月 26 日第一批抵達殖民的歷史，將 1 月 26 日定爲澳洲國慶日，這樣一個重要的節日，對澳洲的原住民卻是一個「悲痛日」與「侵略日」。

戈登福斯主編的《當代澳大利亞社會》指出，歷史由勝利者書寫，藝術卻可映現歷史，澳洲原住民藝術家兼策展人孟丹（Djon Mundine），透過當代藝術重述澳洲的殖民經驗，顯露澳洲各大城市街道，隨處可見歐裔歷史人物雕像，卻未見原住民族任何雕像，尤其殖民政府歌功頌德，卻蓄意迴避原住民族長期定居的事實與貢獻，統治正當性實難自圓其說。2020 年澳洲殖民政治 250 週年紀念，澳洲政府撥款資助仿「奮進號」航行澳洲一圈紀念庫克殖民功績，卻引起極大爭議，因爲繞行澳洲的澳洲人，是顧林凱族人班加利（Bungaree），不是庫克船長，他和佛林德茲（Matthew Flinders）合作乘坐奮進號成功繞行澳洲一周，雪梨市區人物雕像有庫克船長、佛林德茲，甚至佛林德茲飼養的貓，卻偏偏缺少班加利雕像，反襯白澳政策歷史烙印至今遺毒未除。

二、種族掠奪

澳洲原住民在歐洲人殖民之前，存在著 500 多個原住民部落，散落在整個澳洲大陸，人口數量達數十萬之多。1789 年，澳洲原住民出現由殖民者傳染的天花疫情首例，傳染擴大蔓延，大量原住民相繼死亡。1791 年，英國殖民當局把澳洲東南沿海地區包含原住民住地，強行配發給服完刑期的流放犯人，開闢罪犯流放地，隨著白人殖民的不斷推進，1804 年殖民區擴及塔斯馬尼亞地區，由於工業革命造就英國本土毛紡織業蓬勃發展，澳洲成爲最大羊毛供應地，吸引越來越多的移民不

斷湧入，全副武裝的殖民者為了爭奪土地，無所顧忌的對當地原住民進行一連串的土地強占與剝奪進程，殖民者與原住民直接與間接的衝突與對抗，加上白人殖民者帶來的疫癘疾病，原住民流離失所與大量傷亡，人口急劇下降，19世紀末人口數量僅剩原來的四分之一不到，碩果僅存的原住民被逐至更貧瘠的內陸地區。

塔斯馬尼亞島全島原住民更幾近遭到全部滅絕，塔斯馬尼亞島在1803年，據估計約有4,000至5,000名澳洲黑人土著，分為20個部落，1804年，原住民與英國殖民者發生捕獵衝突後，從當年至1830年爆發了長達20多年的「黑人戰爭」，1828年11月，塔斯馬尼亞最高行政長官更頒布《軍事法》，進行種族屠戮，1830年，塔斯馬尼亞島原住民人口已下降到不足300人，到了19世紀末幾無人剩下。澳洲殖民期間原住民人口銳減，不少原住民族群甚至被屠戮淨盡，原住民生存至少達3萬年以上，人口曾估達數百萬人，有300多種不同語言，現在居住在澳洲的原住民人口幾未達百萬人，語言只剩16種，處境甚為堪憐。

澳洲殖民政府與原住民邊界爭戰直到1930年代才告一段落，區域遍及全澳。澳洲紐卡索大學（UoN）記錄1788-1872年間，於澳洲東岸與塔斯馬尼亞區爆發的屠殺事件文獻記錄，公布殖民屠殺史線上地圖，在長達85年衝突過程中，原住民也曾對殖民地發起零星的屠殺行動，但1830年後，殖民者挾著優勢火力與裝備，屠殺一面倒變成屠戮與滅種。1838年5月1日新南威爾斯的「屠宰場溪大屠殺」，少數殖民政府重武裝攻進原住民族部落，一舉屠殺了近300餘名原住民，震驚社會，英國殖民法庭卻沒有對任何一人起訴。主持計畫的萊恩（Lyndall Ryan）教授表示，殖民屠殺地圖希望重現事件事實，進而讓原民殤史，成為澳洲共同認同的一部分，而並非審判對錯。

三、人道隔離

澳洲殖民政府源自人道主義深厚傳統的歐洲國家,在流放地建立初期,本無意向內陸擴張,也曾多次禁止移居內地和侵占原住民狩獵地,並要求同當地原住民和平友好相處,但這種短暫而表面的和平並沒有維持多久,隨著衝突日漸增多,種族屠殺逐漸蔓延與危害更形慘烈,殖民者背負的人道壓力與指責越來越重,1869 年開始,各殖民地政府相繼通過個別土著保護法,建立專責的土著「保護委員會」,任命「土著保護官」,對土著人實施「保護」性的隔離政策。

白人殖民者有計畫的將散居各地的土著趕進保留地或教會布道所,並加以隔絕,土著人的生活受到殖民政府嚴格的監控。從「種族滅絕」到「種族隔離」,本質上都是白澳政策的濫觴,起因於白人殖民者根深蒂固的種族優越主義作祟,也間接造成澳洲歷史隱含英國囚犯流放史與澳洲土著血淚史的歷史啜泣與傷痕。

貳、歐洲移民身分

一、收養兒童

澳洲殖民政府收養兒童,指的是 19 世紀晚期,種族改採隔離政策後,對白人與原住民混血兒童的強制措施。隨著殖民政府的種族滅絕與種族隔離政策陸續強制推動,原住民人口大量消亡,男性人口更急遽減少,英國被流放犯與殖民湧入移民又以男性居多,開發越早,男女失調越大,為留住男性,鼓勵白人娶原住民為妻案例極少,普遍現象是原住民婦女被迫產子,進而威脅白澳政策,隨著混血兒童逐漸增多超過原住民人口,1910 年殖民政府開始與教會合作,以改善生活為由,強行帶走混血兒童,不同語言和文化的兒童,集中居住教會養育院機構,灌輸基督教,跟從英國模式生活,以英語學習英國歷史、文化和禮儀,施以

白人同化教育。

1937 年殖民當局進一步施行以武力同化混血原住民的官方政策，聯邦政府並根據消除原住民社區的政策，在新南威爾斯州南岸的鮑曼德瑞建立專門收養原住民嬰兒的營地，這些嬰兒稍長成爲兒童後，便被送到政府設立的女童和男童收養營，政府把這些兒童集中在保育所、白人家庭，接受西方文化教育，另一些膚色較淺的孩子則被送到白人家中收養，接受同化教育，學習白人文化，最終回歸主流社會，被強行帶走兒童估計約近 10 萬人，這些即是後來所謂的「被偷走的一代」（Stolen Generation）。

二、土著同化政策

澳洲原住民，生活以打獵和採集爲主，沒有固定居住點，分散在整個澳洲土地，形成共約 500 多個部落，繁盛期人口近達百萬之多，經過殖民摧殘，人口急遽減少，原住民不斷掀起反歧視抗爭，引起國際社會人道主義關懷，加上社會對勞動力需求殷切，大戰對人力需求增加，澳洲政府遂對原住民改採同化政策，同意原住民生存權，但消滅他們種族文化身分，以實現種族、文化同質的社會理想，澳洲原住民的公民權一直奮鬥到 1967 年的全國性公民投票才得以實現，法律地位雖然獲得保障，但殖民政府仍不時玩忽消費原住民族文化，原住民族的社會地位依然沒有任何精進。

2008 年陸克文總理（Kevin Rud）曾經針對過去的原住民同化政策道歉，同時也提出新的「拉近隔閡」計畫，希冀可解決澳洲原住民的七大社會與教育問題，然而原住民的失業率依然偏高，平均壽命較之全國平均更是巨大落差，除此之外，原住民高自殺率與高犯罪率議題同樣受人矚目，自殺與犯罪最主要歸因於社會的極端歧視行爲，也是澳洲土著同化政策的遺毒，澳洲原住民族有識之士共同攜手，推動將原住民權利列入憲法，澳洲是大英國協國家中，唯一未與原住民族簽訂任何條約的

國家，間接造成原住民與外來移民的不信任與猜忌，澳洲在 1900 年首次制定憲法時，即有排除原住民權利的歷史記錄，成為土著同化政策成效不彰的始作俑者，匡正補救之道捨原民入憲，別無良策。

三、邊緣社會

原住民「被偷走的一代」的人倫創傷與悲劇，澳洲電影《澳大利亞》（*Australia*）影片中的小孩諾拉，對混血原住民兒童被殖民當局強行帶走，送入白人收容機構，做了最顯明的詮釋與註解，這些「被偷走的一代」被強制脫離澳洲原住民最重要的社會聯繫臍帶，在陌生冰冷的集中處所度過黯淡孤寂的成長歲月，在成長的過程充滿辛酸與血淚，長大後的處遇更與當初殖民當局融入白人文化的樂觀期待大相逕庭，因為他們從小被迫放棄自己種族身分，長大後回歸部落又受到排擠，更與部落生活方式格格不入，在社會工作與生活，又難以被澳洲白人為主的社會所接納，遂普遍以社會邊緣人的身分存在，過著憂鬱徘迴的生活。

在雪梨最熱鬧的環形碼頭（Circular Quay）車站到雪梨歌劇院，沿途可看到為數眾多的原住民街頭藝人演出，這些原住民多數是被偷走的一代，他們的共通點，都是穿著原住民族的傳統服飾、跳著原住民族的傳統舞蹈、奏著原住民族的傳統樂器，這樣的景象遍布在整個澳洲著名的觀光區。原住民青年在澳洲的高失業率，相較於澳洲整體失業率，是一個令人驚悚的數據，多數人仰賴大都會施捨的觀光財，靠販賣自己僅存的文化記憶圖求溫飽，這樣的收入管道使得原住民族的平均薪資落後其他族群大半，很多人的生活在貧窮線下掙扎，而且與白人社會日漸隔絕，這些被偷走的一代，不但無法在城市中生存，同時也與傳統的部落生活失去聯繫，形成了一群不受社會普遍關愛的邊緣遊牧民族。

參、自由民主身分

一、多元移民

1901 年，澳洲聯邦成立，白澳政策確立爲基本國策，具體落實爲移民限制法案，以語言測試阻止非白人進入澳洲。白澳政策嚴格實行了幾十年，由於二次世界大戰後，歐洲希特勒白人種族主義優越論的破滅，加上種族滅絕屠殺 600 萬猶太人的惡行劣跡，種族論調受到強力遏制，亞洲日本對白人報復性反擊，因此澳洲的白澳政策受到嚴重挑戰，二次大戰也使澳洲重新認識自己亞洲國家的身分與角色，澳洲政府清楚意識白澳政策不受亞洲鄰國歡迎，排斥亞洲人入境的政策必須尋求改變，以徹底改變澳洲的亞洲形象。

戰後國際社會反種族主義，亦成爲不可逆轉的時代風潮，50 年代澳洲開始開放亞洲學生進入澳洲大學就讀，60 年代在澳洲就讀的亞洲學生已超過數千人之眾，澳洲青年學生多次舉行抗議活動，並加入國際反種族主義運動，強力聲援黑人爭取權利，激發國際社會同步高度關切澳洲種族問題，紛紛強烈質疑與批評澳洲種族政策。國際社會質疑聲浪日趨高漲，迫使澳洲種族政策發生革命性轉變。

1966 年，工黨率先從政策文件去除白澳一詞，1967 年澳洲全民公決贊成修憲，原住民人口納入普查，並賦予他們投票權。《澳洲聯邦憲法》修正案廢除原《憲法》127 條，默許原住民公民權。1970 年，澳洲正式廢除「允許當局帶走土著兒童的法令」，徹底結束「被偷走的一代」的悲劇。1971 年 1 月，多元文化，成爲政府官方政策，當時自由黨政府總理戈頓（John Gorton）訪問新加坡，強調澳洲正變成一個多民族的社會，之後，多元文化這個詞越來越常用。

1972 年工黨政府總結以往種族政策教訓，宣布廢除移民膚色配額制，開始實行不分種族的移民政策，並通過修訂各種不當法律，主動立法與制定相關政策保障原住居民的權利，歷時 70 年有餘的白澳政策，

1973 年正式走入歷史，加強亞洲國家關係，進一步擴展多元文化亦同步開啓，澳洲政府擴大宣稱，現代澳洲是原住居民、各種移民與其後裔組成的多元社會，是忠於並堅持共同制度，擁有共同國度的不同種族、文化、遺產和宗教的獨特混合體，澳洲種族政策大步邁入「多元文化主義」的新紀元。

二、政府道歉

1970 年原住民同化政策廢除後，要求政府道歉呼聲日益高漲，但澳洲政府忌憚巨額賠款帶來政府巨大的財政壓力，始終迴避或拒絕公開正式道歉，宣稱現任政府不應該爲前任政府的過失或錯誤政策承擔任何政治或法律責任。澳洲國家道歉紀念日早在 1998 年的 5 月 26 日開始每年實施，澳洲殖民政府曾以改善原住民兒童智力爲由，強制安置他們到撫養機構或白人家庭，並斷絕親生父母來往，估計超過 10 萬名兒童被強制安置，這批被重新安置的兒童，更被烙上終生的印記，稱爲「被偷走的一代」。

澳洲政府對原住居民兒童造成難以彌補的永遠創傷，遺禍至今。1997 年 4 月，澳洲人權和平等權利委員會，發表了名爲《帶他們回家》的報告，正式揭露了這個土著兒童重新安置計畫的痺症，並在 1998 年 5 月 26 日正式訂定「國家道歉日」，並開展各種紀念活動，以迫使政府對此計畫實行負責任的組織道歉。2008 年 2 月 13 日，聯邦政府終於對土著民族與文化所遭受的侮辱和貶低，做出正式道歉，總理陸克文公開反思過去，特別是對被偷一代人的虐待行爲，承認是國家歷史的汙點，道歉是爲了去除澳洲靈魂上的汙漬，這段不名譽的歷史，將在政府勇於擔當並主動承擔過錯的道歉中翻開另一頁。

三、東望移民法令

2012 年澳洲工黨政府吉拉德總理（Julia Eileen Gillard）發布著名的《亞洲世紀白皮書》（*Asian Century white paper*），標誌著澳洲東望亞洲政策正式開啓。《亞洲世紀》白皮書共細劃了 25 項遠大目標，其中最突顯並引人關注的焦點是亞洲語言教育，及把目標實現設限在 2025 年。白皮書分析亞洲發展情勢並大膽判斷，2025 年亞洲不僅中國大陸，連印度都將成爲有發言權的大國，澳洲爲了借助亞洲的崛起發展自己，將強化與亞洲聯繫的戰略與計畫追趕，爲了安撫美國，澳洲同時強調，澳洲與亞洲的關係發展，絲毫無損於澳美同盟關係的維護，澳美同盟爲此地區穩定，安全與和平持續做出貢獻。

澳洲對於亞洲世紀的開啓，強調的是經濟上的承諾與投入，而澳洲外交與安全的基石仍是澳美同盟，爲了平衡對中國大陸的注意力，時任澳洲國防部長史密斯（Stephen Smith）首先提出了一個含括印度洋與太平洋兩大洋地區的新戰略地域觀，提醒關注印度崛起爲超級大國的現象，指出印太區域安全與穩定，不僅取決於美國與中國大陸，也取決於美國與印度及印度與北京，三組關係密切交織影響，不可分離。澳洲基於經濟發展需求，在東望亞洲的同時，不忘同時強調澳美堅固的外交同盟關係，並在強化與崛起中國大陸經濟聯繫的同時，不忘提升印度的地位與角色，顯示澳洲的亞洲政策隱含運用澳美同盟關係作爲與中國大陸強化經濟聯繫的戰略意圖。

多邊主義和經貿合作是澳洲對外關係發展主軸，安全需求則持續仰賴《太平洋安全保障條約》維持並強化和美國的傳統同盟友好關係，並以「中等強國」角色與地位自我定位。隨著亞太經濟力量日漸崛起，澳洲國家認同開始蛻變，原基於大洋洲距離遙遠的邊陲身分角色憂慮，逐漸基於亞太地區經濟緊密聯繫，興起積極參與的期待，2013 年 5 月澳洲工黨政府《國防白皮書》承續《亞洲世紀白皮書》發布，視野並擴及

印度洋地區，首度提出印度‧太平洋框架戰略概念，指出澳洲全球戰略重心由歐美移轉印太之必要性與迫切性。同年 9 月接替工黨執政的自由黨艾波特（Tony Abbott）政府上任，提出亞太政策，明確指出影響澳洲未來對外戰略發展最主要因素，就是美中關係發展，美中關係緊張或激烈競爭，顯然不利澳洲國家利益發展，澳洲政府最重要的課題是確保印太地區持續安定繁榮，澳洲雖強化澳美同盟，卻強調中等國家參與的多邊討論有其必要性，不認同區域未來任由美、中片面決定。

東協對話共識的多邊運作模式，對未來印太地區多邊制度建立有啓示意涵，澳洲外向合作型的「國際性國防參與」（International Defense Engagement）策略，對美國亞太政策有益，更有利多邊參與。自由黨艾波特政府亞太政策較工黨親近日本，對中國大陸強硬，並招致中國大陸嚴厲批評與警告。澳洲政府無意主導區域發展，但少數大國壟斷區域局勢發展，不贊成也不樂見，澳洲將多方面尋求各種管道與途徑，積極透過雙邊和多邊協商參與平臺，努力推展兼具安全與發展效益的效率外交，使印太地區之未來發展有利於澳洲，顯然澳洲的東望政策是有著區域平衡角色的高度期許。

澳洲自 1967 年起，執政黨先後放棄同化政策，還給原住民自主權利，國家博物館開始大量收藏原住民藝術作品和文物，越南大批難民漂流震撼，又開啓對亞洲文化的特別關注，1977 年，自由聯盟黨政府弗雷澤（Malcolm Fraser）總理開始審查新移民政策法規，政府進一步強化多元文化政策，相關移民法規明確規範，移民有保持原有文化傳統和民族特色的權利。1983 年工黨政府再度上臺，對內進一步鞏固多元文化政策並充實內涵，對外加緊靠攏亞洲，1991 年接替霍克（Bob Hawke）的基廷（Paul Keating）總理，堅定深信亞洲爲澳洲未來最大希望，把亞洲移民充當爲亞洲溝通的中介和橋梁，更把吸納亞洲移民視同種族平等貫徹，將對澳洲經濟產生巨大價值。

1996 年 10 月，澳洲朝野全體議員更發表公開聲明，重申支持推動

堅持無種族歧視的移民政策，與原住民和解的政策和多元文化政策，1997 年 5 月的民意調查顯示，78% 的澳洲人支持多元文化政策。澳洲社會歷經英國殖民、歐洲社會，到 70 年代的亞洲文化多次激盪與洗禮，平等的移民法令始終是澳洲社會緊密融合的最佳保障。

第二節　東方角色回歸

澳洲與中國大陸對抗角色定位起因於西方殖民東方的歷史，二次大戰與冷戰反侵略的經歷與自由民主價值對抗極權專制體制的正義需求。

壹、西方殖民角色

一、囚犯殖民地

英國航海家庫克船長於 1770 年發現澳洲大陸，將其命名為「新南威爾斯」，並宣布這片土地屬於英國。當時英國政府曾有意派人前往開發，但國內沒人有意願到荒地開墾，最後改為囚犯流放地。1787 年 5 月 13 日，英國人菲利普（Cap. Phillip）帶領第一批囚犯船隊從英國起航，1788 年 1 月 26 日，從澳洲傑克遜港上岸，宣布新南威爾斯殖民地成立，並在今天的雪梨歌劇院附近升起了英國旗，菲利普成了第一任總督，在隨後的 80 年間，總計約有 15.9 萬名英國犯人被流放澳洲，這個國家遂也被戲稱為「囚犯建立的國家」。

菲利普初期對原住民堅持採取懷柔政策，但原住民發現白人長期占領土地意圖時，升高對白人敵意，開始襲擊白人，連菲利普總督也不能倖免，1788 年 5 月 30 日，2 名白人被原住民分屍，鞭撻犯人時，菲利普命令原住民全體觀看示警，後續襲擊活動並未因而稍懸，原住民進一步加劇突襲，菲利普下令禁止原住民靠近。

1791 年第一批愛爾蘭犯人到達，由於宗教和習俗不同於原英格蘭

人，反抗事件開始發生，加上殖民高層爭奪財富互不相讓，甚且明爭暗鬥，1804年，愛爾蘭犯人以爭自由反暴政爲名，發動全澳洲第一次犯人集體起義，1810年麥克阿瑞（Lachlan Macquarie）總督上任，解散原軍團，大力建設雪梨城市，犯人分配農牧場主，整體處境獲得大幅改善。

1821年麥克阿瑞卸任時，殖民地人口已達4萬人，羊和牛等牲畜亦各有數十萬之譜。澳洲肉羊更經由麥卡瑟的培育改良，成爲能產出優質羊毛的美利奴羊，之後，更因此興建起第一個達上萬英畝的大牧場，羊群數量急遽增加，僱傭需求更顯迫切，羊毛公司跟著成立，羊毛出口擴大，大規模高效率生產羊毛方式應運而生，爲澳洲經濟發展開拓進路，也爲囚犯政策劃下句點提供支撐，1868年流放囚犯政策結束，澳洲前後至少收容約16萬名男女囚犯，囚犯殖民國家一點都不虛假。

二、移民殖民地

1815年後，發羊毛財夢想牧場主的英國人越來越多，隨著自由移民源源奔向澳洲，澳洲逐漸脫離大監獄成爲一個正常的移民殖民地。隨著移民土地需求急遽增加，移民問題亦日形複雜，爲了減少移民紛爭，1829年達令（Darling）總督宣布，新南威爾斯殖民地限縮在雪梨中心200公里以內範圍，1831年開始，政府停止無償批覆私人土地，殖民地範圍遭嚴格限縮，不准向內地拓展。

限令反而激發許多富裕移民和羊毛商人結合，轉而把目光轉向政府限定範圍之外，大規模非法占地拓荒爭鬥開始，各方勞動力積極爭奪被假釋和刑滿釋放的犯人爲僱傭的牧羊人，非法占地者被稱爲斯夸特，是擁有大片土地和大群牛羊的牧場主，土著人不時會無情的襲擊他們，天然災害造成的損失，政府不會給予任何援助，殖民土地歸英國皇家所有，除總督可代表皇室支配土地，嚴禁他人分配，斯夸特非法占據，殖民政府雖多次嚴令殖民地總督阻止非法占地行爲，但隨著1851年，新

南威爾斯殖民區多處發現金礦，自由移民開始瘋狂增長，移民殖民地限令再也無法拘束脫韁移民在澳洲內地的大肆奔馳了。

三、稅賦殖民地

1830 年，澳洲各區殖民地非法牧場生產的羊已超過一半，1835年，非法生產的羊已遠超過合法的羊，數量達到 100 多萬隻。斯夸特組成來自軍官與富有家庭的結合，人數多財力又雄厚，為殖民地經濟最重要的支柱，殖民政府無力驅趕，只得改採稅收策略納入政府管制。

1836 年，占地許可證（squatting licence）開始頒發，規定每個斯夸特 1 年繳稅 10 英鎊，許可證 1 年換證 1 次。繼任總督吉泊斯仍堅守換政策，拒絕斯夸特長期租約的集體要求，斯夸特們組織到英國遊說，1847 年終於如願得到 14 年一續的長期租約。受到斯夸特允許優先購買皇室新墾土地政策激勵，斯夸特們紛紛爭搶購水源良地，貧瘠土地則乏人問津，後來貧瘠的原住民區蘊藏豐富金礦和煤礦資源，為了奪取礦場之利，殖民政府不惜動用武力，將原住民再逐離飄移的居住地，以求增加更龐大的稅收。

貳、世界反侵略角色

一、二戰時反納粹侵略角色

第一次世界大戰澳洲就有近 40 萬人自願參與反侵略陣營，二次大戰爆發，澳洲部隊又在歐洲、亞洲及太平洋地區反侵略戰爭的勝利中作出重大貢獻，讓澳洲人對祖國充滿自豪，也讓澳洲人自覺意識增高。澳洲有囚犯經歷的血脈，崇尚以暴制暴，以牙還牙，二次大戰期間，對日本侵略國家的基本態度，就是趕盡殺絕、除惡務盡。澳洲地理位置孤懸海外，長久遠離戰爭，太平洋戰爭爆發前，日澳兩國不僅沒有軍事矛盾，更缺經濟糾紛。

　　澳洲和日本同屬島國，地理位置一個位於複雜的北半球，一個居處偏僻的南半球。二戰時澳洲仍是英國殖民地，歸屬英國管轄，英國把巴布亞紐幾內亞島交給澳洲管理，澳洲也跟隨英國加入同盟軍，駐紮在新加坡對抗日本的侵略。

　　1941 年日軍攻陷新加坡，駐守新加坡的英軍含澳軍 1 萬 5,000 餘人，共計 13 萬人向日軍投降，澳軍一半以上的俘虜遭日軍處決或殘殺，澳洲的達爾文曾是當時盟軍反攻的重要軍事基地，1942 年 2 月 19 日，日本出動 242 架飛機對澳洲本土達爾文首度進行兩次轟擊，造成美澳聯軍約 700 餘人傷亡和多數機艦毀損，成為數百年來唯一一個軍事打擊澳洲本土的國家。

　　為了爭奪巴布亞紐幾內亞的莫爾茲比港，1943 年至 1944 年底，美澳盟軍在巴布亞紐幾內亞及其附近島嶼對日軍發動總攻，盟軍動用大量炮火把日軍約 20 萬兵力困在防空洞，直接斷絕日軍補給，日軍陸續投降，澳軍對投降日俘約 20 萬也是一個不留，屠戮淨盡。

　　澳洲人不僅凶狠且十分記仇，戰後日本投降，對待這個侵略的民族，澳洲毫不留情，處理日本戰犯的手段比受侵略受害最深的中國還狠戾。澳洲是原住民、流放囚犯和多元移民混合所建立起來的國家，民族性既勇猛又強悍，戰爭期間澳軍不留任一日俘，戰後澳軍偕同美軍駐地日本，澳軍在日本公園和駐紮等地掛出「日本人與狗不得入內」的顯著標語，其他國家要求割地或賠款，澳洲唯一要求則是處死日本天皇，美國為了說服澳洲，允諾遠東軍事法庭首席法官由澳洲人擔任，戰後統計，甲級戰犯提供名單，中國提供 32 人，美國提供 30 人，英國 11 人，澳洲提供名單卻等於三國總和，足足有 100 人之多，幾乎囊括日本高級軍政大員。澳洲把日本天皇列為戰犯，交由同盟國審判，甲級戰犯審判交由遠東軍事法庭，乙、丙級戰犯由同盟國各自單獨進行審判，澳洲審判並處決的乙、丙級戰犯 140 名，遠超過中國處決的 110 名，占所有同盟國之首。

二、冷戰時反共產侵略角色

戰後 50 年代開啓的冷戰，對澳洲來說，中國大陸比蘇聯更可怕，距離既近，威脅直接也較大，防範共產中國比蘇聯更爲迫切與緊急，毛澤東又不停宣稱第三次世界大戰非打不可，更不斷強調晚打不如早打，澳洲極度備受威脅。1950 至 1953 年韓戰期間，紐、澳各自派兵加入美國爲首的 17 國聯軍，澳洲動員 1 萬 7,000 餘人，是僅次於美、英、加拿大與土耳其後，參戰人數第五多的國家。中國大陸積極支持東南亞各國共產黨游擊隊武裝起義與暴動，積極指導他們追循中國大陸革命成功道路，實施農村包圍城市，中國大陸更成爲東南亞各國孕育共產黨大本營與支援中心。

爲了有效應對中國共產威脅，澳洲與美國加強結盟，共同遏制共產主義在東南亞的擴張。共產主義利用貧窮擴大亞洲動亂，人道主義對策因應而起，1950 年澳洲外交部長斯潘德（John Spender）適時提出可倫坡計畫（Colombo Plan）並表示，既然貧困疾病絕望，使亞洲人倒向共產主義，那麼抗拒共產主義的治本之策就不言可喻了。

1950 年開始，澳、紐、美、英、日與加拿大陸續向亞洲提供經濟援助，並協助培訓技術人才，在農業、畜牧和醫療等方面，澳洲更發揮優勢，提供最大支援與最大貢獻，並在可倫坡計畫下陸續接受了近萬名亞洲學生至澳學習。之後，蘇聯爲首共產集團接連發起多場冷戰攻勢，包括軍事出兵與政治干預，主要集中在亞、非兩地的阿富汗、南葉門與安哥拉，並插手美洲的尼加拉瓜，澳洲持續參與多方圍堵與制衡，70年代美國雖背棄澳洲盟邦率先結束與中國共產集團的敵對狀態，間接宣告東南亞戰場的冷戰敵對結束，但澳洲卻仍堅守反侵略傳統價值，直到90 年代蘇聯解體，世界冷戰時代結束。

三、國際人道反共產迫害角色

越戰促使澳洲青年學生覺醒，一股新的正義力量不斷興起，對前人長久持有的種族價值觀不再堅信，在反越戰中紛紛發展出反侵略、反奴役的進步思潮，並逐漸影響國內獄政改革，社會福利，婦女權利，同性戀，土著問題，環境保護等社會關注議題與問題，反思存疑精神注滿澳洲社會各階層，以更具批判性的主張，紛紛要求政府重新審視澳洲各方面政策作為。

1975 年南越政府敗亡，大批難民逃離越境，1976 年一艘滿載著 56 名越南難民的小漁船，成功越過 8,000 公里的海洋，到達澳洲的北海岸，澳洲民眾伸出援手收留，1978 年，越南數十萬人再度大批逃亡，20 萬柬埔寨人跑向泰國，造成世界極大恐慌，隔年 7 月，國際日內瓦會議為此共商解決之道，西方國家承諾盡快接受 25 萬難民，澳洲政府更慨然允諾承擔 1 年 1 萬 5,000 名的份額，澳洲從 1975 到 1986 年共計累積接收 12 萬越南難民，其中多數為華人。

澳洲現代社會形成源自於英國，澳洲曾緊緊追隨英國和同質於英國的美國。冷戰結束大為消除澳洲直接戰爭的威脅，中國大陸更在改革開放後，逐漸發展成僅次於美國的世界超級大國與地方強權，澳洲基於越南難民的經驗教訓，一直不斷宣稱，富強穩定的中國大陸是澳洲希望所寄，不僅中國大陸，世界任何戰亂，都將讓澳洲面對難民的糾葛，政治和貧窮難民，是澳洲國境安全未來面對的最大威脅，也是國內最大最可能的外來問題。澳洲地廣人稀不怕也不反對接受真正的難民，並認為是澳洲在國際社會的國際義務，但難民容納程度也不能影響澳洲正常的發展與生活。

參、印太價值同盟角色

一、自由聯盟樞紐

(一) 印太協作聯盟

　　澳洲印太戰略具體協作，宜審慎觀察美、日、澳、印四國非正式聯盟走向，尤其關注印度飄忽傾向，2015 年美國歐巴馬總統訪印時，印度同意共同發表「亞太和印度洋地區」聯合聲明，2016 年美國太平洋司令提議重啓四國非正式聯盟時，印度表達不支持，2017 年 5 月印度拒絕出席中國大陸的「一帶一路國際合作高峰論壇」，同時警告參與國，一帶一路或會爲參與國帶來無法支撐的債務負擔，2017 年 7 月卻又同意在印度安達曼─尼科巴群島（Andaman and Nicobar Islands），加強島上安全設備，並准許第一個外國政府日本，在島上興建具軍事監測性質的設施，可見印度隨著中國大陸在印度洋的活動日趨積極，雖未改變長年不結盟的立場，但態度逐漸傾向與澳、美、日同步的趨勢卻日漸彰顯，2017 年 9 月印日領袖峰會，印度即明白表示，會以自由開放的印度太平洋戰略對抗中國大陸的一帶一路。

　　鄭健銘評論印度洋─太平洋戰略時指出，印度堅持不結盟政策的強度，是澳洲參與四方非正式聯盟發展的最大變數，也是關鍵因素，畢竟印度緊鄰印度洋，又與中國大陸的邊界爭議難解，印度坐擁亞洲第三大經濟體與全球第七大經濟體地位，卻被排於亞洲太平洋經濟合作會議（APEC）門外，又主動退出區域全面經濟夥伴協定（RCEP）簽署，強勢面對中國大陸競爭，又視美國爲「朋友」而非「盟友」的立場與態度，是澳洲貫串自由聯盟，觀察四方非正式聯盟發展最重要的指標，也是澳洲支持美日對印太戰略槓桿操持的主要參考。

(二) 澳洲關鍵角色

　　鈕先鍾分析澳洲戰略環境與區域安全時指出，澳洲充分認知，影

響澳洲未來對外戰略最主要的考量因素，是美中關係發展，尤其美中關係緊張甚至衝突，澳洲處境陷於兩難，不利國家利益發展，保持印太區域的持續安定與繁榮，才是澳洲對外經營最主要也是最迫切的課題。澳洲始終認為並堅信，印太區域發展，應開放其他中等國家參與，以多邊制度形式討論，不認同由美、中兩大國單方片面決定。美國重返亞太政策，競爭對抗路徑與型態並非唯一選擇，以協作途徑（associate approach）平和進入與參與，避免造成安全困境（security dilmma），謀求共榮共存的亞太利益，仍是發展美國國家利益最佳的選擇。

2010 年美國推行重返亞太政策的規劃目標，是維持亞太地區的安全穩定、經濟利益與繁榮發展，美國認為，在安全合作的基礎上，與亞太區域國家積極交往，積極推動安全互助與經濟互惠，並建構多邊機制，才能有效確保亞太穩定，增進印太共同利益，美國始終強調擴大交往，才能持續深化並強化民主與自由的市場理念，美國更嘗試整合亞太經濟合作組織和東南亞國協重疊的主要會員國，建構一個具綜合性且相互協調的戰略架構《泛太平洋戰略經濟夥伴關係協議》，以經濟和貿易共通的「國際準則」，推動打造全球最大自由貿易區，美國川普總統雖然全然改變前任總統的政策，但是國家利益的實質獲益，終究才是檢視政策實踐的最高標準也是最具實效的參考指標，澳洲在歷經美國川普的震盪政策後，在新的政權積極尋求重回國際舞臺的軌道時，仍將是促進美國達成前述戰略架構最重要的關鍵與最大的助力。

二、外交合作平臺

(一) 外交合作結盟

丁永康比較分析 90 年代澳洲基廷政府與霍華德政府國家利益觀點時指出，澳洲外交政策始終在中國大陸貿易實益與美國同盟友誼兩邊徘徊憂鬱，既想增進與中國大陸的貿易利益，又積極尋求強化與美國全方

位的聯盟。澳洲地理戰略重心，逐漸轉向領土北方連接東南亞與西方聯繫印度洋時，正好全面契合美國重返東亞重心東南亞地區與印度洋地區的戰略需求，印太地區對澳洲的重要性，不僅表現於區域經濟貿易層面，更包含國家安全威脅防範，爲了平衡國家安全與經貿發展，外交結盟（含軍事）政策成了澳洲維持安全並建構經貿發展宏圖的戰略首選。

2021 年澳洲參與美國、日本與印度透過視訊舉行「四方安全對話」（Quad）的首次領袖峰會，澳洲同其他三國領袖針對中國大陸威脅議題，明確表示就事議事不存任何幻想，並強調支持印太地區維持自由開放，就 COVID-19 肺炎疫苗、新興和關鍵技術等領域展開四國合作，堅持依國際法維繫海域飛航自由，承認專制與民主模式的競爭正陷入艱難處境，但對未來發展表示樂觀期待等。峰會更確立多項具體合作計畫，結合各自優勢如美國技術、日本資金、印度製造和澳洲服務能力，優先生產疫苗解決疫苗急需，並在新興和關鍵技術領域的標準設定、供應鏈與技術推進等攜手合作，雖然峰會所有議題都離不開中國大陸，但聯合聲明和白宮簡報均刻意避免直接提及中國大陸，外交折衝充滿機鋒與弔詭。

美澳同盟關係，歷史悠久，更是澳洲與南太平洋及印度洋區域的安全主軸，位於印度洋與太平洋間樞紐地帶的東南亞地區，對澳洲的戰略重要性亦日漸顯現且日趨緊要，其中近鄰印尼關係更具關鍵，東協防範紛爭的「合作習慣化」與「相互對話」途徑，對澳洲深具外交啓示意涵，是澳洲經略印太區域構築多邊體制的重要參考。澳美日印開放聯盟漸漸升溫，並非只能往對抗一途深究，美國泛太平洋戰略經濟架構仍具維護和平與促進經貿發展的高度指導價值，畢竟泛太平洋脫離不了中國大陸與東南亞國協，韓國與俄羅斯也不會一直孤立在外。

2015 年澳洲北領地政府與中國大陸嵐橋公司的達爾文港租借協議，澳洲政府在評估外國投資指導意見後，基於兼顧經濟和安全利益發展，准許該協議，之後，又基於國家安全理由勒令地方政府毀約，立場

前後反覆，徒然傷人也自傷，雖然美國也發出批評之意，澳洲對中國大陸經建外交模式也不是沒有警覺，但中國大陸經援合作的多數開發中國家與區域，飽受經濟下行與財政危機困擾也是不爭的事實，受援國家無力償債壓力雖不可避免，但欠缺適切外援對經濟發展激勵，貧困國家或區域仍是無法擺脫惡性貧窮發展的循環，何況避免干預自由市場運作仍是外交最高指導原則。

(二) 合作平臺構築

1. 澳紐美聯盟——澳紐美安全條約

澳美於 1940 年 3 月 6 日建交，1951 年澳洲、紐西蘭、美國三國簽訂《澳紐美安全條約》（ANZUS），澳美結成堅實的同盟關係。1984 年紐西蘭堅持無核政策，拒絕美國核動力船隻進入，美國宣布暫停紐西蘭條約義務，紐西蘭政府並未因此退出《太平洋安全保障條約》，隔年的 7 月 10 日，法國悍然炸沉綠色和平的彩虹勇士號抗議船，激起紐西蘭更高昂的反核情緒，法國對紐西蘭的戰爭威脅，西方沒有任何領導人發出批評，澳紐美聯盟形同虛設，紐西蘭的無核政策更在 1987 年成為紐西蘭法律，基於澳紐緊密的關係，這項法律也變成為牽制澳洲發展核動力軍武的重要關鍵，使澳洲始終能維持和平建軍發展的取向，也使澳紐軍隊和平發展的模式獨樹一格。

1999 年至 2003 年之間，澳紐軍隊聯合在東帝汶採取大量行動，防止印尼種族清洗及阻礙民主獨立投票，2001 年美國本土 911 襲擊事件，澳紐聯合提供軍事力量，支持美國主導的持久和平自由軍事行動。2005 年 3 月，澳國外長唐納（Alexander Downer）宣布，為防止中國大陸侵略臺灣，澳紐美安全條約應該生效，引來中國大陸發出正式聲明，強烈表示澳洲應重新評估此條約。《澳紐美安全條約》或稱《太平洋安全保障條約》，為美國和澳洲或澳洲和紐西蘭聯合處理太平洋地區防衛事務的安全條約，1952 年 4 月 29 日澳紐美共同參與的舊金山條約生效，條約所有簽署國承認，領土完整、政治獨立或安全受到威脅時，各方將一

同協商，與澳紐美安全條約第 3 條承諾磋商應對安全威脅同義，澳紐安全獲得雙重條約協商保障。

1983 年 3 月，澳紐簽訂《進一步密切經濟關係協定》（CER）加強雙邊經貿關係，1990 年完成澳紐自由貿易區協定（FTA），2004 年 5 月，澳美也完成自由貿易協定簽署並於次年生效，2018-2019 財年統計，紐西蘭成為澳洲第六大貿易夥伴國，美國成為澳洲第三大貿易夥伴國，由於多方安全協商的國際條約規範，帶動經貿關係密切發展，ANZUS 成功擴大理解成為應對各種事故與促進各種經貿發展的重要協商處理平臺。

2. 澳美日協定發展

澳美日協定尚未成形，在澳美安全條約與美日協防的基礎上，澳日關係卻進展神速，仿亞洲北約的澳美日印聯盟更成為熱議，2020 年澳日剛完成亞太 15 國簽署區域全面經濟夥伴關係協定（RCEP），釋放多邊合作訊息後，隨即同步反向密集強化澳日軍事同盟關係，澳美日協定隱約成形，進而牽動澳美日印的聯盟發展走向，不同於澳美紐安全穩定與經濟開展聯動模式，澳美日協定正處於小安全求穩定，大經濟協定卻先行的處境，充滿安全矛盾卻渴望經濟發展的弔詭，顯現經濟發展與安全保障的兩難困境，也出現安全與經濟合作同步向前的契機。

1996 年澳日首腦會晤與政治、軍事年度磋商機制簽署後，雙方關係密切發展，2003 年 7 月，完成雙邊貿易與經濟框架協定簽署，2006 年 3 月，日本外務大臣麻生太郎訪澳，兩國建立全面戰略關係，並宣布每年舉行外長會晤、副外長級政策對話和高官級戰略磋商，2007 年 4 月，啓動雙邊自由貿易協定談判，2013 年雙方開始分享軍事物資，2014 年 7 月，日首相訪澳，安倍與澳洲總理阿博特（Tony Abbott），共同簽署經濟夥伴關係協定（EPA），截至 2018-2019 財年，澳日雙邊貿易額達 885.3 億澳元，日躍升為澳洲第二大貿易夥伴。

澳美日三國首於 2006 年創設部長級戰略對話，2016 年南海問題納

入部長級戰略對話討論議題，2017 年澳日繼 2013 年的軍事物資分享，進一步共享彈藥武器，日澳開始海空軍聯合軍演，澳外長、防長接連訪日商談合作，接著，澳洲總理莫里森（Scott Morrison）親自訪日，雙方達成強化兩國安全保障及防務合作協議《互惠准入協定》（RAA）基本框架，爲地區和平與穩定，將共同實現自由開放的印度太平洋。RAA 規定聯合訓練的刑事審判權歸屬，是地位僅次於美日的準軍事同盟協定，宣告澳日軍事安全更上層樓，會後聯合聲明表示，強烈反對謀求改變東海局勢現狀、加劇緊張局勢的威脅性單方面行爲，強烈反對加劇南海緊張局勢的威脅性嘗試，對軍事化和導彈發射等事件嚴重關切。

莫里森特別與前首相安倍舉行會談，會談焦點包括美國、印度在內的安全保障合作領域和日、美、印、澳共同參與的馬拉巴爾 2020 聯合演習。此外，澳韓關係也有進展，2000 年 5 月，宣布建立澳韓外長和貿易部長年度會晤機制，2010 年首爾 G20 峰會，澳韓雙邊舉行首腦會談，就韓－澳自貿協定、北韓核等共同關心問題交換意見，並探討加強合作方案，2014 年 4 月，澳總理阿博特訪韓，雙方簽署自由貿易協定（FTA），韓國成爲澳洲第四大貿易夥伴，澳美日協定乃至澳美日印聯盟是否進一步發展，韓國因素無法視而不見。

三、國防合作導引

(一) 澳洲國防意涵

澳洲工黨惠特曼（Gough Whitlam）政府於 1976 年國防白皮書，即清楚界定國防自立並不意味武裝中立，並預告中國大陸解放軍快速現代化與擴張行爲，將對美國與西太平洋地區同盟國造成直接挑戰，澳洲國防必須能夠因應抵消和遏制解放軍迅速擴張的戰略途徑。2011 年美國總統歐巴馬訪問澳洲，與澳洲總理吉拉德（Julia Gillard）達成駐軍協議，美國計畫在澳洲北領地達爾文（Darwin, Northern Territory）駐軍約

2,500名軍隊，每年並持續增加。2012年澳洲《亞洲世紀白皮書》宣示，澳洲未來要加強和亞洲發展多邊與雙邊關係，推動更有效率的外交，透過推動國家、集體與人類安全，改變亞洲地區安全局勢，同時在國內進行教育、稅制、基礎建設與整體經濟等改革因應，澳洲《國防白皮書》與政界同時顯示，印度洋在全球海運重要性日漸提升，印度角色日趨重要與關鍵，主張澳洲全球戰略重心，將始自印度洋，至東南亞、東北亞，並觸及太平洋東洋地區。

2012年5月澳洲國防部發布《澳洲國防力量態勢檢討》（Australian DefenceForce Posture Review）報告顯示，澳洲全球戰略觀視美國為印度太平洋地區（IndoPacific region）一股正向平衡力量，澳洲未來將持續強化與美國政治經濟關係發展，雙方國防合作能力，不會受到澳洲國防預算不足的限制，維持與美國緊密且有共同價值觀的戰略同盟關係至為重要。

澳洲《國防白皮書》表示，中日韓貿易、海洋安全保障與海運線問題的解決是澳洲印太戰略重點，對亞洲各國將採特定議題關注且具建設性的外向型國防政策，在澳美同盟基礎上，透過多邊、雙邊機制，強化多方軍事交流與合作管道，特別在海洋議題尋求東協議題合作，在經貿議題尋求中國大陸適切配合。澳洲政府無意成為區域領導者，也不樂見少數大國壟斷區域局勢發展，澳洲希望區域中大國與中等國家能共同以和平協商方式探討印度‧太平洋地區之未來發展。

(二) 國際國防參與

澳洲提出「國際性國防參與」策略，全力推動和平時期促進各國軍隊間進一步交流與戰略對話、國防能力相互協助建構與多國軍事制度建立等國際性合作活動，作為促進印度‧太平洋地區安全與繁榮的指導。2013年4月澳洲與中國大陸締結戰略性夥伴關係，同年7月，澳韓雙方開啟第一次「二加二」會談，在澳日既有「二加二」會談基礎上，接續批准「物品役務相互提供協定」與「情報保護協定」，澳

美同盟除了批准「國防貿易合作條約」，同意更多美軍駐軍，更進一步推動太空合作計畫，澳洲除了加強雙邊關係合作密度，多邊合作關係亦積極聯繫推動，在澳、英、星、紐、大馬「五國聯防協議」基礎上，加強「澳美日戰略對話」，並極力促進美、日、印、澳「四國戰略對話」（Quadrilateral Security Dialogue），同時在積極參與東亞高峰會（East Asia Summit）的基礎上，尋求跟東協發展更密切的國防合作管道。

四、複合軍演行動

澳洲皇家空軍 2011 年正式加入於 1978 年首創的「北方對抗」（Cope North）空戰整合人道救援等技術的聯合軍演，由於 2014 年美菲簽訂的加強防衛協議，澳洲參與美菲聯合演習的機會大增，2015 年美菲在增強防務合作協議簽署後，展開規模最大的軍演以回應菲律賓的南海疑慮，澳洲參與南海周邊區域聯合軍演的頻率將日漸頻繁，影響力也有機會跟著水漲船高。

2016 年美國與南韓 2 年一度的「雙龍操演」，美、日、韓、紐、澳 5 國也在關島同時舉行「北方對抗」聯合軍演，總數約 200 名的澳洲與紐西蘭士兵加入，美菲軍演增強，帶動美、韓聯合軍演升級爲美日韓澳紐 5 國參與，使美韓兵力參與成爲 2012 年以來規模最大，亦激勵澳紐增派兵力參與，美、日、韓、紐、澳 5 國「北方對抗」聯合軍演加入菲律賓，相關軍演聯合擴大爲六國參與，美國在聯合軍演規模日趨擴大，演習任務轉趨多元的同時聲稱，期待加強與亞太地區盟邦的安全合作，重申對亞太防衛承諾，並以此加強人道救援與救災項目，澳洲特殊的角色定位對聯合軍演的走向與發展將更趨關鍵。

2021 年美日澳三國在關島舉行聯合軍演，美國印太司令部（USIN-DOPACOM）公告表示，共同軍演將以人道救援及災害救治拉開序幕，強化三國在印度太平洋地區自然災害的救援能力，救援的地點包含安德森空軍基地與廢棄已久的關島「西北機場」（Northwest Field）及關島

與帛琉的柯羅（Koror）、安加爾（Angaur），同時不忘強調反制中國大陸與俄羅斯軍事威脅。由於中國大陸在南海牛軛礁附近停留大量船隻，引起中菲爭議與菲律賓擔憂，菲美兩國外長就此議題展開通話後，菲律賓國防部長和美國國防部長也通話表示，呼籲恢復 2020 年因爭議取消的「肩並肩」聯合軍事演習，美方則重申延續兩國《來訪部隊協議》（VFA）的重要性，不過，菲總統杜特蒂明確表示，如果美國想維持《來訪部隊協議》，需要支付更多費用。

自杜特蒂於 2016 年上臺以來，菲律賓與美國之間的盟友關係即不斷出現齟齬與裂痕，杜特蒂多次譴責美國的外交政策，同時積極向中國大陸示好，美菲關係發展的不穩定，對聯合軍演的走向也存有制衡的可能性，在中美均具有核打擊能力及精準打擊系統的兩強軍事對峙中，大國招致直接風險比例不高，小國選對站邊直接支持兩強持續對峙，不僅未獲其利反受其害，更可能面臨劇烈災難，中等國家增添材火隔岸觀火亦不足取，唯有透過軍事、外交、資訊及經濟等複合型行動，才能淡化敵對意識，避免大規模衝突，並增強合作取向，創新和平作為，提升共同競爭力。

2015 年印度表達邀請日本海上自衛隊改成常態參與，2017 年軍演擴大把日本納入為永久成員，2019 年四方安全對話（Quadrilateral Security Dialogue, QUAD）升級為部長級對話，中印邊境衝突又再度發生，印度遂採果斷立場，2020 年澳洲終於在 13 年後，獲得印度邀請，再度重返馬拉巴爾聯合軍演，澳洲外交部長潘恩（Marise Payne）和國防部長雷諾茲（Linda Reynolds）發表共同聲明指出，軍演展現支持開放繁榮印太地區的共同決心，加強緊密夥伴共同行動能力，並可提升澳洲海軍戰力，雷諾茲更強調，軍演展現印太地區四大民主國家間的高度信任，以及追求共同安全利益的合作意志。澳美日印四國高峰安全會談加上聯合軍演，預料將持續發展，一個公開、容納各方的印太地區及基於規則的國際秩序承諾是否質變，澳印對中國大陸的態度是重要關鍵。

　　印度洋與西太平洋是印太區域經貿的重要戰略通道，在 QUAD 機制中，美日、美印與日印雙邊軍事連結緊密，印澳雙邊軍事安全連結則相對薄弱，澳洲受邀參加馬拉巴爾軍演，意味著 QUAD 軍事化合作的趨勢正盛。面對，QUAD 在防範中國大陸勢力擴展的共同目標下，從安全對話機制加緊走向軍事連結具體行動，印澳雙邊關係顯著改善，不僅從「戰略夥伴關係」提升至「全面戰略夥伴關係」（Comprehensive Strategic Partnership），同時將國防與外交二加二對話升級為部長級對話，以強化雙方互信與軍事合作。

　　日本修法允許與澳印兩國同時分享情報，日澳雙方同意啟動「武器等防護」協調，印澳簽署《後勤相互支援協定》，印日《物資勞務相互提供協定》也完成簽署，加上美印已簽署的《後勤交流備忘錄協定》與《通信兼容和安全協議》（Communications Compatibility and Security Agreement）等，四國在軍事後勤支援保障合作不斷升級，QUAD 的實質軍事同盟關係日趨獲得保障，QUAD 是否朝「亞洲版北約」更上層樓備受熱議，不過考量澳洲反對印度發展核武，印度不結盟與對俄羅斯的軍備依賴，及對中國大陸反覆的態度等變數，澳洲對包括環印太等軍演的態度與作為，多倡導與堅持和平與多元的複合軍演，仍是澳洲最正確的戰略抉擇。

第三節　海洋印記召喚

壹、大洋洲海域領導

一、太平洋計畫

(一) 緣起

　　維護南太地區穩定、促進島國經濟發展，與澳洲國家利益發展深切相關，澳洲 2003 年 7 月，首先應索羅門群島政府要求，協同紐西蘭

與部分南太島國，對索羅門進行聯合軍事干預，同年 12 月，為協助巴新政府整治經濟、治安等事務，與巴新簽署一系列援助方案，2004 年 2 月澳洲再與諾魯簽署諒解備忘錄，協助諾魯擺脫危機。此外，澳洲更主動提出聯合地區管理等多項主張，如推動建立南太地區聯合航線、設立地區警察培訓中心等，在澳洲多次參與太平洋地區高峰會後，澳洲於 2005 年高峰會，正式支持通過，澳紐於 2004 年 4 月共同聯合提出的「太平洋計畫」，力求促進區域經濟增長、行政管理和安全等領域的合作，以實現大洋洲地區和平、和諧、安全與繁榮。

1947 年澳洲與美、英、法、荷蘭和紐西蘭等國，在澳大利亞簽署《坎培拉協議》，成立南太平洋地區第一個區域非政治性國際組織「南太平洋委員會」（South Pacific Commission），提供醫療衛生、社會進步與經濟發展等方面諮詢，以技術與研究支援協助太平洋島國，促進南太平洋地區各國經濟發展和進步。1971 年 8 月，澳洲再參與紐西蘭倡議的「南太平洋七方會議」，「南太平洋委員會」修正為「南太平洋論壇」（South Pacific Forum），並於 1972 年建立常設性機構「南太平洋經濟合作局」（SPEC）。

1976 年之後，合作項目已擴展至農村、青年、文化教育、體育交流與海洋資源開發等多方面，1988 年再改稱「南太平洋論壇祕書處」，論壇在雪梨與奧克蘭設有貿易專員署，在東京設有太平洋島嶼研究中心，1998 年起再改名為「太平洋共同體」，1999 年高峰會後又再度更名為「太平洋島國論壇」（Pacific Islands Forum, PIF），目前成為聯合國與亞太經濟合作會議三個區域組織觀察員，每年召開一次元首高峰會，高峰會前先召開經濟部長會議。

2021 年 2 月，太平洋島國論壇質疑澳洲對氣候變遷議題領導態度，導致祕書長一職產生爭議，帛琉等 5 國強烈表達退出論壇之意，論壇團結第一次受到考驗。太平洋島嶼國家的「太平洋方式」類似東協國家，以共識和對話為前提，領導人重視定期的面對面會議和討論，由於極端

氣候問題嚴重關係太平洋島國生存與發展，太平洋島國殷切期盼澳洲承擔太平洋地區對抗氣候變遷的大國角色，在聯合國主動為其發聲並尋求支持，但澳洲過度依賴煤炭能源並持續批准開發新礦產的開發，且對氣候議題聲援不力，使得澳洲處理氣候變遷的領導能力備受質疑與猜忌。

(二) 組織運作

太平洋島國論壇從 1999 年改名發展至今，組織成員共有 27 國，主體工作極度仰賴澳紐聯合推動，除高峰會、祕書處與經濟部長會議外，常設機構太平洋島國論壇祕書處與其他各自獨立運作的 7 個專業機構如漁業與旅遊等組織，共同組成「太平洋地區組織理事會」（CROP），由論壇祕書長擔任主席。

廖少廉分析南太平洋的區域合作時指出，1989 年起，美、英、法、日本和加拿大等 5 國陸續出席論壇高峰會後的對話會議，其後，中國大陸與歐洲共同體也分別在 1990 與 1991 年先後加入，臺灣與南韓則於 1992 年與 1995 年受邀加入，接著，馬來西亞、菲律賓、印尼和印度先後受邀，論壇對話夥伴國已持續累增至 13 國，新喀里多尼亞、東帝汶與法屬玻里尼西亞等陸續被接納為論壇觀察員。論壇主要擴大並深化合作程度，2001 年通過《太平洋緊密經濟關係協定》和《太平洋島國自由貿易協定》，決定分階段建立「南太平洋自由貿易區」（SPFTA），並增加任駐中國大陸貿易代表。論壇財政預算主要由澳和紐各支付三分之一，其餘由各成員國平均分攤，同時亦接受對話夥伴國的援助，澳紐支援目前仍為論壇組織正常運作之重要憑藉。

二、建立合作機制

(一) 鞏固大洋洲基地

2006 年索羅門群島和東帝汶、斐濟接連發生動亂與政變，澳洲聯合紐西蘭等國派遣部隊和警察介入以穩定局勢，並對斐濟實施制裁。

2007 年 1 月，澳洲總理霍華德（John Howard）公開指責中國大陸和臺灣，提供不限定用途的發展援助給南太島國，嚴重阻滯澳洲協助其建立民主制度的努力成效，並增添澳洲北面區域的不穩定性，澳洲政府將向持續南太平洋島國提供龐大援助，推動「太平洋區域援助策略」（即南太夥伴計畫），設立南太民事和軍事夥伴中心，並積極修復與索羅門、巴新等島國關係，重申加強地區援索團和對東帝汶的安全承諾。

美國主管南太平洋事務的副助卿竭力呼應澳洲的看法指出，在南太平洋國家進行「金錢外交」，破壞當地政治經濟秩序，扭曲這些國家發展，也導致當地政權腐化，澳洲並自 2009 至 2019 年起，積極展開參與太平洋島國的各型組織會議與擴大交流巡訪，力求掌握並鞏固大洋洲邦誼。〔詳如澳洲擴大大洋洲巡訪大事記要表（2009-2019）〕

澳洲政要擴大大洋洲巡訪大事記要表（2009-2019）

時間	大事記要
2009.8	第 40 屆太平洋島國論壇首腦會議通過《凱因斯契約》。
2010.8	澳總理吉拉德出席第 41 屆太平洋島國論壇首腦會議。
2010.10	澳外長陸克文訪問巴新，巴新總理奧尼爾回訪澳洲。
2012.3	澳總督出席湯加國王葬禮，並順訪薩摩亞、吐瓦魯、吉里巴斯等 8 個太平洋島國。
2012.8	澳總理吉拉德出席第 43 屆太平洋島國論壇首腦會議，宣布撥款協助促進島國男女平等。
2013.3	澳總理吉拉德訪問巴布亞紐幾內亞，兩國聯合發表《巴布亞紐幾內亞澳洲新夥伴關係聯合聲明》。
2014.11	澳外長畢曉普訪問巴新。
2015.1	巴新總理奧尼爾回訪澳洲。
2015.3	澳外長畢曉普訪問萬那杜、庫克群島、基里巴斯和湯加。
2016.3	澳—巴新第 24 屆部長級會議在坎培拉舉行。 澳外長畢曉普訪問斐濟。

時間	大事記要
2016.9	澳總理藤博爾赴密克羅尼西亞出席第 47 屆太平洋島國論壇首腦會議。
2017.3	第 25 屆澳—巴新部長級會議。
2017.4	澳總理藤博爾訪問巴新。
2017.6	澳總督科斯格羅夫赴萬那杜出席瓦總統葬禮。
2017.8	索羅門群島總理訪澳。 澳外長赴斐濟出席第 2 屆太平洋島國論壇外長會議。
2017.9	澳總理藤博爾赴薩摩亞出席第 48 屆太平洋島國論壇首腦會議。
2018.4	澳—巴新第 26 屆部長級會議在布里斯本舉行。
2018.6	澳外長訪問帛琉、密克羅尼西亞聯邦和馬紹爾群島。 索羅門群島與萬那杜總理訪澳。
2018.9	澳外長佩恩赴諾魯參加第 49 屆太平洋島國論壇。
2018.10	澳外長佩恩訪問巴新。
2018.11	澳外長赴巴新出席亞太經合組織（APEC）部長級會議，澳總理出席亞太經合組織（APEC）第 26 次領導人非正式會議。
2019.1	澳總理莫里森訪問斐濟和萬那杜。
2019.6	澳總理莫里森訪問索羅門群島。 澳外長佩恩訪問斐濟、巴新、新喀里多尼亞。
2019.7	澳外長佩恩訪問庫克群島，赴斐濟出席太平洋島國論壇外長會議。 巴新總理馬拉佩訪澳。
2019.8	澳總理莫里森赴吐瓦魯出席第 50 屆太平洋島國論壇領導人會議。
2019.10	澳外長佩恩訪問索羅門群島和萬那杜。 澳總理莫里森訪問斐濟。

資料來源：筆者參考中國大陸外交部資料自繪整理。

(二) 擴大合作聯繫網絡

澳洲與紐西蘭同為南太平洋發達的先進國家，又是太平洋島國論壇的主體成員，有能力更有財力為周邊島國提供相對支撐與支持，並承擔

聯繫其他相關國際組織的責任，共同構築南太平洋的合作網絡、促進區域的平衡發展。1997 年在太平洋島國論壇下，以探討小國資源、技術人力、世界市場、全球性溫室效應與海平面上升等普遍問題爲主的次級團體「小島國家集團」（Smaller Island States, SIS）正式成立，共同急切呼籲澳紐等世界大國，協助爭取資源與支持，優先解決全球暖化帶給低窪小國的生存空間威脅問題。此外，西南太平洋地區靠近拉丁美洲的東南太平洋地區小國，也成立「南太平洋常設委員會」，該組織主要倡導爭取大國協助，聯合處理瀕臨太平洋海域國家共同面對的海洋問題。

1952 年該組織發布《聖地牙哥宣言》，之後並建立「南美洲進步論壇」（Prosul），共同倡導的經濟海域 200 海浬主張，被納入聯合國海洋法海域管理規範的共同準則。《聖地牙哥宣言》規定，南美洲進步論壇堅持的目標是，尊重各國差異和多樣性，持續對話和協調聯合行動，共同致力推動民主、自由和尊重人權，追求區域共同發展。

「太平洋島嶼領導人會議」專指美國發起的雙邊會議，每隔 3 年舉行 1 次，通過更密切的政治、經濟及文化關係，加強地區穩定和經濟發展，是美國在南太平洋區域的重點工作，日本則在 1996 年成立「南太平洋經濟交流支援中心」（現改稱太平洋群島中心），作爲日本促進和太平洋島國之間貿易、投資和觀光互動的平臺。

蔡東杰分析南太平洋區域組織發展時指出，1997 年起，仿效美國，每隔 3 年與太平洋島國舉辦「太平洋島國高峰會」，藉助各國領袖的共同指導，有效促進雙邊的交流與發展，2004 年中國大陸與太平洋島國共同成立「中國－太平洋島國經濟發展合作論壇」，雙方共同強調依「相互尊重、平等互利、彼此開放、共同繁榮、協商一致」的交往原則，共同促進區域的繁榮與發展，並積極尋求與美國的雙邊太平洋島嶼領導人會議結盟，2006 年臺灣召開「臺灣與太平洋友邦元首高峰會」，共同倡議能力建構、經濟發展與社會文化三大合作領域，並深化海洋民主聯盟、建立全方位夥伴關係，澳洲在南太區域組織的力度與亮度，既

是當然的主人,更是聯繫相關區域組織的主要樞紐,除了表達熱烈歡迎共襄盛舉外,更應發揮主動聯繫與協力促成緊密合作的熱誠,為區域發展做出最大的可能貢獻。

(三) 強化合作重點

1. 維護海洋發展

南太平洋地區除澳洲與紐西蘭外,多半是地狹人寡且發展受限的島國,海洋是其最重要的資源,1981 年 15 個國家和地區,共同發起簽屬非互惠性的《南太平洋貿易與經濟區域合作協議》(South Pacific Regional Trade Economic Cooperation Agreement, SPARTECA),澳洲與紐西蘭對相關島國特定產品,提供稅務減免或無限制市場准入待遇,協助促進其經濟發展,1982 年,南太各國在新喀里多尼亞設立「南太平洋地區環境計畫」,負責協調區域內的環境保護工作,1986 年底南太平洋論壇更通過「南太平洋非核區條約」,廣泛水域劃定為「非核化地帶」,禁止獲致、儲存或試爆核子武器,主要擁核國家前蘇聯、中、美、英、法等,都陸續加入簽訂。1984-1986 年間,就專屬經濟區與漁撈問題,南太平洋論壇與美國進行長期磋商,終於迫使美國於 1987 年同意付費進行有限度漁撈。

2001 年論壇高峰會通過《太平洋緊密經濟關係協定》與「太平洋島國貿易協定」,為實現貿易自由化,增加海洋貿易投資與就業及降低進口成本奠定基礎,以逐步邁向建立南太平洋自由貿易區。2004 年南亞海嘯慘痛經驗,促使亞洲和南太國家協同聯合國和國際組織代表,於 2005 年 4 月召開「亞洲減災大會」,決議落實《兵庫行動綱領》,就災害預警、預防和綜合管理進行持續交流和研討,2007 年南太多數國家在《國際遷徙物種保護條例》基礎上,進一步簽署通過保護鯨類和海豚協定,澳紐是島國各項海洋維護工作推動成效的主要力量,仍需持續協商合作共同促進,才能發揮島國海洋經濟最高效益。

2. 開創漁業旅遊資源

1979 年南太平洋島國論壇應會員國要求，由南太平洋論壇漁業委員會（FFC）於索羅門群島首府荷尼阿拉，成立論壇漁業局，強化漁業彼此合作，使區域內海洋生物資源利用達到最大利益，局本部設立祕書處，在《中西太平洋地區高度洄游魚類保護管理公約》框架內，負責提供國際市場鮪魚信息、經濟評估、管理入漁證等相關事項，並協調有效執行公約、提供法律服務，在維護漁業資源永續發展前提下，最大限度開發鮪魚資源。

2006 年澳洲、紐西蘭聯繫智利跨界共同倡議籌設《南太平洋公海漁業資源養護與管理公約》簡稱「南太公約」，2009 年 11 個會員國共同簽署後，祕書處設於紐西蘭威靈頓，2012 年相關漁業管理組織再行聯合擴大成立「南太平洋區域漁業管理組織」（South Pacific Regional Fisheries Management Organisation, SPRFMO），以聯繫對接「北太平洋鮪類及似鮪類國際科學委員會」（ISC）與「南方黑鮪保育委員會延伸委員會」（CCSBT）及「中西太平洋漁業委員會」（WCPFC）與「美洲熱帶鮪魚委員會」（IATTC）等廣泛太平洋漁業管理組織，共同保障海洋漁業資源的永續發展。

此外，由於旅遊業已成當前世界經濟增長的重要驅動力，南太地區擁有獨特的熱帶風情與多元文化，是旅遊重要資產，南太島國積極透過研討會、市場走訪等邀請旅遊業者調研，以共同推廣南太旅遊，發掘旅遊客源市場。

1986 年原名為南太平洋旅遊理事會的南太旅遊組織成立，總部設在斐濟首都蘇瓦，其宗旨在主導與引領南太地區旅遊企業持續興盛發展。旅遊業已成為南太島國的重要經濟支柱，中國大陸是南太重要旅遊大國，澳洲和紐西蘭早已是中國大陸公民南太旅遊首選，2004 年 4 月 20 日中國大陸加入南太旅遊組織，成為南太旅遊組織第 13 位國家（或地區）成員，更是南太旅遊組織第一個區域外大國，中國大陸的加入，

其作爲世界上最大潛在旅遊客源國的實力，將快速有效促進南太島國旅遊業的興盛發展，也將帶動其他更多的區外國家加入共同推動。

　　黃永蓮、黃碩琳共同分析南太平洋常設委員會漁業管理趨勢與影響時指出，南太國家工業發展前景有限，高度仰賴漁業與旅遊業維生，漁業與旅遊組織擴大聯繫與合作，將爲此區域國家提供最大經濟發展效益與助益，澳洲在 2004 年，率先宣布延長南太國家漁產無關稅進入計畫，2005 年又宣布延長南太國家部分服裝、手套、皮革和地毯手工藝品無關稅進入計畫，儘管南太平洋地區各國發展腹地有限，但透過澳紐等國家全力牽引與促進，並加上區域外國家的助力，及區域島國之間密切貿易互通，尤其在各種國際經濟協議框架加大聯繫與合作的加持輔助下，區域內的漁業與旅遊業資源合作與開發，將朝更多元更深化的方向與管道發展，綜效也將更加突顯。

貳、海域協作再平衡

一、中美協作平衡

(一) 澳洲中美態度調查

　　2016 年雪梨大學美國研究中心一項澳洲國民意項調查公布顯示，澳洲民眾認爲應與中國大陸維持緊密關係，更甚於美國。該報告共訪問澳、日、南韓、印尼與中國大陸 5 國，在受訪對象中，澳洲受訪者近 7 成認爲，中國大陸目前已在區域內占主導地位，近 6 成認爲中國大陸未來會取代美國，成爲世界領導強權。值得注意的是，對於中美態度的調查傾向，澳洲在意識形態上與美極端相近，但澳洲整體受訪者態度卻顯示，美國在區域扮演具傷害性角色，相較澳洲，日、韓則顯現較爲親美傾向，日本近 8 成受訪者認爲，中國大陸永遠都無法取代美國，成爲世界上最強大的國家。

　　日、韓同時傾向認爲，美國在區域內的影響是積極且正面的。對中

國大陸的態度，日本、澳洲顯現大不同，60% 日本受訪者認為，中國
大陸在亞太角色是負面的，澳洲對中國大陸持負面態度的僅占7%，中
國大陸對美國的態度則傾向視美國為競爭夥伴，這項調查整體反映出澳
洲人認為美國在亞太影響力正在下降，對美國同盟的支持也未必如政府
般的堅定，澳洲人認為日本人對中國大陸日益壯大的擔憂可以理解也情
有可原，但澳洲人在歷史問題、南海爭議上與日同調則很難想像。（詳
如澳洲中美態度調查圖）

中國未來將取代美國成世界強權	
國別	認同比例
南韓	56%
澳洲	53%
中國	42%
印尼	39%
日本	21%

澳洲中美態度調查圖

資料來源：筆者參考中時電子報自繪整理。

　　澳洲政府對中國大陸的態度卻與國內民意大相逕庭，尤其澳洲本
來承擔南太區域主要且重要建設項目，持續經營多年，近年卻因財政狀
況惡化，國際發展和對外援助金額被大幅削減，對太平洋島國的投入大
不如前，相對中國大陸對此區域日漸增長的經濟建設與投資，顯現相
對的失落與剝奪感，並引發澳洲政府官員、政客與輿論對中國大陸的
持續譏評與敵意，如澳洲國際發展和太平洋事務部長韋爾斯（Constanta
Feravanti-Wells）即於2018年對中國大陸發出批評說，中國大陸貸款給
予太平洋島國條件苛刻，並修建一些無用的建物和不知通路去向的道
路。

　　丁永康分析 1990 年代澳洲外貿政策調整時提到，澳洲《外交政策白皮書》對中國大陸頻頻表述敵意，國營電視臺更炮製抹黑中國大陸電視片，進而群體圍攻受到中國大陸政府影響的議員，一些政客也屢發不負責任的政治言論等，澳洲政壇爲了選舉私利，持續把矛頭指向中國大陸對太平洋島國的援助，蓄意採取對華偏執態度與言行，企圖左右選民意向，一些澳洲媒體更配合發表充斥整體偏見的報導，炒作中國大陸對澳滲透議題，顯見澳洲政府對於日漸崛起的亞洲中國大陸感到迷惘，陷入矛盾糾葛，進退失據，加上盟友美國外交政策的調整與強化，澳洲政府焦慮日深，導致內外政策失衡情況日漸顯著與擴大。

(二) 協作再平衡

　　協作再平衡終究還是美國在亞太甚至是印太區域最重要的指導，澳洲態度的超然與實力的驅使，較諸日本的定性與印度的飄忽，更是擔當促進印太區域協作再平衡的主要關鍵。2012 年 6 月美國國防部長潘內達（Leon Panetta）於香格里拉對話上發表演說指出，美國作爲一個太平洋國家，有必要強化對此區域事務的參與，並降低區域內的競爭對抗關係，以求得共存共榮的區域發展，美國「再平衡」的戰略意圖極力顯現，將亞太「競爭型」權力平衡局勢，導向一個「協作型」的權力再平衡狀態，美國因此特別重視再平衡戰略中的多邊架構，多邊架構的效益也將高度取決於共同規則的制定尊重與公平遵守而不是排他性。

　　美國以亞太區域穩定與安全爲前提，聯合亞太區域國家從同盟國到新興國家，甚至包含中國大陸，透過協商或溝通方式，共同對抗傳統與非傳統安全威脅，以求建立一個協作型權力平衡的亞太結構，澳洲全力支持美國更鼓勵中國大陸積極參與，是美國再平衡戰略不可或缺的主要支撐。美國強化美日、美韓、美澳與美菲軍事同盟關係，同時力促美日韓三邊同盟發展，並在菲律賓、新加坡、澳洲等地加強前沿部署，加快磋商駐軍或軍艦停靠等事宜，以尋求提升對南海和麻六甲海峽的監控能力。

　　Bostock 和 Lan 在評論澳洲國防白皮書提到，美國的前沿布署是支撐並保障協作型權力平衡亞太結構戰略目標實現的重要後盾，受區域互信不足的拘束，美國亞太再平衡戰略部署的協作效益雖受到侵蝕，但短期效益不彰，不能放棄長期協作發展利益，畢竟協商合作為核心策略的亞太再平衡政策，才是亞太區域共同利益永續發展的保證。

　　美國從歐巴馬政府推行亞太再平衡政策迄今逐漸成形的印太戰略摸索，美國同盟國扮演不可或缺的角色，其分量更逐漸加重與加劇，不僅能表示支持也能共同決定戰略取向。從北太平洋的美日、美韓同盟關係，經過南海的協商合作，再延伸到南太平洋的美澳同盟關係，甚至西擴協作美印聯盟，美國同盟角色都將更為強化。

　　黃恩浩評論美國亞太「再平衡」戰略下澳洲的戰略角色與回應時指出，從地緣政治的角度觀察，日本在美國再平衡戰略中的戰略角色，受歷史因素影響，畢竟仍僅限於東亞區域，而澳洲戰略地理位置，東西聯繫橫跨太平洋與印度洋，北與東南亞國協緊密相鄰，使澳洲在美國亞太乃至印太戰略中的角色定位，更顯珍貴與不可或缺。美國在全球的軍事戰略部署，受限於財力的大不如前，趨向縮減的方向不會改變，也由不得不變，儘管美國在澳洲北方加強部署兵力因應印太戰略的傾向不變，但駐日本沖繩的美軍，逐步向關島太平洋腹地收縮的壓力並沒有趨緩，美國當前國力與經濟向外張力畢竟不如冷戰後初期的巔峰，中國大陸雖一時仍無法超越，但雙方國力日漸逼近的事實不容否認，因此美國在印太戰略的規劃中，期望盟邦尤其是澳洲，能夠在印度洋與南太平洋間發揮支援的力量共同維持地區安全將更趨需要與迫切，澳洲為確保國防安全，致力經建發展，提高與中國大陸經貿交易籌碼，創造最大國家利益，澳洲更期盼在國防預算有限的背景下，能與美國共同建構協作型再平衡的印太區域。

二、澳洲具體實踐

(一) 擴大海域夥伴關係

　　1974 年澳洲與東協正式建立對話夥伴關係，並先後與馬來西亞、新加坡和印尼等主要東協國家，簽訂多項雙邊或多邊安全防務條約。印尼峇里島爆炸事件後，澳與印尼、馬來西亞、泰國共同簽訂反恐協定，並與印尼共同主辦地區反恐會議。2005 年，澳洲加入《東南亞友好合作條約》，同年 4 月，印尼總統蘇西洛率先訪澳，與澳簽署全面發展兩國夥伴關係框架協議，2006 年 11 月，澳洲外交部長唐納（Alexander Downer）訪問印尼，澳印兩國共同簽署《澳洲—印尼安全合作框架協定》，2009 年 10 月第 4 屆東亞峰會，澳總理陸克文獲邀出席，東協—澳洲—紐西蘭自貿協定於 2010 年 1 月正式生效。2011 年 11 月，首屆澳—印尼年度領導人會晤，在印尼峇里島舉行，隔年 3 月，在澳舉行首屆澳—印尼外交國防雙部長會議，2012 年 7 月，印尼總統蘇西洛再度訪問澳洲，與總理吉拉德舉行第 2 屆澳印領導人峰會，並發表聯合公報，重申兩國全面戰略夥伴關係。

　　2014 年 8 月，澳洲外交部長畢曉普（Julie Bishop）訪問印尼，雙方就恢復兩國間情報與軍事合作簽署諒解備忘錄，2015 年 3 月，越南總理阮晉勇訪澳，雙方決定加強全面夥伴關係，2016 年 11 月，澳越深化全面夥伴關係並簽署雙邊行動計畫，2017 年 3 月，澳總理滕博爾（Malcolm Turnbull）和外交部長畢曉普（Julie Bishop）同赴印尼，出席環印度洋聯盟峰會和外長會，2018 年 3 月，東協—澳洲特別峰會在雪梨舉行。2018-2019 財年統計顯示，澳洲與東協最緊密夥伴印尼，雙邊貿易額顯著增加達 178.4 億澳元，印尼成為澳洲第十三大貿易夥伴，印尼更成為澳洲發展援助最主要的接受國之一，2019 年 3 月，澳洲率先與印尼完成雙邊自由貿易協定的簽訂。（詳如澳洲與東南亞關係發展大事記要表）

澳洲與東南亞關係發展大事記要表

時間	大事記要
1974	澳洲與東協正式建立對話夥伴關係，並先後與馬來西亞、新加坡和印尼簽訂雙邊或多邊安全防務條約。
2005	澳加入《東南亞友好合作條約》。
2005.4	印尼總統訪澳簽署全面發展兩國夥伴關係框架協議。
2006.11	澳外長訪問印尼與印尼外長簽署《澳洲—印尼安全合作框架協定》。
2009.10	澳總理陸克文出席第4屆東亞峰會。
2010.1	東協—澳洲—紐西蘭自貿協定正式生效。
2011.11	首屆澳洲—印尼年度領導人會晤。
2012.3	首屆澳洲—印尼外交國防雙部長會議。
2012.7	印尼總統訪澳，澳印領導人第2屆峰會並發表聯合公報，重申兩國全面戰略夥伴關係。
2014.8	澳外長訪問印尼，雙方就恢復兩國間情報與軍事合作簽署諒解備忘錄。
2015.3	越南總理阮晉勇訪澳，雙方決定加強全面夥伴關係。
2016.11	澳越簽署雙邊行動計畫深化全面夥伴關係。
2017.3	澳總理和外長同赴印尼出席環印度洋聯盟峰會和外長會。
2018.3	澳洲—東協特別峰會。
2019.3	澳與印尼簽訂雙邊自由貿易協定。

資料來源：筆者自繪整理。

　　2020年澳洲總理莫里森在澳洲—東協峰會宣布，重新開展東南亞經濟發展和安全防衛援助計畫，一改2014年以來，持續削減援助東南亞經費作法，澳洲援助東南亞計畫，主要重點置於湄公河流域第5代行動通訊（5G）網路等科技建設，另外，安全防衛計畫方面主要用於軍事訓練、海事安全（maritime security）等訓練。澳洲與東南亞緊鄰的地理位置，使澳洲長期關注東南亞發展，特別是北鄰印尼與澳洲的關係，更是緊密複雜與敏感，印尼政經實力成長日趨顯著，又與澳洲擁有迥然

不同的文化背景，印尼曾經廣大但貧窮，現在逐漸發揮的潛力更不容澳洲忽視。

(二) 支持海域自由航行

2015 年澳洲國防部長安德魯斯（Kevin Andrews）一改以往就中國大陸有關事務「不選邊站」的態度，對南海問題強硬表態聲稱，澳洲將與美國和其他國家共同反擊中國大陸南海造島計畫，北京縱使在南海劃設防空識別區，澳洲爭議水面偵查不會間斷，澳洲維護和平穩定、自由貿易和航行的主張不會改變。

2015 年 10 月 9 日，中國大陸在南海華陽礁宣布，兩座大型多功能燈塔正式投入使用，越南對此表達抗議，澳洲與美國同聲警告中國大陸，並宣稱對維護南海海域航行自由的承諾不變。美、澳國防與外交部長二加二會談，會後發表聯合聲明，強烈關注中國大陸在南海填海造陸和興建設施，並呼籲所有主權聲索國，停止填海造陸與設施軍事化，兩國重申對於島礁主權爭議沒有意見，但警告會繼續支持航行自由權，並派機艦通過他們視為公海的區域，南海爭議澳、美立場一致，呼籲各方自我克制，不採取片面行動升高區域緊張關係。2016 年 1 月 31 日接任的澳洲國防部長佩恩進一步表示，澳洲約有 60% 出口商品海上運輸，必須經過南海，自由航行是國際法的共同規範，澳洲將持續與美國及區域夥伴密切合作，確保自由航行的權利，未來也是如此。

2016 年 2 月 20 澳洲外長畢曉普（Julie Bishop）接續表示，南海海域是重要的商業貿易必經路徑，尤其存在許多民航飛機及商船航行路線，南海聲索國應保證商業船隻與飛機正常巡航。針對澳洲時任國防與外交首長前後接連的聲明，澳洲前外長羅伯特卡爾（Robert Bob Carr）於同年 3 月 3 日受訪表示，試想，若澳洲單獨或協同美國強行闖入中國大陸長年控有的島礁海域，中國大陸將此行動視為繼續推進軍事化的契機，澳美又能如何，卡爾反話詢問口吻，似乎突顯澳洲機艦單獨或參與美國主導的巡航行由行動，將在戰略上十分冒險，澳洲另一著名國防專

家麥格雷戈（Richard McGregor）也支持此項觀點，澳洲終究非屬南海域內相關國家，澳洲自由航行焦點不應一直指向南海，而應包含整個印太區域，甚至全球商業航道，對軍事用途機艦的通行權更應依相關國際規定，強調國際照會無害通過，而不是肆意偵巡甚至抵近偵查。

參、建構海洋共同體

一、護持《聯合國海洋法公約》

(一) 主張適法判決

　　《聯合國海洋法公約》是當今國際解決海域爭議的主要規範，卻也是形成爭議的主要原因，尤其是 1982 年以前就已存在有主權爭議的海域，即出現一個歷史問題與如何自證與公證的問題。公約第 4 章對群島國的領海畫法和海上權利特別做了單獨規定，並對明顯不屬於個別主權實體所有的公海（國際水域）做了詳細規定，南海的爭議，主要出現在有關公海的規範，夾雜所謂島嶼與浮出海面及半掩半浮的岩礁歸屬問題，使公海適用於領海（水）以外、以下水體規範時，出現主權歸屬爭議而使公海認定困難或無法認定，中國大陸依據「九段線」劃定的南海版圖與南海島礁、是島嶼要件之爭還是主權劃界之爭，便成為國際海洋法爭議的焦點。

　　國際仲裁庭裁決中國大陸依「九段線」主張的「歷史性權利」，沒有法律依據，更以此連帶判定太平島是「岩礁」而非「島」，顯然是逾越法律的政治判決。仲裁庭曾於先前決議不裁決菲律賓「九段線」主張與《公約》違背的解釋要求，最後又推翻前決議直接否定「九段線」，不僅前後自相矛盾，顯然難脫背後有政治勢力操縱之嫌。仲裁庭明知對主權爭議與海洋劃界沒有管轄權，仲裁庭卻自行判斷「九段線」權利，並直接否定它的法律效益，「九段線」不僅沒有違反《公約》，並先於《公約》存在，《公約》內排除國際法慣例的「歷史性水域」概念，遂

行以《公約》否定九段線效力，顯然已踰越職權並違反法律公認不咎既往原則。太平島不是菲律賓原始 15 項訴訟標的之一，菲律賓在訴訟過程中補充太平島同列島礁的意見看法時，仲裁庭可否就此判決，即明顯存有爭議空間，何況仲裁庭認定菲律賓占據的中業島與西月島，及越南占據的南威島與北子島及南子島都不是島，也非原先訴訟標的，顯然仲裁庭不是錯判、誤判而是蓄意為之。

不過，南沙群島的島礁都判定為岩礁，在這些地物的 12 海浬外都可捕魚，也意外衍生另一公海範圍的爭議，判決突然是治絲益棼，既不公正也無公義。此外，《公約》最終解釋者國際海洋法法庭，依公約所規定程序設立的仲裁庭，不會是唯一的觀點，下一個組成的仲裁庭可能有不一樣觀點，對於相關證據認定，亦有很強的法自由心證，推翻前庭之判也不足為奇，對國際法的穩定性與公平性，尤其是法律止息紛爭的法益並未彰顯，反而侵蝕國際法庭仲裁的權威，這也是為何國際訴訟很少的原因，尤其更受亞洲東方國家與社會所排斥。

(二) 維護協商解決

南海仲裁結果出爐後，美日等國先後呼籲中方遵守，澳洲更警告表示，中方若不理會，將付出沉重聲譽成本，招致中國大陸反唇相譏並指名呼籲，澳洲等極少數國家，應學習尊重多數公正立場，不要自說自話與自導自演，把非法仲裁庭的非法結論，當成國際法，中方不是不尊重國際法，而是主張維護國際法的嚴肅性，聯合國與聯合國轄下國際法院亦先後澄清表示，海牙仲裁庭和南海仲裁案與其無任何關聯，足證南海仲裁案臨時仲裁庭組成和運作的合法性與代表性，都存有相當高且明顯的爭議，作出的裁決，欠缺讓人信服的權威性和公信力，不具任何約束力。澳洲前駐中國大使芮捷銳（Geoff Raby）表示，南海緊張局勢升級，不符合區域內任何國家利益，緩和南海緊張局勢的唯一方式是，讓所有聲索國各自選擇進行協商談判。芮捷銳更清楚表達說，澳洲的兩大政黨，都有與中國大陸發展良好關係的意願，這是兩國關係的重要支

撐，澳中關係僅靠領導層的變化，不會結束當前的緊張局勢，美國在地區是個正在消退的大國，澳洲不能一直追隨美國之後，澳洲將不得不在外交上，尤其是國際法的建制與維護上，進行較深層次且較具建設性的投入。

二、強化海洋經貿聯繫

(一) 印太經貿價值

澳洲與重要經貿夥伴中、日、印等印太國家，經濟基礎與運行都離不開印度洋與太平洋兩大航道，澳洲積極建構屬於自己特色的「印太」概念並強化其具體實踐，將有助提升澳洲在印太事務的積極性角色與地位，並深切符合澳洲國家利益。2013 年澳洲國防白皮書首度出現「印太」整合概念時，澳洲政府正計畫縮減國防整體開支，故澳洲印太概念的國防外交意涵明顯高於國防實際運作，2014 年澳洲出任印度洋海軍論壇與環印度洋區域合作聯盟主席國，澳洲主動投入印度洋馬航 M730 搜索行動案的國際協調，更同時加強與印度、印尼的國防外交聯繫。

2017 年澳洲《外交政策白皮書》，反應澳洲的「印太」戰略，逐漸偏向以美國為中心，以制衡中國大陸為主軸的美、印、澳、日四國安全聯盟，而 2013 年澳洲國防白皮書建構「印太」概念的初始意圖與戰略價值，則在於維護印度洋與太平洋的海洋經貿價值。全球有三分之二原油與三分之一貨櫃運輸，都需經過印度洋與太平洋航道，中國大陸、日本與韓國，更有 8 至 9 成原油需經過兩洋運輸，這種經貿聯繫反映建構「印太」概念之必要性與重要性。海洋航行自由問題是國際共同關注議題，南海的自由航行不是獨立可切割操縱的問題，更非只是東亞乃至東南亞的問題，而是關乎全球國際秩序續由強權操縱還是國際法規協商發展的嚴肅議題，需要全面全員共同協商解決。

(二) 暢通經貿航道

澳洲面對美國重返亞太政策的調整，顯現在澳洲的亞太戰略思維，澳洲一直尋求與中國大陸有利可圖的經濟合作，並以此來平衡美澳之間的戰略合作夥伴關係，其戰略關注焦點，即在經濟與政治上追求發展與安全的平衡。澳洲現在面臨兩洋地理位置的戰略意涵，比起冷戰時期的地緣戰略位置更形重要，當前澳洲地緣戰略的重點抉擇，乃在於連結能源豐富的波斯灣與印度洋和麻六甲海峽的北部地區，以保障東南亞和東北亞海上經貿航道安全與穩定。

據估計，全球貿易 40% 與能源運輸的 50%，須航經麻六甲海峽的國際航道，澳洲從印度洋連結到太平洋的戰略地理支撐概念，與美國印度太平洋區域（Indo-Pacific Region）重返的概念不同，卻息息相關，構建印太平臺，確保兩洋經貿航道暢通，是澳洲這個中等海洋國家戰略思維的重中之重，追隨美日圍堵中國大陸不應是澳洲印太戰略經營的重點，澳洲有必要在外交與安全政策上重新檢視，並力求有效適應中國大陸國力日趨強大的事實，澳洲國家安全與發展，仰賴海洋經貿的強力挹注與投入，沒有源源不絕的海洋經貿，就不會有可靠的安全與發展保障，任何強權都不能幫澳洲找到適合自己的戰略路徑，澳洲應掌握印太地緣暢通的契機，並關注權力轉移的情勢變遷，重塑澳洲特色的海洋經貿戰略文化主軸，為堅實澳洲中等強國奠基。

三、發展多元海洋體系

(一) 印太海洋概念

「印太」是個海洋概念，傳統亞洲則是陸地思維，亞太概念又忽略麻六甲海峽西邊的印度洋，印太三處海域孟加拉灣、麻六甲海峽與南海，是國際海權競逐的焦點，也是區域海洋合作的起點。2007 年日首相安倍訪印時，發表「兩洋交匯」演說，首度提出「印太」想念，促使

同年美印年度「馬拉巴爾軍演」，擴大成爲美日澳印四國與新加坡聯合參與的五國海上軍演，2012 年安倍再任首相後不久，進一步撰文主張美日澳印「安全保障鑽石構想」，力求沿著印度洋—太平洋區域建立一個「自由與繁榮之弧」，作爲印太區域安全力量的重要支撐。

澳洲鑒於馬來西亞總理馬哈迪主張東亞經濟圈卻排除澳洲的不愉快經歷，積極倡導並支持亞太經合組織（APEC）以「亞太」取代「亞洲」的組成與運作，讓澳洲的太平洋身分不再受到亞洲國家的干擾，2013年國防白皮書提及的「印太」概念，首度表達澳洲亟欲除去「亞洲」大陸概念對其不利的影響，並強化澳洲對於海洋的重視，支持印太概念的具體實踐，更將讓澳洲的身分角色，跨足印太兩大洋。2014 年印尼開始重視其橫跨印太地理位置的戰略意涵，進而促使印尼海洋戰略意識逐漸提升，印尼總統佐科威（Joko Widodo）據此提出「全球海洋支點論」，強調印尼擔當海洋文化、糧食主權、基礎設施、海上聯繫和防禦力量，是東協中最重要的海洋國家，2015 年印度海軍戰略重點受到印尼鼓舞與激勵，提出有別於 2007 年的「利用」海洋，變爲「保衛」海洋戰略方針，也使中印陸地邊界的爭議，逐漸轉移至印太海域交鋒。

羅里・梅卡爾夫（Rory Medcalf）在《印太競逐：美中衝突的前線，全球戰略競爭新熱點》指出，2016 年日印峰會發布共同聲明，似爲美國提出印太戰略作出先行預告，2017 年 11 月美國總統川普（Donald Trump）的亞洲行，一改華府慣例，以「印太」取代「亞太」（Asia-Pacific）用語，並開始轉變歐巴馬外交貿易重心，變成川普海域國防安全重心，強化美、日、澳、印四國爲核心的「四方安全對話」（QUAD），注重確保區域秩序的國際法規與自由航行權的維護主軸。2020 年中國大陸所主導的區域全面經濟夥伴關係協定（RCEP）完成簽署，印度受到美國印太戰略激勵，在 APEC 與 TPP 或 CPTPP 受排拒狀況下，仍然選擇退出，放棄加強與亞洲聯繫的平臺，使對發展中國家較爲有利，更是印太海洋概念重要實踐路徑的 RCEP 效益，受到嚴重削弱

與影響。（詳如印太海洋概念發展記要表）

印太海洋概念發展記要表

時間	國別	概念
2007 年	日本	首相安倍晉三首次上任，於訪印時發表「兩洋交匯」，提出「印太」概念，促使 2007 年「馬拉巴爾軍演」（Malabar Exercise）成為美日澳印四國聯合參與。
2012 年	日本	安倍晉三再任首相，主張美日澳印「安全保障鑽石構想」。
2013 年	澳洲	國防白皮書首度提及「印太」概念。
2014 年	印尼	印尼總統佐科威（Joko Widodo）提出「全球海洋支點論」。
2015 年	印度	海軍戰略重點，從「利用」海洋變為「保衛」海洋。
2017 年	美國	川普（Donald Trump）總統，以「印太」取代「亞太」（Asia-Pacific）用語，外交貿易重心變成海域國防安全重心。
2020 年	中國大陸	區域全面經濟夥伴關係協定（RCEP）簽署完成。

資料來源：筆者自繪整理。

(二) 印太海洋共同體建構

　　國際社會建構主義強調身分認同乃人類行為的重要推因，國與國之間的合作與衝突、敵友明辨的標準，隨身分認同的各種演繹而變。「印太」是一個正在發展中的建構概念，地域想像與民族國家共同體糾結，麥金德（Halford Mackinder）「地緣支點」（Geographical Pivot）與「歐亞心臟地帶」（Euro-Asia heart-land）的論述主張與概念，其實源於大英帝國擴張的想像，印太區域國家興起「印太」戰略意識，也交織經濟與安全共同體的想像，中國大陸 8 成進口原油與經濟產能，經由美國海軍勢力控領範圍的麻六甲海峽運輸，令中國大陸芒刺在背，備感壓力。

　　2010 年中國大陸面向世界開拓兩洋大通道的戰略構想指出，為突破美國海洋封鎖，中國大陸必需使兩洋出海大通道，位居國家戰略層面

重要位置，兩洋出海更是中國大陸完成海洋強國夢想的必經之路。「印太」海洋概念在經貿發展日益擴大且日趨成熟時，國際經貿國家都無法免俗，中國大陸勢力相形日盛，周邊國家尋求結盟應對中國大陸的抗中意識亦逐漸明朗，印太概念轉化質變爲抗中聯盟建構似乎無法避免，但須加強控管印太偏執取向也更形迫切，「印太」從想像的概念變成共同建構的現實問題，更須受到正視。美國擔心中國大陸削弱其世界影響力，澳洲希望享受中國大陸崛起之利，同時又歡迎美國協助制衡中國大陸，日印對中亦各有所圖，美、日、印、澳從模糊的抗中聯盟走向建構「印太」共同架構、進而爲建立相應的區域聯繫提供支撐，中國大陸印太想像亦促使中國大陸完成 RCEP 之建構，隨著印太發展，海洋競爭無可避免，海洋合作更有實質需求，各方船隊交織印太海域將成爲常態，爲控制海權競逐所形成的負面外溢影響，在建構觀念與思維主導下，如何促進印太相關利益方，共同建立定期進行印太海洋安全對話機制與規範，建構印太整體共同利益，澳洲的海洋身分與角色建構成爲重要關鍵。

肆、認同定向

上述有關澳洲前世今生的身分認同與角色定位及南海身分與角色的連結分析，可綜整如澳洲南海身分認同與角色定位分析表說明。

澳洲南海身分認同與角色定位分析表

角色定位（東方） 身分認同（西方）		澳洲東方角色定位		
		西方殖民 對抗角色	世界反侵略 角色	印太樞紐 角色
澳洲西方 身分認同	英國殖民 身分	大洋洲海域領導		
	歐洲移民 身分	海域協作再平衡		

角色定位（東方）\\ 身分認同（西方）	澳洲東方角色定位		
	西方殖民對抗角色	世界反侵略角色	印太樞紐角色
澳洲西方身分認同　澳洲民主聯邦身分	建構海洋共同體		

資料來源：筆者自繪整理。

　　澳洲身分認同歷經英國移民、歐洲移民與聯邦國民身分的轉換，逐漸改變西方殖民為主的身分認同，轉變為澳洲聯邦整體的國族認同，其角色定位隨著身分認同改變的同時，亦從西方殖民角色，轉變為西方價值為核心的世界反侵略與融合東方作為的印太樞紐角色，因而展現在南海身分認同與角色定位的期許，即顯現為大洋洲海域領導、海域協作再平衡與建構海洋共同體的主體身分與角色。

　　印太區域是 21 世紀美中競逐最具關鍵影響的地緣戰略場域，美中走向對立競爭而不是合作雙贏，是印太區域相關國家的重要警訊，當美國等國強調印太戰略國防安全效益時，北京自然認定為是圍堵中國大陸、抑制中國大陸發展的地緣聯盟。冷戰期間美國在亞太地區所建構的安全體系，不同於北約（NATO）多邊聯盟運作方式，主要是把其與日本、韓國、澳洲、菲律賓、泰國、紐西蘭等多個國家各自建構的雙邊同盟，組合成為一個協作互利的安全扇形體系，以維護共同利益。

　　1990 年蘇聯解體，冷戰結束，美國歐巴馬政府提出「亞太再平衡政策」，主要重點放在經濟政策與利益，並致力推動「跨太平洋夥伴協定」（TPP）的聯繫與建構，以因應冷戰結束後亞太經貿議題上升的需求，川普總統初任時，於亞太經濟合作會議（APEC）提到的印太戰略構想，也曾是以經貿合作為主要重點，2017 年 12 月美國提出印太戰略，轉而作為「國家安全戰略」整體的一部分後，2018 年「印太經濟願景」，2019 年，國務院的「印太願景」與國防部的「印太戰略報告」

接著相繼提出，美國對於印太戰略在安全、外交、經濟的對抗意識與拼圖日益突顯與強化。川普印太戰略的形成，深受日本應對中國大陸挑戰影響，對其在冷戰時代所建構之亞太安保體系經營方式，更是明顯的轉向，也是對其亞洲再平衡政策經貿合作重點的顯著偏移。

2007年日本提出美日澳印合組「民主鑽石」的「自由與繁榮之弧」時，除了防範中國大陸需求，區域反恐議題更是關注的焦點，2013年澳洲國防白皮書提出「印太」概念，也出現在中國大陸「一帶一路」計畫之前，故不論澳洲是調整美澳同盟外交與安全爲主策略，積極利用亞洲快速發展機會改善經濟結構促進經濟轉型，或堅持美澳同盟強化抗中意識與結盟行動，基於經貿導向而堅持自由開放與平衡的印太海洋戰略取向，仍是澳洲等中型海洋國家，應對中國大陸島礁軍事化與美國亞太戰略國安導向的重要戰略抉擇。

Chapter 5

澳洲國家利益

　　澳洲是殖民國家化的典型，更是由西方殖民形成的東方國家，具有西方身分，卻扮演東方角色，國家利益取捨常陷入矛盾與困境，林碧炤在國際政治與外交政策裡提到，現實主義主張者認爲，國家利益爲國際政治本質，爲決定國家對外行動準則，國家根據能力追求利益，事實和權力爲國家利益的基礎，外交決策標準是權力，不是一般道德觀念或個人道德標準，追求這種權力的國家利益觀點，可能更使澳洲增加取捨的困境，溫特等社會建構主義根據身分認同與角色扮演，所形成的客觀與主觀國家利益觀點，值得澳洲取捨參考。這種國家利益觀點，出自於本身需求和功能，爲再造身分的重要組成。這種需求本質是客觀的，一旦國家內化了這種身分，就能覺知本身的需求，並依據此種覺知採取相對行動。事實上，「身分」決定「利益」的思考邏輯，利益是前提，沒有利益主導，身分就失去動機，沒有身分，利益就失去方向。

　　大陸戰略學指出，國家利益構成要素，有領土與主權、安全與發展、穩定與尊嚴等，包括主觀與客觀兩種國家利益型態，國家利益更由文化體系結構建立，不同文化結構，形成不同國家利益，國家利益不是客觀事實問題，而是主觀目標期待，客觀的國家利益，是一種主觀行動的目標指導，具有因果必然關係，主觀國家利益實爲行爲體堅持的主張或「信念」，是國家安全指導方針，也是對外行動準則，亦即國家生存與發展的主客觀總成。

第一節　國家客觀利益

壹、發展安全利益

一、安全發展

(一) 國家安全戰略

　　澳洲國家安全是國家發展的保障，有效控管國家安全風險，才能促進國家發展的利益。亞太地區對澳洲的重要性，不僅限於國家安全層面，更包含區域整體利益，澳洲自獨立後，國家安全就長期依賴著亞太安全穩定與經貿發展。為了確保國家安全，外交結合經貿的結盟政策發展，為澳洲主要戰略考量。澳洲倚賴英美戰略結盟，深受澳洲文化認同與信任影響，獨立後外交結盟政策，主要以尋求「強大的朋友」與「公認的安全保障者」為目標，西方列強自是首選，先隨英國，再從美國，不令人意外。前澳洲外交部長艾文斯（Gareth Evans），在 1990 年代初期，即將中等國家認知，深化到澳洲的外交政策，與西方強權結盟傾向，成為澳洲戰略文化特質，澳美同盟據此成為澳洲在南太平洋與印度洋區域的安全主軸，Peter Shearman 在認同政治裡提到，1967 年，英國主動撤出蘇伊士運河，1969 年，美國發表「尼克森主義」（Nixon Doctrine）要求同盟國，確定能夠負擔起自身的國防責任，澳洲開始警覺自身力量的重要。

　　因此，在與中國大陸和美國之間的關係問題上，澳洲國家安全戰略應足夠確認，澳洲與美國的聯盟，不會損害澳洲與中國大陸的利益，澳洲可以自信的向北京表達，力求安全風險控管，是澳洲不可推卸的責任與義務。2013 年澳洲總理吉拉德發布國家安全戰略，強調網路防範為核心的地區介入與夥伴關係為今後三大優先目標，是 2008 年陸克文政府國家安全聲明之後，工黨政府首份視東亞為關注重點的國家安全文

件。這份 48 頁國家安全戰略，訂定四大目標發展，指出八大危險，並據此集合國家力量發展八大核心利益，主要指反對外國干涉，實施邊境保護，強化澳美聯盟，防止有組織犯罪，強化澳人精神，理解認知影響力，最後創建亞太地區轉移，應對非國家因素威脅，防範危險地區衝突，迎接全球挑戰等國家安全前景。

世界經濟及戰略重心逐漸東移，維護亞洲地區和平穩定與發展，成爲澳洲國家安全戰略首要目標。此外，世界日趨多極化與複雜化，亞洲國家國力日漸興起，自行掌控局勢的意識與能力亦相對強化，通過外交手段協商解決問題，將變得至關重要。針對澳洲國家安全威脅，吉拉德政府，特別強調網路空間的安全維護，將匯集各部門有效資源成立網路安全中心，防範政府部門、重要基礎設施如電力網路等的網路攻擊。（詳如澳洲國家安全戰略要旨分析表）

澳洲國家安全戰略要旨分析表

向度	要旨
三大優先	1. 提升地區介入。 2. 強化數位網路防範。 3. 建立有效夥伴關係。
目標	1. 維護和強化主權。 2. 確保人口安全和活力。 3. 維護國家財產、基礎設施和制度。 4. 促進有利國際環境。
危險	1. 間諜活動和外國干涉。 2. 發展中國家和脆弱國家不穩定。 3. 有敵意的網路活動。 4. 大規模殺傷性武器的擴散。 5. 嚴重的和有組織的犯罪。 6. 嚴重影響澳洲利益的國家衝突或威脅。 7. 恐怖主義和暴力極端主義。

向度	要旨
核心利益	1. 反對恐怖主義、間諜活動和外國干涉。 2. 邊境保護。 3. 促進有利國際環境。 4. 澳美聯盟。 5. 阻遏和擊敗攻擊。 6. 防止、發現和粉碎嚴重的有組織犯罪。 7. 強化澳人精神、資產、基礎設施和制度。 8. 理解和認知在世界與亞太地區影響力。
前景和重點	1. 轉移重心向亞太地區。 2. 妥善應對非國家因素威脅。 3. 有效防範危險地區脆弱性和衝突。 4. 自信迎接網路全球挑戰。

資料來源：筆者參考 2013 年澳洲工黨政府國家安全戰略要旨自繪整理。

　　國家安全戰略報告，是《亞洲世紀中的澳洲》白皮書的重點補充，再次確認亞洲的中國大陸，是地區和全球事務重要參與者，澳洲重申與中國大陸建立全面、建設性和合作的雙邊關係，澳洲、美國與中國大陸在地區安全和穩定，存有休戚相關乃至交織發展的重要利益，特別是無法有效切割的經貿發展利益，戰略競爭與國防力量增長，是衝突危險因子，關係深化與互利互賴網路，才是穩定安全因子，亞太地區現在以及未來的和平與繁榮，對地區所有國家或整個世界都有益，澳洲期待與中國大陸朝著這個目標，在雙邊關係廣泛的領域中繼續合作。

(二) 防衛網路

　　據《網信軍民融合》雜誌對澳洲網路戰略分析，澳洲國家防衛網路安全管理主要由總理內閣部、網路安全中心（ACSC）和網路大使三大支柱負責，總理內閣部為國家網路安全政策決策核心，對政府網路安全政策及《戰略》的實施進行綜合監督，國防部亞洲信號局（ASD）領導ACSC 運作，持續整合政府網路安全營運能力，外交貿易部任命的網路大使負責國際網路事務。澳洲政府於 2009 年和 2016 年，先後推出兩

版國家網路安全戰略（CSS），核心聚焦於尋求構建強大的網路防護能力，保障國家利益的網路與系統免受網路攻擊，與英國網路安全戰略相比，澳洲 2016 年再版的網路安全戰略，並沒有提及類似英國積極防禦與戰略威懾的能力建設，突顯網路防禦是戰略核心，重視構建全民網路共同應對網路安全威脅。

2009 年版強調，所有公民均能意識網路風險，確保本身計算機、身分信息、隱私和網路金融安全，2016 年版，提出網路智慧國家行動主題，將提高澳洲公民網路安全意識，納爲優先執行事項。網路化和資訊化急速增加，國家傾向高度依賴於一系列信息和通信技術（ICT），爲了專責管理網路實務運作，相應機構陸續成立，計算機應急響應小組成爲澳政府主要協調機構與平臺，負責促進公私部門合作，提供網路安全信息與建議及開展國家 CERT 組織合作等，網路安全中心負責爲澳政府提供全方位網路態勢感知，並協調政府機構和業界共同應對網路威脅，網路安全中心（ACSC）於 2014 年 11 月由原 CSOC 擴編而來，2017 年至 2018 年先後在布里斯本、墨爾本、雪梨等主要城市啓用聯合網路安全中心（JCSC），用以促進政府與業界、學界等之間的資訊共享和安全合作。

二、發展安全

(一) 強化國際建制

澳洲只有發展才是安全最佳的保障。美澳軍事同盟合作，有力保障澳洲成爲美國與亞洲各國建立發展聯繫管道的橋梁，更是促進國際安全與國際發展行動的重要支柱。William T. Tow and Henry S. 指出，《澳紐美安全條約》又稱之爲《太平洋安全保障條約》（ANZUS），在 ANZUS 條約下，三國誓言維持並發展獨自和共同抵抗攻擊的能力。

澳洲外交與國防政策，爲求有效建構國家安全環境，一直追隨並配

合強國全球戰略，1996 至 2007 年自由黨霍華德政府主政時期，咸信中美權力差距越大，澳洲越安全，專注配合美國共同圍堵中國大陸。2007 年工黨陸克文（Kevin Rudd）上臺後，國際社會變化迅速，中國大陸政經影響力快速崛起，澳洲國際安全與經貿面臨切割，與美國持續安全同盟，經濟則與中國大陸發展密切關係，以在崛起中國大陸與強大美國間尋求雙邊獲利，顯現在新版《外交政策白皮書》，則不再僅強調美國對區域安全的必要性，對中國大陸區域安全更多責任也同聲強調，更充分體認澳洲將在印太地區安全上承擔更大責任，在面對海上緊張關係時，應加強與美國聯盟，以應對中國大陸勢力不斷增長的風險。

2020 年澳洲總理莫里森（Scott Morrison）在「阿斯本安全論壇」遠端視訊演說，再次定調澳洲國家安全戰略首要目標，在印太地區建立持久戰略平衡，反對中國大陸以破壞國際秩序方式崛起，澳洲將積極尋求理念相近國家團結一致，共同採取行動，力求維持區域和平與發展。澳洲公布《2020 國防戰略更新》，強調與區域內國家同步深化國防與經濟合作，呼籲中美兩國都負有「特殊責任」，以維護正快速被磨耗的國際法規則，這些規則包括以維護體系為目的之大國協調、權力平衡、國際法、外交、戰爭的國際制度。

(二) 追求務實作為

1. 政策平衡

1983 年執政的工黨霍克（Bob Hawke）政府，立足於澳洲是全世界最安全國家論點，提出澳洲對外安全政策《Dibb 報告》，主張降低與美國的安全關係，力求自給自足、獨立防衛的戰略，認為美國是全球強權，利益散布全球，但沒有一個美國利益落在澳洲國土上，接任的基廷（Paul Keating）政府認為，印尼是澳洲關係最重要的國家，澳洲重視亞太經濟合作會議（APEC），積極巡訪東南亞鄰國，他們是澳洲與中國大陸間最重要的緩衝屏障。2013 年自由黨聯盟艾伯特（Tony Abbott）執政，國防部長約翰斯頓（David Johnston）表示，澳洲不需被

迫在美國和中國大陸間做選擇，我們與中國大陸的關係發展，可以維持與美國強大聯盟之間存在平衡，2015 年與中國大陸始終存在不斷齟齬的澳洲政府自由黨聯盟和中國大陸敲定自由貿易協定。

澳洲堅決反對中國大陸日趨激進的南海主權主張，2016 年 7 月國際法庭南海仲裁案後，自由黨聯盟的藤博爾（Malcolm Turnbull）與日本、美國發表聯合聲明，呼籲中國大陸遵守此一裁決，2017 年藤博爾宣布，防止外力干擾與影響澳洲政治正常運作的反間諜和外國干預法案正式開始運作，2018 年澳洲民意調查發現，澳洲政府允許中國大陸投資過多的比例急劇上升，根據 2007 年至 2018 年的投資數據顯示，澳洲經濟規模是美國十三分之一，湧入澳洲投資的中國大陸資本 900 億美元，卻是湧入美國 1,000 億美元的 12 倍。

克萊夫・漢密爾頓（Clive Hamilton）在《無聲的入侵：中國因素在澳洲》一書提到，2016 年至 2017 年的農業用地持有量也發現，中國大陸增加近 10 倍，成為僅次於英國的澳洲第二大地主。澳洲自由聯盟黨有別於工黨，對中國大陸的警惕有其一貫立場，在宣布修改《國家安全法》時，藤博爾套用中國大陸毛澤東主席革命成功的用語，以中文強烈宣稱，澳洲人民站起來了（Australian People Stand Up），大聲強調中澳必須互相尊重，澳洲必須堅守戰略平衡。

2. 合作倡議

蔡榮峰從阿斯本安全論壇演講分析澳洲戰略調整時提到，澳洲是亞太經濟合作組織（APEC）、太平洋島國論壇（PIF）的主要推動者與支持者及貢獻者，其視國際建制與安全密不可分，不支持侵蝕國際法並擅用軍事崛起、美國縱然退出多邊條約與國際組織，澳洲將在五眼聯盟、美澳同盟、五國聯防等現有安全機制下，著重務實關係發展，議題導向的合作方式將趨於明顯，特別注重科技優勢發展與掌握。

澳洲地理孤立，有利澳洲介入亞太地區權力衝突的平衡操作，維持國際建制的呼籲，與力求獨立自主的國防外交政策與作為。中國大陸是

澳洲第三大貿易夥伴，澳洲 30% 物資出口至中國，進口貨品 20% 來也自中國大陸，對中國大陸市場有深度依賴，與中國大陸保持密切往來有利經濟持續發展。另一方面，在 ANZUS 既有基礎上，強化與美國穩定的軍事合作關係亦至關重要，除可平衡中國大陸軍事及經濟力量，也有助於澳洲協商談判籌碼的累積。澳洲在維護戰略自主的立場上，提出歡迎中國大陸崛起的正面思維，在實質經貿利益遠高於政治安全虛無利益的考量下，澳洲並不須也不必跟中國大陸進行政治與軍事實際對抗，更不須輕易隨著日本印太構想起舞，徒然耗損澳洲與中國大陸長期經貿利益。

在國家發展利益前提下，最有利於保障澳洲安全，創造澳洲在亞太區域發展戰略自主性的環境，就是運用美澳安全結盟的基礎，協力促進一個和平競爭與和諧發展的中美關係、為澳洲與中國大陸經貿永續發展構築堅實屏障，並為印太區域周邊國家創造源源不絕的和平發展紅利。在美國轉向亞太、中國大陸擴張軍事的強權對弈棋局，澳洲保持自主彈性的戰略自覺與抉擇，是避免陷入美國海權合縱與中國大陸陸權連橫對抗的至當戰略行動。

前自由黨聯盟政府霍華德（John Howard）曾經指出，澳洲沒有改變其歷史和地理的選擇權，意味著作為一個身處亞太區域環境的淵源西方歷史的澳洲，可以保留其與英國、美國以及西方的緊密關係，特別是在安全、貿易和經濟方面的合作夥伴關係，也可同時與亞太區域周邊國家發展正常持久的關係，這種發展應是相向而行，相互成長，共同受益。亞太區域多邊機制和經貿關係，如東亞峰會（EAS）、跨太平洋夥伴關係（TPP），和亞洲太平洋經濟合作會議（APEC）等，就是在這種和平環境下發展的成功模式，這些多邊機制不僅可以解決爭端維持和平，而且可以擴大亞太地區經貿的繁榮與發展，進而使自己國家同樣雨露均霑、受益匪淺。

澳洲地理介於印度洋與太平洋區域之間，又是一個種族多元的國

家，在多數西方白人為主的社會，有著不少東方黃種人的面孔，儘管澳洲推動亞洲融合的腳步日趨進展，但西方本質的國家歷史文化仍是亞洲鄰國驅之不去的夢魘與隱憂，在歷史、文化與亞洲各國都不相容的處境下，孕育出澳洲在外交與安全政策，緊隨西方強權結盟的特殊戰略文化，也使澳中關係起伏不定，但澳美關係卻是固若磐石；因此，澳洲為美國印太戰略忠實盟友，美國毋庸置疑，中國大陸亦不致心存幻想，澳洲主動推動印太各類合作倡議，既不損澳美聯盟關係，卻有助經貿共同發展，值得擴大實踐，大力尋求發展。

3. 網路經濟

澳洲 2009 年明確網路安全戰略的目的是，維護一個安全、可靠和復原能力強的電子營運環境，從而促進澳洲的國家安全，並從數位經濟中最大限度地獲取收益。2012 年，澳洲首先與紐西蘭開展網路政策對話，積極發展網路經濟，促進公開、自由、安全的互聯網建立，並首次與商界和學術界聯合舉辦駭客競賽——網路安全挑戰賽（CySCA），成為澳洲唯一的國家網路安全競賽，致力於發現下一代網路安全專業人才。2013 年更參與共同簽署歐洲委員會《網路犯罪公約》，2014 至 2015 年持續與中國大陸、印度、日本和韓國等舉行網路政策多方會談，並於 2015 年加入自由在線聯盟，與 20 多個聯盟成員國建立合作夥伴關係，共同促進建立自由的互聯網。澳洲聯邦警察署更與印太地區各警察機構合作，共同制定提升網路能力的網路安全帕斯菲卡倡議，澳洲政府並就恐怖分子利用互聯網實施極端恐怖主義活動，持續與國際夥伴合作尋求創新偵察和防範作為，2016 年澳洲政府提出網路智慧國家主題，明確將網路安全不斷創新發展，列為行動主題目標，通過網路安全產品和服務開發與出口，創建一個充滿活力的網路安全行業，為網路安全與經濟發展提供互利成長的發展模式。

澳洲網路安全研究院（ACSRI）是首個由政府機構、私營部門和研究界，聯合開辦的戰略研究和教育機構，負責為政府關注的網路安全問

題提供支持，協調建立覆蓋全國的網路威脅響應機制，推動高技能專業人員培訓。網路安全不僅是國家安全，也是經濟安全，未來國家發展繁榮關鍵，是強大而充滿活力的在線經濟，積極網路安全行動，除改善國家網路安全，還可推動經濟發展和繁榮。

貳、自主國防利益

一、國防構想與途徑

(一) 本土防衛與國防自立（defence self-reliance）

1. 本土防衛

黃恩浩分析澳洲中等國家區域海上安全戰略與武力規劃時提到，本土防衛構想是澳洲工黨執政時一貫的主張，相對採取的政策途徑，則是國防自立取向。1971 年工黨的國防報告表明，追求國防自立與「大陸防衛」（continental defence）對澳洲有很重大的意義與必要性，1976 年工黨威特廉（Gough Whitlam）政府接續在國防白皮書清楚界定，國防自立不是走向武裝中立，而是指在澳美同盟關係中，澳洲將承擔更大的國防自主責任。1986 年工黨霍克政府的一份國防報告〔又稱迪普（Dibb）報告〕中，大膽判斷澳洲安全環境，認為沒有立即威脅，有充分的時間逐步建立高度的國防自主能力，這份報告更顯著指出，內陸防禦對澳洲的重要性，強調在澳洲國防戰略上，只要發展民事為核心的國防，堅實發展國家能力，就能有效嚇阻並拒止敵人對領土的侵略，不用強調與美國全球戰略一致的「前進防禦」。

澳洲民事為核心的國防政策，重點漸趨於國內災害防救為主軸的國防發展態勢，隨著澳洲「土烏巴號」（HMAS Toowoomba）巡防艦返國後，澳洲派駐海軍到中東的作法走入歷史，澳洲國防重點，除適度抗衡中國大陸區域擴張，主要投入澳洲本土救災。澳洲公布的《2020 國防戰略更新》（2020 Defence Strategic Update）指出，澳洲皇家海軍將

會比過去更聚焦於印太地區，並投入應付森林野火和 2019 年冠狀病毒疾病（COVID-19）危機。

　　黃恩浩在澳洲海軍撤出中東分析其國防焦點改變時指出，為了貫徹「加強介入太平洋」戰略，澳洲將主動限縮英、美、澳與中東國家合作，增加本土國防資源需求，推行維護貨運和油輪安全計畫的「國際海上安全建設」（International Maritime Security Construct）任務。澳洲自中東調回空軍，之後再撤出海軍，將國防焦點，移轉至印太地區，除了有抗衡中國大陸將南海軍事化舉動的戰略意涵，更有把國防重點轉用於本土需求發展的趨勢，2019 年冠狀病毒疫情在澳洲肆虐，執行旅館隔離和其他相關抗疫任務，即造成澳洲本土對軍方資源的需求增加。

　　2. 國防自立

　　2007 年工黨陸克文（Kevin Rudd）贏得大選，國防自立的概念再度浮現，2009 年國防白皮書，強烈表達澳洲不再全面支持美國全球行動，並要主動從阿富汗等地撤軍，評估中國大陸崛起為亞太地區主要威脅的同時，主張與中國大陸持續維持緊密的經貿關係，更強調澳洲未來在區域防衛內，將獨立自主重整軍備，然而格於國防預算大幅刪減的窘況與限制，又為了力求因應美國 2010 年開始進行重返亞太政策與再平衡戰略的轉變與需求，澳洲政府戰略角色再度陷入激烈爭辯，在安全獨立自主與轉向「再強化」美澳亞太戰略安全同盟關係出現矛盾與徘迴。

　　2009 年國防白皮書發表時，曾在澳洲國家評估辦公室（Office of National Assessments, ONA）、外交貿易部（Department of Foreign Affairs andTrade, DFAT）、國防部與當時澳洲總理陸克文（Kevin Rudd）之間，出現有史以來澳洲工黨政府有關部門最大的歧見，陸克文甚至直接干預 2009 年澳洲國防白皮書起草過程，以及決議要將澳洲海軍潛艦部隊的數量提升一倍。2013 年 5 月工黨吉拉德（JuliaGillard）上臺，國防白皮書不再視中國大陸為威脅，而是歡迎成為澳洲重要發展夥伴，重申美國是澳洲國防、安全、戰略布置基石的同時，轉而願意與北京利益

共存，突顯澳洲工黨政府在美中競爭關係間，堅守國防戰略自主與自立的一貫立場不輕易改變。

(二) 前進防衛（forwarddefence）與國防合作

1. 前進防衛

前進防衛構想主要是自由聯盟黨的主張，相對採取的政策途徑，是軍事結盟取向，積極彰顯軍事為核心的國防作為，全力追隨並配合領導強權作為。二戰後，澳洲以美澳同盟為國家安全戰略主軸，在 1996-2007 年澳洲自由黨霍華德（John Howard）執政時，澳洲將工黨時期的大陸防衛政策，調整回前進防禦政策，澳美戰略關係重回顛峰狀態，澳洲也將自己的戰略角色，主動定位為美國亞太區域的副手，將澳洲前進防衛構想扈從美國國防政策取向的意涵，發揮到淋漓盡致。

美國亞太再平衡擴大為印太戰略，主要任務在結盟抗衡中國大陸，澳洲又逢自由黨聯盟執政，為積極配合美國遏制中國大陸勢力擴張，《2020 國防戰略更新》針對解放軍穿越第一島鏈，重新定義「迫近區域」（immediate region），涵蓋安達曼海、南海、菲律賓海大片區域，國防預算規劃由 5 年拉長至 10 年，未來 10 年預算額度大幅增加 4 成，強化建立北澳軍事基地，持續在北印度洋及南海執行監巡，強化因應「灰色地帶」挑戰能力。

澳洲地緣戰略，是一個相對安全乃至高度安全的中等國家，只要處理好北方的印尼關係，其在國防安全上幾乎沒有天敵，前進防衛國防合作擴大國防建設利益競合，本土防衛國防自立利益共存保障經貿利益，孰先孰後，孰輕孰重，將攸關澳洲國家重大利益發展。

2. 國防合作

2000 年霍華德政府國防白皮書，持續強化與美國為主的軍事同盟關係，力求確保國家與廣泛區域安全，維持印尼、紐西蘭、紐幾內亞，東帝汶等鄰近國家的穩定與安全，作為澳洲在亞太區域的安全緩衝地帶。2003 年國防白皮書，因應美國反恐需求，擴大安全保障範圍，明

確強調要遏止國際恐怖主義與防止大規模殺傷性武器擴散，確保澳洲安全。

2005 年國防白皮書，澳洲再擴大強調整個亞太區域的安全與穩定，澳洲持續增加與美國軍事安全同盟的廣度與深度，除確保自我防衛安全需求，更納入區域整體防範，積極作前進布署。中國大陸崛起，對澳洲雖沒有帶來直接威脅，但在澳洲自由聯盟黨美澳軍事同盟的亞太安全架構下，澳洲持續優先強化與美國的安全戰略關係，並在美國主導下，加入美、日、澳、印共同抗中網絡，使例行四方安全對話，升級成重要戰略結盟，甚至東方北約傳聞四起，不僅四方聯合軍演，澳洲更大張旗鼓整軍經武，擴大國防預算，積極強化投資國防，更主動擴大迎合美國駐軍達爾文港需求，重新翻讀「五國聯防條約（FPDA）」戰略意涵，找出東協馬來西亞、新加坡兩個大英國協國家遭到攻擊時，澳洲出兵救援正當性與必要性。

澳、紐、英、加大英國協又與美國共組「五眼聯盟」情報交換組織，美、中兩國新冷戰型態，似逐漸喚醒重啟過去美、蘇冷戰設計的多方印太安全架構。

國防合作策略，曾是澳洲國防政策區域安全主軸，冷戰結束後的90 年代開始，澳洲積極與東南亞鄰近國家進行國防合作計畫，加強國防透明度與區域維合行動等，在與中國大陸的國防合作方面，也確立定期對話、高層互訪、裁軍對話與納入區域安全議題等信心建立措施（Confidence-building measures, CBMs），2001 年中國大陸解放軍軍艦造訪雪梨參加慶祝活動，中澳雙邊戰略諮商，國防白皮書發表前互作簡報等，對加強彼此了解、互信與合作，避免猜忌與對立升高，具有建設性的重大意義。美國冷戰後，減少亞太軍力布署，增強美澳軍事同盟關係，澳洲順勢強化國防合作，增進各國彼此信任，創造亞太安全環境減少衝突，有利澳洲經貿持續成長。

美國重回亞太強勢因應中國大陸崛起，澳中戰略磋商層次提高並保

持常態運作，是區域穩定與和平發展的必要之舉，區域安全多邊合作機制畢竟少不了中國大陸，將中國大陸拉進區域合作機制比排除中國大陸在外，對亞太穩定與和平的國際環境營造貢獻更大，除能確保澳洲與亞太區域安全，更能創造永續發展的經貿成長環境。（詳如澳洲國防構想與途徑分析表）

澳洲國防構想與途徑分析表

區分	構想	途徑	焦點	效益	作為
工黨	本土防衛	國防自立	本土	利益共存	民事國防
自由聯盟黨	前進防衛	軍事結盟	區域	利益競合	軍事國防

資料來源：筆者參考 BBC NEWS 資料自繪整理。

二、武力建置與運用

(一) 防衛建軍

澳洲國防戰略指導與國防軍編制架構，始終保持在防衛性質與和平任務，鮮有離岸攻擊或者入侵別國的擴張意圖。據中華人民共和國外交部所載分析，澳洲國家武裝力量為國防軍，兵役制度為志願役召募制，國防軍由陸軍、皇家海軍與空軍組成，在役官兵近 8 萬餘人，國防軍總司令人選由內閣提出，經總督委任，負責軍隊軍事戰訓行動，其他國防行政工作，由國防部負責。陸軍約 3 萬餘人，編成部隊司令部、第一師司令部和特種作戰司令部，皇家海軍 1 萬餘人，編成艦隊、戰略兩個司令部，下轄 14 個主要海軍基地，皇家空軍也約 1 萬餘人，下轄 11 個主要空軍基地，是當今世界上裝備最為精良的空軍力量之一，也參與美國共同研發最為先進的戰鬥機 F-35 閃電 II 戰鬥機並裝備有 72 架和其他飛機。

澳洲當前加強國防能力的基礎，起於 2009 年國防白皮書，該白皮

書重申，美澳聯盟在亞太存在的重要性，呼籲澳洲要在和平時期擴張海軍武器裝備，特別是建議要長期花費巨資，建造一支具有 12 艘新式柯林斯級潛艇（CollinsClass Submarine）的水下艦隊與 2 艘大型的坎培拉級兩棲登陸艦（Canberra-ClassLanding Helicopter Dock）及霍巴特級防空驅逐艦（Hobart-Class Air-warfare Destroyer）、波音環球霸王運輸機（Boeing CC-177 Globemaster）與升級澳洲超級大黃蜂戰機（Boeing F/A18 Super Hornet）等，力求構建最新型武力，填補可預期的武力空窗期，並適應新型態任務的需求。

(二) 和平運用

無核化是澳洲重要國策，特別指相關軍備籌建與運用，是西方落實此計畫的唯一大國。澳軍在美國和北約發起的各大型戰役中，曾參與過第一、二次世界大戰、韓戰、越戰、波斯灣、阿富汗和伊拉克等戰爭，並持續參與聯合國維和部隊在世界各地的救災和各地武裝衝突的維和任務。

東帝汶於 1999 年獨立時，澳洲受邀派遣維和部隊，平息公投後引發的暴亂，2006 年澳洲總理霍華德再度應東帝汶政府請求，派出維和部隊，協助平息東帝汶獨立以來最嚴重的暴力事件，澳洲軍事支出排名世界第十三，國防預算始終維持在 2% 上下，為因應印太區域新任務需求，2020 至 2030 年澳洲國防總預算，將擴增達 5,750 億澳幣，涵蓋傳統海、陸、空與新興太空與網路作戰及其他國防建設等八大領域，太空與網路戰，是建構不對稱與新型戰力兩大新領域，未來可能成為美、日、澳三角合作甚至美、日、印、澳四國聯盟發展的軸心，不過保持武力的和平運用，仍是澳洲建軍用兵傳統最高指導準則。

參、外交經貿利益

一、外交經貿合作

(一) 經貿導向

1. 政經分立

外交通常是政治的延伸，但外交碰到經貿需求，就常陷入掙扎與矛盾，澳洲的外交經貿是個顯例。1971 年澳洲一向堅持反共的自由黨麥克馬洪（William McMahon）政府，突然轉向表示要與共產中國大陸進行對話，尋求雙邊關係正常化，這個願望在 1972 年工黨威特廉（Gough Whitlam）執政後獲得實現，中國大陸當時急需澳洲小麥進口，加拿大率先拋開政治立場滿足中國大陸需求，澳洲希望中國大陸對澳洲亦採取政治與經貿分離方式處理，不要因政治關係影響經貿發展，中國大陸不僅從澳洲進口大量小麥，更策略性支持澳洲在 1972 年聯合國安理會臨時席次上的選舉。

Garry Woodard 對中澳關係分析提到，工黨威特廉執政從 1972 年至 1975 年，不離工黨經貿為主體的外交政策，擴大與中國大陸經貿往來，並積極為東南亞國家與中國大陸之間關係搭建橋梁，由於中國大陸主張改革開放的鄧小平上臺後，積極推行四個現代化，經濟發展急需鐵礦支援，澳洲因此成為中國大陸現代化過程中鐵礦的主要輸出者，1975 至 1983 年繼起執政的自由黨弗雷瑟（Malcolm Fraser）政府，澳中貿易關係開始變得更為廣泛，經貿關係效益逐步外溢擴展至其他領域，甚至拓展到雙邊的科學交流與技術合作關係。

2. 經貿外溢

1978 年澳洲自由黨政府外交暨貿易部主導與中國大陸成立「澳中理事會」，促進澳中民間相互了解與文化藝術交流，民間交流如同經貿交流一樣轉趨熱絡，雙方開始進行姊妹州與姊妹市的關係與援助計

畫，並簽署超過350項大學交流合作協定。1983年後，工黨霍克（Bob Hawke）政府執政，經貿發展關係繼續擴展至區域合作範圍，對中國大陸關係的層次亦進展至最高層級的雙邊關係，雙方共同磋商與合作領域亦擴及至柬埔寨、朝鮮半島、裁軍和軍控與亞太經濟合作等議題。

1986年澳洲與中國大陸進一步成立「澳中部長經濟委員會」，協調並解決雙方經濟合作發展相關問題，1987年中國大陸更簽署加入由澳洲和紐西蘭為主軸的《南太平洋無核區條約》（South Pacific Nuclear-FreeZone Treaty, also know as the Treaty of Ratotonga），澳洲政府也表達與中國大陸及南太平洋共同合作發展多邊關係。1989年天安門事件，雖曾一度中斷澳洲與中國大陸的經濟合作關係，但工黨基廷（Paul Keating）政府1991年上臺後，立即宣布取消對華制裁，採取更加務實互動政策與作為，在歐洲統一市場和北美自由貿易區相繼形成後，澳洲更力圖通過亞太經合組織（APEC），加深與亞太區域的經濟合作，總理基廷更呼籲美國在亞洲與中國大陸分享戰略力量，積極促請美國在亞洲策略上改變其看法，與中國大陸展開合作。

3. 經貿夥伴

1996年後，自由黨霍華德政府上臺，除延續工黨經貿強化路徑，繼續擴大經貿合作範圍外，並於1997年訪問中國大陸時，霍華德總理加入自由黨堅持的價值元素，向中共提議，建立雙邊次長級人權對話，獲得中國大陸首肯，澳洲因此成為第一個與中共建立人權對話的國家，澳方並宣布提供經援，協助改善中國大陸人權狀況。隨著中國大陸經濟快速發展，澳洲各項農工礦原料供給大增，中國大陸廉價民生用品亦為澳洲社會強烈所需，在經貿互補激勵下，雙邊貿易快速成長，澳中經貿關係日漸擴散與快速升級。

黃恩皓解讀澳洲2017年外交白皮書時提到，東北亞貿易量增長至澳洲對外貿易總額6成，澳洲為了維持貿易穩定成長，曾主動派遣西方國家第一個特使團，前往北韓斡旋，並多次聲明，中國大陸是北韓最具

影響力的國家，應扮演更為積極角色。此外，澳洲成為東協對話夥伴需要中國支持，澳洲區域安全活動更希望中國大陸協力促成，中澳除天然氣與能源合作外，中國大陸亦提供北京奧運部分工程及服務合約與澳洲擴大合作，2000 年澳洲外交暨貿易部成立「澳洲國際發展署」，提供中國大陸 14 項減貧援助計畫，協助中國大陸偏遠內陸發展，另外，也支持中國大陸人權技術合作計畫，促進司法改革，保障婦女與兒童及少數民族權益。2006 年澳中兩國簽署《澳中和平利用核能合作協定》和《核材料轉讓協定》，中國大陸獲進口約 2 萬噸鈾原料，一舉突破歐美對華貿易歧視瓶頸，促使兩國貿易與戰略能源夥伴關係亦更形穩固。

龐大的經貿利益，使澳洲並未在中國大陸崛起過程，敵視為亞洲權力平衡的主要威脅，澳洲不僅認同中國大陸是一個亞太區域強權，也是經濟共同體的重要成員，並積極與中國大陸合作，為維持中澳長期以來的經貿合作關係，2006 年美國國務卿萊斯（Condoleezza Rice）訪問澳洲，外交部長唐納（Alexander Downer）以澳洲經濟穩定發展為由，拒不接受美方有關中國大陸威脅論的看法與批評，似有意弱化傳統澳美軍事同盟連結。澳洲 2000 年、2003 年與 2005 年的國防白皮書先後反應，澳洲期望中國大陸共同維護美國建構的亞太體系，並共同處理區域安全與發展問題，澳洲因身處南太平洋的戰略邊陲地帶，對於中國威脅的認知遠不及美日，政策見解也顯現不同，加上為持續擴大中國大陸與亞太市場經濟，維續與中國大陸長久的經貿夥伴關係發展，仍是澳洲亞太政策優先的選項。

二、合作實踐

(一) 傳統聯盟

2004 年澳洲外交白皮書重申表示，澳洲基本外交政策，以澳美傳統聯盟關係為基礎，積極促進亞太地區國家經貿關係發展。2011 年 11

月 16 日美國總統歐巴馬訪澳，與工黨吉拉德總理共同宣布，在澳洲北部達爾文港部署 2,500 名美軍，進一步強化美、澳在亞太地區同盟關係。2012 年 11 月美國國務卿希拉蕊（Hillary Clinton）訪問澳洲，並與執政的工黨吉拉德（Julia Gillard）發表《AUSMIN 聯合公報》，強調《澳紐美安全條約》60 週年，象徵美澳同盟重要性，對南海主權則重申不預設任何立場，歡迎中國大陸發揮建設性角色，同時指出中國大陸崛起，是亞太地區安全不穩定因子，美澳同盟對此區域的安定有莫大助益，顯示長期被視為親中的工黨，在傳統聯盟的維續下，正朝扮演區域平衡的中性角色過渡。

范盛保分析澳洲外交政策時提到，隨著中國大陸軍力更迅速的發展，成為亞太區域軍事上與經濟上強國的意圖更趨明朗，澳洲外交政策開始密切關注中國大陸軍事擴張的影響，遏制中國大陸政策日漸趨同的跡象亦日漸彰顯。澳洲與中國大陸關係建立在樂觀的經貿利益期待上，但澳中經貿關係在美澳傳統聯盟制約下，澳洲縱然希望快速發展中澳經貿關係，但也不能不顧及政治與安全因素，在區域安全議題上，澳洲同美國一樣，甚至更迫切渴望，中國大陸是一個促進區域和平的角色，而非是一個區域平衡的破壞者，澳洲基於區域安全利益考量，終究無法排除美國傳統聯盟的吸引，經常表態支持傳統聯盟關係並適度投入聯合行動還是澳洲不得不的選擇。

(二) 澳洲主體

澳洲在維續美澳傳統聯盟與發展中國大陸經貿關係，逐漸形成澳洲主體意識力量的不可或缺。二次大戰後，澳洲共同成為聯合國創始會員國，敦促各國共同恪遵並實踐人權與自由、公平與正義及民主與法治普世價值，並積極參與聯合國在世界各地之維和任務。1971 年，澳洲簽署五國聯防（FPDA）協定，藉軍事聯防，發展經濟，擴大自己在東南亞地區的影響力，努力朝名符其實的中等強國目標邁進。

澳洲國家利益

Garry Woodard 指出，澳洲憑藉與歐美強國的盟邦關係與身分，積極開拓亞太地區國家之雙邊與多邊合作渠道，尤其不忘關注周邊南太平洋國家之政經發展，顯以區域和平穩定與發展之主導角色自居，2019年贏得大選後的莫里森總理，首次出訪選擇南太平地區的索羅門群島時表示，太平洋地區是澳洲戰略前瞻的中心和前沿，也是澳洲廣大的戰略後院，澳洲是大洋洲島鏈的中心，更是印太區域的核心，澳洲對外援助重點優先集中於南太島國和東南亞國家，更藉積極參與全球和地區熱點問題，提升國際影響力，著力推進自己成為極富創造力與領導力的中等外交大國。澳洲是大英國協、聯合國、20 國集團、《太平洋安全保障條約》、經濟合作與發展組織、亞太經合組織及太平洋島國論壇的主要發起國或核心成員，熱心支持推動與創新聯盟組織。

1914 至 1918 年第一次世界大戰，澳洲參與反侵略聯盟，第二次世界大戰，澳洲又挺身站在反侵略一方，參與盟軍所有對抗軸心侵略國家的戰役，太平洋戰役更使戰火緊逼澳洲國土，日軍不僅第一次空襲達爾文港，海軍亦進逼至雪梨市海灣，冷戰期間澳洲加入美國領導的自由世界，共同抵抗蘇聯為首的共產奴役集團，冷戰瓦解後，澳洲更長期、多方參與聯合國在全球各地之維和行動，成為聯合國維和部隊之忠實主力，稱為世界和平軍或正義軍亦不為過，此外，澳洲對於歐盟（EU）各項先進環保、地球暖化與綠能科技產業之響應及合作亦頗為投入，在國際事務與區域和平議題上與歐盟方向始終一致，澳國更成為多類國際聯盟活動的支持者與倡導者。

2013 至 2014 年，澳洲在南海航行自由與中國大陸設置東海防空識別區等問題攻擊中國大陸，卻在 2014 年宣布與中國大陸雙邊關係提升為全面戰略夥伴關係，2015 年 5 月澳洲外交部長畢紹普（Julie Bishop）呼籲中國大陸不要劃定南海防空識別區，總理滕博爾（Malcolm Turnbull）在同年 9 月將中國大陸在南海的維權行為稱作「擴展勢力範圍」，卻同時以創始成員國身分加入亞投行。

　　2016 年 2 月國防白皮書對南海填海造陸表示嚴重關切，並指責中國大陸劃設東海防空識別區，同時卻又高度評價，中國大陸的發展給印太國家帶來機遇，對地區和平穩定起著關鍵作用。澳洲政府從 2003 年霍華德（John Howard）政府到 2017 年滕博爾政府，顯現一個重要且明顯的轉變，澳洲身分角色定位，從一個歐洲國家轉變成為亞洲國家，並逐步跨越兩大洋視野，成為印太國家的身分角色，外交政策從議題批評中國大陸開始，又終止於肯定中國大陸整體表現，進而再從平衡中美兩強焦點，逐漸轉向美國為首的圍堵中國大陸聯盟傾斜，從而淡化區域中型國家「中樞」角色。亞太區域國家，整體希望分享中國大陸崛起的經濟外溢效果，也渴望美國的安全傘保障，澳洲維持平衡而不傾斜的澳洲主體政策，在北京與華府之間充當中間人角色，仍是化解未來中美衝突謀求區域平衡發展的主要力量。

(三) 經貿聯盟

　　1970 年代初期後，美國對中國大陸政治傾斜，促使澳洲調整其傾向西方強權的國家戰略，開始關注亞洲身分與角色，80 年代後，澳洲積極拓展同東亞以及東南亞國家的關係，與亞洲國家交往日趨密切，中澳兩國經貿關係更成為澳洲經貿融入亞太外交合作的重要推手，也間接促進中澳兩國政治關係在震盪中日趨改善與緊密。

　　美澳同盟關係日益鞏固時，澳中經貿關係也同步加溫，更由於中國大陸經濟快速發展，廣大市場潛力吸引世界各國尤其亞太周邊國家大力投入，現代化發展加劇海外能源及礦產需求，澳洲作為世界主要能源礦產生產和出口國之一，與中國大陸合作存有不可抗拒的吸引力與潛力，澳洲與中國大陸經貿能源合作夥伴關係，更是促進亞太經濟發展合作的主要推力，1996 至 2007 年自由黨聯盟霍華德（John Howard）政府的外交白皮書強調，外交要符合最基本的國家利益，即提升澳洲國家安全與人民工作機會及生活水平。

Gallagher, P. W. 提到，自 1997 年開始，中澳展開人權對話，探討人權問題，澳洲立場尊重人權普世價值也關注人權觀點分歧的正常現象。2007 年上臺的勞工黨陸克文（Kevin Rudd）被稱爲中國通，主張中國大陸應了解西方立場與觀點，避免僅用「反華」與「親華」字眼簡單劃分西方成兩個陣營。2015 年中、澳完成「自由貿易協定」（FTA）簽署，2017 年《外交政策白皮書》發表，澳洲總理藤博爾在前言表示，相較以往任何時候，澳洲更加必要堅定獨立主權，對自己安全與繁榮負起責任，不能依附任何國家。

澳洲政府一直致力於推進全球貿易的自由化發展，澳洲不僅熱衷倡議多邊經貿合作發展組織，更積極與相關國家簽訂雙邊經貿合作發展協議，如與美國簽署澳美自由貿易協定，與紐西蘭簽有緊密經濟合作協議，與日本也簽訂多個雙邊自由貿易協議，澳洲長年支持聯合國和多個國際組織援助計畫，鼓勵中美雙方經濟緊張關係，不會波及雙方戰略競爭關係，或有損國際多邊貿易體系，更希望促進中美達成某種地區自由貿易協定，降低緊張經濟關係，最大化地區經濟增長效益。

中國大陸經濟更趨自由化和市場化，有利於降低經濟競爭風險，透過經常性「亞太經濟合作會議」與「跨太平洋夥伴全面進步協定」及「區域全面經濟夥伴協定」之洽簽，鼓勵多方洽簽自由貿易協定，促進區域經濟整合，將更進一步深化澳洲在亞太地區政經結構性影響力。

三、經貿外交發展

(一) 經貿基石

宋興洲在分析區域主義與東亞經濟合作時提到，亞太經合會（APEC）帶給澳洲四分之三的出口收入，澳洲超過一半以上投資於此，更使澳洲每年接受 40% 亞洲移民總數，這些事實促使澳國積極致力於建立合作的亞太區域架構，除 APEC 外，尚有東協區域論壇（ASE-

AN）與太平洋經濟合作理事會（PECC）。首屆亞太經合會，即由澳大利亞工黨總理霍克（Bob Hawke）發起召開，澳國在自由主義貿易、互利、不歧視等原則所形成的「開放性區域主義」，發揮相當大貢獻，1994 年在印尼茂物（Bogor）會議上，開放貿易共同移除經濟合作和整合障礙，自願達成亞太地區自由貿易和投資的「開放性區域體系」觀念正式宣告成立。

澳洲透過多邊、區域和雙邊外交促進其利益，而雙邊經貿關係發展，是澳洲外交主要基石，與美國、日本、中國大陸與印尼之雙邊經貿關係，即被澳洲視為 4 個直接關係到澳國經濟與安全利益，最重要的雙邊關係，美國因素澳洲認為不可或缺，也認為與美國同盟，是澳洲確保並擴大其經貿國家利益最重要的保障，確保美國繼續與本地區進行建設性交往，是澳國最重要政策目標。

澳洲與日本則有戰略、政治與經濟利益多重實質聯盟關係，其中日澳經貿關係，是重中之重，中國大陸在亞太地區與全球政治及安全影響，隨中國大陸經濟體量與潛力快速提升而擴大，中澳必須互利、互敬以確保雙方利益不斷增長，並藉此持續厚植澳洲國力。澳洲 60% 出口需通過印尼水域，印尼對澳洲極具戰略價值，經貿關係更是緊密，印尼是澳洲臨國面積與人口最大國家，澳洲始終不敢輕忽，澳洲外交特別強調，以重要議題與印尼建立聯合陣線（coalition-building），特別是國際經貿議題的聯盟，作為增加澳國影響力與經貿談判籌碼之重要手段。

黃恩浩在探討澳洲與臺灣在南海議題合作可行性時提到，澳洲由於地理位置及國力無法與強權相較，因此外交政策向來保持較為溫和的態度，除常態扮演中間第三者角色外，特別有利經貿外交型態之開展，尤其是關係各國利益均霑的重要議題或組織倡議，如澳洲外交部長畢曉普曾在香格里拉對話（又稱亞洲安全會議）中表示，海上邊界糾紛澳洲不會偏袒，南海海域爭端澳洲更沒有刻意偏袒任何一方，海上邊界爭端如果發生，澳洲認為應按照國際法和基於規則的國際秩序和平解決，確保

和平協商是澳洲最大的期望，保持航海自由也永遠是澳洲堅守的基本原則。

(二) 主動經貿

1987 年澳洲外交與貿易部合併，成為外交事務暨貿易部，顯示澳洲對於外交的看法與作為，採取較為主動甚至具有前進發展意涵的經貿外交意涵，將外交經貿利益緊密結合在一起，甚至經貿利益超越外交利益，成為外交政策核心，進而採取主動積極的經貿外交。澳洲外交向來堅持開放多邊主義（multi-lateralism），強調體系穩定及國際合作，對經貿外交更是情有獨鍾，加上經濟特別依賴亞洲周邊國家，被亞洲接納更被視其外交努力主要方向。

二次戰後，每年約 10 萬移民進入澳洲，大量勞動力與熟練技術，使澳洲工業尤其是製造業獲得巨大進展，新的重要工業部門與類別紛紛出現，如石油冶煉與化工、造紙與塑膠、汽車與家電、鋼鐵與有色金屬工業等，傳統農牧業經濟優勢持續擴大，礦產開採發展更形快速，貿易出口逐漸擺脫英國與歐洲，開始導向太平洋地區為主國家，日本與東南亞國家取代英國，成為主要貿易夥伴，1972 年，多元文化並容納新民族成為主流，與新中國建交後，中國大陸迅速發展成為第五大貿易夥伴，2018-2019 年澳洲前十大貿易夥伴排名，幾乎全由亞太區域國家囊括，其中中國大陸更已躍居第一，而且大幅超前位居第二的日本，幾乎是其他各國的總合。（詳如澳洲前十大貿易夥伴排名）

澳洲傳統上即以經貿利益，作為國家對外發展最高指導原則，1971-2007 年，澳洲政府歷經福瑞澤、霍克、基廷、霍華德到陸克文的領導，澳洲與紅色中國為主的經貿利益發展關係，為澳洲經貿外交樹立特色典範，澳洲為世界上最無安全顧慮的國家，幾乎不會有別的國家對其領土產生野心，美國等西方盟友或列強不會也不曾傷害澳洲，成為澳洲務實考量中國大陸等東方國家顧客需求的戰略基礎。

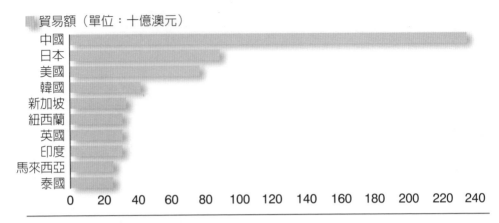

2018-2019 年澳洲前十大貿易夥伴排名

資料來源：澳大利亞外交貿易部。

　　據范盛保前述澳洲外交政策分析，2015 年，澳洲與中國大陸簽署「自由貿易協定」，之後，又率西方國家之先，加入中國大陸主導簽署的區域全面經濟夥伴關係協定（RCEP），持續深化澳洲經貿外交緊密連結的傳統。澳洲曾力圖與區域國家開拓更多貿易管道，以減少過度依賴中國大陸市場的風險。不過，澳中貿易額比澳洲與其他國家的貿易總額還多，短期內恐難轉移對中國大陸的經貿依賴，澳洲外交經貿緊密結合，不僅是外交政策核心，更是外交無法擺脫的主體。

　　1945 年以前澳洲大都由工黨執政，二次世界大戰後，國內經濟貧困工黨政府被迫下臺，自由與鄉村黨聯合於 1949-1972 年連續執政，全力推動澳洲經濟發展，澳洲許多產品在國際上名列前茅，美日成為澳洲重要貿易夥伴。1995 年經貿利益成為澳洲外交政策的優先考量，澳洲外交暨貿易部部長柯斯蒂羅提到，澳洲外交議程將日益由經濟與貿易相關議題主導，隨著國內經濟赤字日趨惡化，貿易掛帥的情況將會更加明顯。

　　2020 年澳洲統計局（ABS）發布國民會計帳（National Accounts）

統計指出，澳洲經濟受新冠疫情影響，財政部長弗萊登伯格（Josh Frydenberg）表示，澳洲連續 28 年的經濟成長雖正式告終，但是仰賴出口淨成長，澳洲經濟表現尚可，較諸英、法、德、美等國爲佳，在全世界都受疫情影響而陷經濟嚴重衰退時，澳洲仍有出口淨成長表現，澳洲依賴外貿的程度不容輕忽，尤其若進一步探究澳洲淨出口成長結構，中國大陸的比重更會令澳洲堅守主動經貿的戰略意涵。

(三) 優勢經貿

1. 產業

礦產、教育與旅遊相關服務等是澳洲最主要輸出項目，主要出口國依序爲中國大陸、日本、韓國、美國等，個人旅遊服務與小客車等則爲主要輸入項目，主要進口國依序爲中國大陸、美國、韓國、日本等，中、美、日、韓爲澳洲主要輸出入國家，中國大陸又始終位居澳洲輸出入口之首位。澳洲不僅是工業化國家，農牧業在國民經濟中亦占有重要地位，是世界上最大羊毛和牛肉出口國，也是世界重要礦產品生產和出口國，經過經濟結構不斷調整，2017-2018 財年，服務業產值已躍居國內生產總值 76%，成爲國民經濟發展最大支柱產業。礦產資源開發、畜牧業與乳畜業、旅遊觀光與中高等教育等收益，是澳洲收益主要來源，澳洲已發展成爲全球第十三大經濟體，人均國民生產總值排名世界第九，並被瑞士信貸集團列爲世界財富中值最高的國家。

1970 年起，澳洲就不斷進行一系列經濟改革，1990 年後，經濟年均增長率，在經合組織國家中始終名列前茅，澳洲礦業高度仰賴國際大宗商品交易市場，並隨其緊密波動，近年隨著國際大宗商品價格日趨下降，礦產業榮景消退，經濟增長有所放緩，連帶拖累公共財政壓力持續上升。但澳洲擁有全球第五大金融產業，金融體系健全平穩，不僅監管嚴格且宏觀調控得宜，在國際金融危機中始終表現不凡，澳洲產業鼎盛，不僅是南半球經濟最發達國家，也是世界經濟最發達的國家之一，旅遊觀光業的發展更不落人後，除全球名列前茅，更是遠景可期。

2. 市場

國際貿易為澳洲深度依賴，主要貿易夥伴集中在亞太區域，20世紀80年代以來，澳洲海外投資持續增長，截至2018年12月，澳洲在海外投資累計已達2.5萬億澳元，主要投資對象集中在美、英、紐、日等經濟已發展國家，經濟發展中國家的焦點則放在新興的中國大陸，外國在澳累計投資，更超過海外投資，達到3.5萬億澳元，主要來自美、日等先進國家和國際較大資本市場，主要集中在金融保險與製造及採礦等行業。

澳洲自然資源豐富，森林覆蓋率達21%，捕魚區面積比國土面積多16%，是世界上第三大捕魚區，又盛產羊、牛、小麥和蔗糖，光計礦產資源至少存有70餘種，其中經陸續探明證實的鈾與鎳、鉛、銀、鋅、鉭等稀有金屬經濟儲量更居世界首位，鋰礦生產亦不遑多讓，黃金、鐵礦石與錳礦石及煤的產量也居世界前列，澳洲礦產資源除藏量豐富，煙煤與鋁礬土、鑽石與鋅精礦的出口是世界最大，氧化鋁與鐵礦石及鈾礦出口世界第二大，黃金和鋁世界第三。澳洲為經貿強國，是世界六大礦產資源出口國之一，占澳洲經濟五分之一的農業，由於嚴格的檢疫控管，不僅有助維護生物多樣性，更有利澳洲自然生態環境保護，也使澳洲擁有十大農產品出口國的美譽。

澳洲是亞太地區最大、最發達的金融服務市場之一，2010年，澳幣成為全球第五大流通貨幣，正式取代瑞士法郎的國際地位，澳洲金融業銀行總值僅次於中國大陸和美國，是世界第三高，西太平洋銀行、澳洲國民銀行、澳新和聯邦銀行四大金融集團的市值，甚至超過歐元區所有國家所有銀行的總和，影響世界金融走向的實力不容小覷。

3. 科技

澳洲科學技術在能源利用、醫學與化學、農業與畜牧業及市場資源管理等領域貢獻卓著，有口皆碑。醫學領域上的腦神經科學、人類器官移植與專研細菌、微生物的免疫學等方面研究與利用，位居全球領先國

家之一，1932 年澳洲科學家馬克‧奧利芬特（Sir Marcus Laurence El-win）率先發現核融合程序，使澳洲成為核融合科技的最原始發源地，1950 年代早期，澳洲國立大學（ANU）優先成立電漿核融合研究機構，ANU 校內的 H-1NF 更形成全球核融合與電漿研究重鎮，也是南半球唯一核融合研究設施。澳洲也是全球利用太陽能能源最為廣泛與先進的國家之一，1990 年代後，澳洲反核政策陸續發酵，為取代核電廠的核能利用，澳洲政府在全國大量興建太陽能與風力發電廠，率先大力倡導太陽能與風能等綠色能源的開發與利用。

　　澳洲深受工業革命發源地英國的影響與啟發，二戰後即大力興建眾多重工業企業，第二大城墨爾本工業與高科技企業雲集，是世界上第一個使用太陽能動力供給交通號誌的現代化城市，並儲存太陽能供應路燈電力的城市，夙有南半球矽谷之美稱，多家世界級的科技公司總部選擇設立於此，第一大城雪梨，則為大多數金融、貿易、高端服務業、旅遊業的大型公司總部所在地。

　　澳洲的農業與畜牧業，運用最先進的現代化設備，擁有組織嚴謹的管理體系與制度，在農作物培育、養殖漁業與牲畜飼養等方面累積大量科技成果，並保有頂尖的無汙染培植飼養環境，農牧業發展成為國家最重要的支柱產業之一，更值得稱道的是，澳洲在海洋生物技術的研發與運用成效，不僅在全國設立多個海洋生物研究機構強力支撐海洋研究發展與開發，生物科技領先全球並屢創佳績，成為諾貝爾生物研發獎項的常客與熟客，足為澳洲海洋國家發展提供最堅實的科技支援後盾。

第二節　政黨主觀利益

壹、政治體制利益

一、大英國協議會內閣制

　　金太軍分析當代各國政治體制提到，澳洲政治制度大部承襲自英國傳統，二次大戰與美密切合作，因此有不少美國色彩，使澳國由英國原殖民區，逐漸發展出一個獨具特色的聯邦體制國家。1900年英國議會通過《澳大利亞聯邦法》和《大不列顛自治領例》，各殖民地改稱為州，組成澳洲聯邦，1931年英國通過《西敏寺法》，澳洲正式成為大英國協內一獨立國家。澳國政治體制，沿襲英國內閣制，有別於美國三權分立的總統制。依據澳國聯邦憲法規定，國家立法權屬聯邦議會，議會由聯邦總督（英國女王代表）、參議院與眾議院組成，司法權由聯邦高等法院、議會聯邦級法院與其他法院共同組成，行政權屬於代表女王的總督，依據憲法，聯邦總督是國家元首，為女王代表，擁有國家最高權力，由女王任命，一任任期5年，有軍隊統帥權、行政權、官員任免權、召開與解散議會權及審批議案權等五項權限，由聯邦各部部長組成行政委員會協助行使，實際上已由聯邦行政委員會或內閣行使，內閣則由眾議院多數黨組成，聯邦各部部長必須是聯邦議員，或必須在3個月內成為聯邦議員。

　　王宇博在澳大利亞共和運動的起源和發展指出，澳洲是大英國協主要國家，也是大英國協論壇組成的重要成員，雖與其前宗主國英國一直保持密切關係，但隨著英澳主從關係逐漸淡化，執政黨輪番更迭，總督權已名存實亡，行政大權逐漸收歸於內閣總理，總督僅存名義上或形式上象徵的國家元首，進入1990年代，澳洲更興起爭取共和體制的社會運動，2010年，時任工黨總理吉拉德明確表示，澳洲共和改制最恰當

的時機，應是英國女王伊莉莎白二世退位之後，2016年澳洲八大行政區首長一致表態支持共和制，並呼籲澳洲應立即改由自己國家的元首自行管理，不須等到名義上統治澳洲的英國女王退位。

二、聯邦政府運作機制

澳洲國議會體制沿襲英國，實務運作模式卻參照美國，區分參議院與眾議院，依據澳洲法律，澳洲選舉制度，實行強制性選民登記和投票原則，無故不參加投票者罰款處分，眾議院由民選議員組成，有實質民意支撐，權力遠大於參議院，人數盡可能維持為參議院總數2倍，按人口比例，現有眾議員151名，任期3年，議長通常由多數黨議員擔任，主要負責討論政府預算與立法問題，參議院由6個州和澳北與首都直轄區各2名組成，人選名單由政黨提名，計有76名，州參議員任期6年，每3年改選二分之一，各地區參議員任期3年，主要職責覆審眾院所通過議案，參院議決案，需三分之一議員人數出席方始有效，對政府事務影響明顯小於眾議院，被戲稱為徒具形式的橡皮圖章。

任美英在澳洲政府內部控制推動實況報告指出，澳洲現有6個州和2個特別地區分別是北領地與澳洲首都特區，各州由州督、州長、州政府與州議會組成管理階層，聯邦中央行使責任內閣制，除名義元首總督及聯邦各部部長組成的最高行政機構委員會外，行政大權由首席部長兼總理召集和主持的非正式機構內閣掌握，內閣集體對聯邦議會負責，是聯邦政府實際最高行政與決策機關，內閣總理身兼女王顧問、首席部長、內閣主席、執政黨領袖四大要職，地位顯要，內閣除特設之常設或臨時委員會外，主要專門工作均由各部處理，議會機關事務由議員出任的祕書長（Parliamentary Secretary）負責，實務協調運作為文官祕書長。

三、社會實務體現

　　澳洲是高福利國家，福利種類多而齊全，永久居民享有全國性醫療保健待遇與資源，資金來源自政府高稅制收入，隨著稅收收入遞減，澳洲政府也積極鼓勵擴大私人醫療保險。澳洲司法制度來自英美法體系，聯邦法院體系採三審制，澳洲高等法院為最高法院，聯邦大法官 7 席，由聯邦政府提名並由總督任命指派，各州法院屬議會級法院亦採三審制，澳洲首都坎培拉及北領地則採二審制，議會級最高法院為各州最高法院。澳洲為大英國協成員，奉英國女王為元首，聯邦總督為女王代表，由總理建請英國女王同意任命。主要政黨曾有自由黨（Liberal Party of Australia）、國家黨（The Nationals）、工黨（Australian Labor Party）、綠黨（Australian Greens），現行擔綱政府輪替執政運作的主要有工黨與自由聯盟黨，面對中美兩國在印太區域的大國博弈棋局，工黨傾向結盟中國大陸，自由聯盟黨傾向美國聯盟，澳洲社會現況由自由聯盟黨暫居上風，未來澳洲國民角色則日趨扮演國家利益權重的重要關鍵。

貳、政黨發展利益

　　綜合大洋洲殖民地簡史資料得知，澳洲憲法與相關法律並未嚴格限制政黨產生的方式，澳洲政黨鼎盛時期曾出現過數百個小黨，經過激烈選戰考驗，現存主要有工黨、自由黨、國家鄉村黨、民主工黨和澳洲黨等五個政黨，曾有上臺執政經歷的則只有工黨、自由黨和國家黨三個，其中國家黨不是單獨執政而是與自由黨結成聯盟執政，至於最近新起的韓森單一民族黨和與其相抗衡的團結黨，因才剛起步又立即陷入敵對，未來是否有更為突破的發展，尚待持續觀察，目前政黨發展利益聚焦在工黨與自由聯盟黨兩黨政策取向的高度競合。

一、工黨──主要代表勞工利益

選民結構組成主要為工會會員，既大又雜，政治傾向從左到右都有，整體而言，較具社會主義傾向，二戰後右翼領導人脫黨和自由黨合併成立國民黨，左翼也決裂建立共產黨，後續內部持續分裂，造成勢力日漸屈居下風。

(一) 緣起

工黨源起於工會，在澳洲三大政黨中，資格最老。1870 年開始，工會就已知覺到，除了罷工，需要把勞工代表送進議會，從立法上爭取，勞工權益才能獲得確保，1890 年，昆士蘭和新南威爾斯工會聯合成立工黨，1899 年昆士蘭出現全世界第一個工黨政府，1904 年澳洲聯邦出現第一個工黨少數政府，1910 年第一個工黨多數聯邦政府產生，由費希爾（Fisher）擔任總理。

工黨源自工會，工黨黨員與工會會員密不可分，但工黨不等於工會。早期工黨政治綱領強硬主張，將社會生產資料公有化，但僅止於長遠目標設定，未曾具體行動計畫實踐，隨著工黨綱領日趨淡化，主張轉趨模糊，僅籠統呈現實現社會公平和消除剝削、機會平等與發展國有企業等政治訴求。工黨繼承工會嚴密組織型態，強制規定所有黨員遵從黨的綱領和決議，但這並不表示工黨團結一致，工黨早期主要成員社會基礎，出自各行各業最底層的勞工階層，各自要求極端不同，從最激進的資本公有化到最保守的僅求溫飽都有，分裂的因子似早已埋下。

(二) 轉變

二戰後，大批知識分子和專業人士加入，工黨體質發生重大變化，主張和要求更趨多元，且包容廣泛，從勞工權益大幅擴展至環境、婦女、教育與藝術等各種問題與權益，進入政府與議會的代表，從過去低階藍領勞工一躍變成白領高階專業人士，內部矛盾和爭議不斷擴大，中產階級黨員對藍領工會勢力漸感不滿，藍領黨員對中產階級議題表達

強烈反感，加上成立後，組織分裂就從未間斷，導致工黨在野時期遠遠大於執政時間。

第一次分裂，發生在 1916 至 1917 年，正值第一次世界大戰，徵兵制度問題造成工黨總理休斯（William Hughes）與多數黨員嚴重對立，休斯堅信國家政府高於政黨，帶著支持者離開，造成工黨政府垮臺；1931 年第二次分裂，正值經濟大蕭條，工黨總理斯卡林（James Scullin）採納英國建議，大力消減政府開支，遭左翼強烈反對，萊昂斯（Joseph Lyons）為首的工黨右翼離開，導致執政工黨大選落敗；第三次分裂，與澳洲共黨有關，自由黨猛烈攻擊工黨遭澳共支配，工黨內部對共黨態度亦不一致，1955 年發生分裂，1957 年脫離工黨成立的民主工黨轉而支持自由黨，造成工黨自 1949 年至 1972 年長期在野，工黨自 1910 年執政以來，曾十一次執政，最近一次執政較長時期為 2007 年 11 月至 2013 年 9 月，之後至今乃至往後幾乎難脫在野居多的現實。

(三) 政治傾向

工黨最成功的執政成效，為二戰時的科廷（John Curtin）政府。科廷領導澳洲擺脫英國掌控，成功奠定澳洲利益發展第一軌道，從追隨英國到與美國結盟的重大歷史轉變，並使澳洲成功抵禦日本入侵，戰後在對抗共黨的國際環境陰影籠罩下，工黨先天特質造成 1949 到 1972 年連續 23 年在野的困境，1972 年工黨惠特拉姆（Gough Whitlam）重獲執政，一舉廢除白澳政策並快速作成與中國大陸建交的歷史性決策，精準掌握政治關鍵歷史時刻的需求。

惠特拉姆在野時，有鑑於 1970 年加拿大率先與中國大陸建交而獲得經貿利益的啟示，曾力催自由黨政府採取行動承認中國大陸，並於 1971 年 7 月不顧政府反對，率代表團訪問北京，受到自由黨總理麥克馬洪（William McMahon）猛烈批評，惠特拉姆行為將使澳洲脫離南亞和西方世界朋友和盟友，然而同年美國總統尼克森卻密訪中國大陸，澳洲自由黨政府嚴重受到挫傷，越戰創痛曾使澳洲對中國大陸高度恐

懼，現在中國大陸成爲美國對抗蘇聯盟友，聯合國以壓倒多數通過中共進入，澳洲自由黨政府的反對票在眾盟友間反陷入孤立的少數，使得1972 年 12 月大選，工黨在野 20 多年後終於再度翻身執政。

惠特拉姆工黨政府一上臺，即在 1973 年 1 月與中國大陸建交，惠特拉姆堅信保持與美英的友誼關係與加強和亞洲國家關係並不衝突，更重要的教訓是，絕不再陷入與中國大陸對抗的軍事聯盟。接著，工黨開始尋求更加獨立的外交和國防政策，外交作爲不僅靈活且更具建設性，並同時減少對抗和種族主義，國防則以本土防禦取代遠距防線，對亞洲鄰國致力採取獨立自主政策，不再輕易跟隨大國，逐步加固澳洲是亞洲整體一部分的觀念與行動。

二、自由黨國家黨聯盟——主要代表資本家利益

自由黨始終站在工黨的對立面。首由保護關稅派領袖領導，於1909 年與保守黨自由貿易派合併後發展成立，該黨反對社會主義共有制並支持自由經濟，堅持有效保護關稅政策，堅守西方價值，並建立白人澳洲，保持充分防禦力量，反對共產主義等等。

(一) 自由黨

新自由黨成立於 1944 年，主要代表工商業主利益，曾多次執政。前身可追溯到 1910 年的自由黨，歷經民族黨、聯合黨的重大重組。工黨代表勞工，自由黨代表雇主，包括生意人、工廠負責人與各類業主，議會中自由黨早已存有各種鬆散組織，各有不同需求，但工黨成功激勵他們聯合反工黨的立場趨於一致。

1910 年成立的自由黨，基礎來自雇主同盟和產業商會，1917 年，執政的休斯總理離開工黨加盟自由黨，工黨執政變成自由黨政府，休斯仍任總理，之後自由黨改名民族黨，1931 年從工黨離開的萊昂斯和追隨者再度與民族黨合併，改稱聯合黨，聯合黨與鄉村黨聯盟，於

1931、1934 和 1937 年三次大選接連贏得勝選，萊昂斯連任總理，1940年改由孟席斯（Robert Menzies）接任總理，1941 年 10 月二次世界大戰正熾，工黨柯廷（John Curtin）政府上臺，柯廷在戰時的出色領導，使在野的聯盟黨黯然失色，更在 1943 年的大選中獲得眾議院有史以來最低的席次 12 席。

1944 年孟席斯把已陷於四分五裂的聯盟黨，和其他十幾個反工黨的組織，彌合在一起成立現在面貌的自由黨，門塞斯重定策略，瞄準中產階級擴大自由黨群眾基礎，成功的把中產階級甚至勞工階層都吸引入自由黨，但並沒有改變自由黨工商企業主的群眾主體，自由黨議員與自由黨主席幾乎都出身於此。

自由黨主要經費來自大公司捐助，政策制定常陷於左右為難，偏袒大公司，失去中產階級選票支持，重視平民化，影響大業主資助，形成自由黨不注重意識形態，強調市場經濟原則和個人自由與權利的特質，也讓自由黨享有從 1949 年到 1972 年，連續 23 年執政的輝煌時期，也讓門塞斯個人創下連任 16 年總理榮退的歷史記錄，更刷新澳洲政治史最高記錄。門塞斯成功，除政治家個人因素，主要歸因於大環境的改變與需求，戰後的 50、60 年代，經濟需求孔急，社會和平需求迫切，冷戰更使工黨共產疑雲頻頻受累，共黨連番的威脅如中共革命勝利、韓戰與古巴導彈危機等，使門塞斯和自由黨成為守護澳洲安全與發展的支柱。

(二) 國家黨

國家黨（The National Party）成立於 1920 年的前身鄉村黨（The Country Party），主要代表農村地區的農場主利益。鄉村黨建立後，即一直與自由黨結盟，因而同享多年執政利益，鄉村黨組成利益分歧遠小於自由黨與工黨，占盡農村席位優勢，1982 年鄉村黨改名國家黨，主要基於農村人口減少，需求城市人口支持，鄉村黨也自信可扮演守護澳洲國家利益的保守黨角色。國家黨發展逐漸縮小，席位和民眾支持率不

斷下降，主要政治主張，爭取維護農業低息貸款和農業補貼，原則支持自由貿易，實際支持利用關稅保護澳洲農業，基本上與自由黨自由貿易政策相扞格，國家黨反對社會主義是真，但有條件支持資本主義，主要是農民代言人，只求把農民所得資本化，把農民虧損社會化，轉嫁農民利損。

(三) 自由黨—國家黨聯盟

　　國家黨於 1996 年至 2007 年與自由黨首度聯合執政，之後，於 2013 年、2016 年、2019 年三度澳洲大選，再度與自由黨聯合執政，2013 年 9 月自由黨領袖托尼‧阿博特（Tony Abott）出任總理，2015 年 9 月，滕博爾（Malcolm Turnbull）取代阿博特成為自由黨領袖，並就任澳聯邦總理，2016 年 7 月，聯邦大選，自由黨—國家黨聯盟蟬聯執政，特恩布爾連任總理，2018 年 8 月，莫里森（Scott Morrison）取代滕博爾當選該黨領袖，並出任澳新一屆總理，2019 年 5 月 18 日，自由黨—國家黨聯盟在澳聯邦大選中獲勝，並在國會參眾兩院完全執政，莫里森連任總理。當前俟值中美兩強轉趨激烈對抗，且有長期戰略對抗趨勢，自由黨與美國長期的聯盟傾向，是否影響澳洲的經貿利益，成為長期聯合執政的重要觀察指標，畢竟自由貿易是自由黨的政策靈魂。

參、政黨運作利益

一、國家利益優先

　　1975 年，澳洲自由黨弗雷澤（Malcolm Fraser）開啓冷戰語言，發動「和平政變」，推翻民選總理工黨的高夫‧惠特拉姆（Gough Whit-lam），造成澳洲1901獨立建國以來的唯一憲政危機。自由黨政府冷戰對象僅限蘇聯，對同樣共產中國則繼續維持友好政策，並於 1976 年 6 月創自由黨先例訪問中國大陸，1983 年弗雷澤下臺在野後，繼續推動澳洲亞洲化，雖重視人權，卻強調澳洲國家利益優先，為自由黨的自由民

主人權價值外交，確立國家利益優先的指導原則，在自由聯盟黨2013年再度重獲執政後，2016年也獲得勝選，2019年自由黨聯盟再度獲得大選勝利並取得完全執政的戰績，中國大陸官方媒體卻發出警訊，直指中澳關係前景將再度不明，顯然中國大陸極度不信任自由聯盟黨的連續執政。

范盛保分析2019澳洲聯邦大選後的澳中關係指出，自由聯盟黨長期的自由貿易政策是否質變，國家利益選擇是安全重於經貿，還是經貿優先安全，抑或兩者得兼，不僅中國大陸表現高度關注，澳洲選民也正密切觀察，澳洲政黨政策取向經常陷於美國朋友與中國大陸顧客間的拉扯，亦即在美國安全傳統價值與中國大陸經貿現實利益間拔河，澳洲社會輿論撲朔迷離，中國大陸是經濟繁榮仙丹或國家霸凌毒藥舉棋不定，澳洲安全靠美國，經貿靠中國大陸，澳洲的主權價值，澳洲國家獨立自主國格多少自保與反省能力，市場顧客與朋友聯盟如何平衡，都是影響澳洲國家利益選擇不可或缺的要素。

工黨前運輸部長艾班尼斯（Anthony Albanese）表示，澳洲論及中國大陸本身發展或中國大陸區域角色定位，敵視或仇外心理不符澳洲國家經濟利益，澳洲前駐華大使芮捷銳（Geoff Raby）更露骨指出，2020年中澳兩國雙邊關係已跌至1972年建交後「新低點」，2021年中澳問題或許「只有更差」，澳洲外交經貿政策日趨質變，安全、情報、國防因子逐漸排除替代經貿，成為澳洲外交主體，武器化的外交政策讓澳洲陷入風險。世界新冠疫情後，中美脫鉤發展成形，中國大陸發展搶先步入正軌，龐大內需市場與雙引擎驅動成為勝利佐證，澳洲現任執政的自由聯盟黨，在連續大選勝利的鼓勵下，過度的自信讓現任總理莫里森（Scott Morrison）不斷選擇與中國大陸高強度針鋒相對，是否意味澳洲兩黨歷經長期實踐檢證的「亞洲世紀」（Asian Century）國策出現轉向，澳洲現任執政以國家安全替代國家利益，挺身站在美國盟邦面前，率先公開禁止中國大陸華為參與澳洲5G網絡國家建設，又針對性十足

的呼籲，對中國大陸進行新冠病毒疫情起源調查，接著，對中國大陸新疆和香港人權、《港區國安法》等議題表達高度關注和深度擔憂，並具體放寬港人移民政策挑釁，更授權國安名義審查中國大陸投資，連番政策出擊，似有恃無恐，展現澳洲抗中的十足底氣。

國際貨幣基金組織（IMF）最新預測顯示，2021 年底中國大陸經濟規模將從美國三分之二躍升至四分之三，換算購買力，中國大陸 GDP 已高出美國近 1 成，澳洲政商學界對現任政府強烈單邊取向頻頻示警，中澳風波頻傳，雙邊貿易陰影籠罩，外交經貿一體的跨黨派共識，出現裂痕，不選邊站的平衡立場與中等大國期許正發生不可預期的位移。

澳洲確保國家利益發展優先，外交政策堅守中美平衡有其必要，美國重組供應鏈，區隔市場發展，更見治絲益棼，難脫高度互賴。印太周邊國家與中國大陸紛爭者不少，歷史問題更形棘手，印尼總統佐科維多多（Joko Widodo）政府在分歧中，保持雙邊穩固經貿關係，紐西蘭阿德恩（Jacinda Ardern）政府，謹慎因應，個案突破，以通過國家《電訊攔截能力與安全法案》（TICSA）檢測，迴避 5G 經建，對新冠調查更是謀定而動，羅保熙分析澳洲貿然單挑中國的弊端指出，澳洲政黨立意維持國家利益優先不變，方法或策略容或變通，維續動態平衡終究是確保澳洲國家利益的首選。

二、經濟政治分立

戰後印尼近鄰澳洲與共產中國，曾是澳洲安全威脅設想最大的兩個假想敵，印尼又是東南亞國協的重要成員，澳洲始終與東協保持安全距離，澳洲繼改善與中國大陸的經貿關係後，一改對東協消極的態度，深切體認東南亞連結樞紐的重要價值，尤其澳洲貿易量，有 6 成海運集中在這片區域，可說是澳洲經濟不可或缺的重心所在。

西方殖民國家在區域內民族國家紛紛獨立後，國力與影響力日漸衰微，全球政經中心東移現象亦日漸顯著，亞洲區域國家重要地位也漸漸

浮上檯面，長期擁有西方光環照應的澳洲，面對中國大陸與亞洲崛起，身為距離亞洲最近的西方國家，失落感與危機感加深加劇，值得理解，尤其澳洲對中國大陸出口占據近 3 成，中國大陸為澳洲最大貿易夥伴，超過美國、日本、韓國和印度出口總和，出口貿易額持續增長現象並無任何減緩跡象，2012 至 2019 年統計顯示，澳洲對中國大陸出口激增56%，迭創新高，澳洲面對此種景象，始終憂喜參半，更憂讒畏譏，進退失據。

中澳經貿統計資料顯示，雙方進出口記錄年年顯著成長，超過澳洲與美日盟友的總和，澳洲引以為傲的旅遊與教育兩大產業，中國大陸更是澳洲最重要的支撐，不僅是澳洲最大遊客和留學生來源國，中國大陸遊客占澳洲旅客消費市場竟達到四分之一，相當於美國、英國、紐西蘭和日本等國的總和，中澳風波迭生，澳洲重要經貿產業屢受威脅，甚至遭到嚴重打擊，澳洲面對中美持續對抗不減的惡劣環境，應善自藏拙，增加政策調控工具，妥善疏處政經糾纏，力保政經分離，才能有效避免陷入脅迫貿易紛爭。

范盛保分析澳洲外交政策時指出，現任澳洲總理自由黨聯盟莫里森（Scott Morrison）曾在 2019 年聯邦大選前，有過明智指導，即澳洲會跟美國朋友站在一起，也會跟中國大陸顧客比肩，不必選邊更不會被迫站隊，執政後卻事與願違，全力偏向美國傾協，陪葬中澳貿易關係亦在所不惜。澳洲是西方位在亞洲的中等大國，身分地位特殊又獨一無二，確保與歐美政策聯繫，積極參與亞太事務運作，是政黨執政不可逃避的處境與選擇，澳洲與中國大陸領土空間足夠寬闊，沒有領土爭議，更沒有難解的歷史恩怨，華裔移民群體更僅次於英裔，澳洲對中國大陸關係分寸拿捏，謹守經貿外交的底線仍是必要之舉。

中國大陸經貿分量不僅超越美國更取代日本，中國大陸市場曾在2007 至 2008 年的世界金融危機，及時對澳洲扮演救援角色，解除澳洲迫在眉睫的經濟衰退危機，之後，對扶持澳洲經濟持續走向榮面，亦有

不可抹滅的貢獻，澳洲跟隨歐盟加入中國大陸主導的亞洲基礎設施投資銀行（亞投行），又簽署 RCEP，不僅無損國家安全，更對經貿發展有益，政策越開放，經貿越發展，關係越緊密，國家越安全。此外，中國大陸國力加速成長，伴隨勢力日增，澳洲需要美國，歡迎駐軍，與周邊民主國家發展戰略聯盟，深化合作關係，採購先進戰機，有效應對國防假想敵，預先防範甚或維持平衡制衡勢不能免，安全穩定與經濟發展相輔相成、殊途同歸，確實是澳洲戰略首選。

三、重視海洋發展

(一) 海洋經濟

　　澳洲雄踞南半球，四面環海，海岸線長 2 萬餘公里，管轄海域面積位居全球第三，又遠眺印度洋與太平洋世界兩大洋，位列海洋國家之名毋庸置疑。澳洲面積廣闊的周邊領海和專屬經濟海域，鮮少爭議，更少爭端，為澳洲海洋經濟發展，提供先天優厚條件，促使保障海洋航道安全與海上自由航行，成為澳洲致力維護海洋國家發展策略的核心要素。2009 年 10 月 21 日，澳洲「海洋管理計畫建議書」針對海洋經濟的永續發展指出，環繞在澳洲聯邦海域外圍，從南澳的袋鼠島附近水域，往南延伸到西澳的世界遺產區域鯊魚灣附近，包含大陸棚和深海生態系統，共占海域面積約 120 萬平方公里的西南海域，藏有豐富的特有物種和獨特風貌的地質，近年卻飽受過度捕撈與石油洩漏等威脅，為了有效降低或減輕海洋生物、魚類和生態系統的壓力或毀滅危機，保障多樣海洋生物的生存與發展，提升經濟和社會整體利益，促進海洋經濟永續經營，澳洲海域應有一半納入海洋保護區網絡。

　　澳洲生態中心在西南海域，發現一個比大堡礁更大規模的獨特海洋生態系統，並提出 50% 保護範圍的建議，以對海洋哺乳動物、魚類、鳥類和無脊椎動物，涵蓋《環境保護與生物多樣性保育法》所列 57 種

魚類和海洋生物，約近 1,465 個物種，提供完善保護措施，計畫同時對不同水深區塊、海景、地貌和魚類群聚狀況等約 486 個支持海洋生物的水下特徵提供保護，此外，計畫就兼顧經濟和社會利益發展目標，提供多方具體保障海洋生物與擴大保護區解決方案，鉅細靡遺，兼顧多元需求與平衡發展，為海洋經濟發展提供最佳指導與依循。

(二) 海陸平衡

1986 年澳洲工黨國防部長貝茲里（Kim Beazley），就國防能力發展，提出《防衛能力評估報告》，隨後於 1987 年據此發布《澳洲國防報告》，顯示防衛澳洲大陸是國防政策的核心價值，1997 自由黨聯合政府執政，國防政策焦點從陸地轉向海洋，開始正視發展海洋戰略對澳洲地緣戰略的必要性與重要性，澳洲海陸發展落差的問題逐漸取得平衡，進而日趨擴大海洋發展利益取向。2000 年 6 月，自由黨霍華德（John Howard）政府發表《國防評估報告》，不僅延續 1997 年對海洋戰略需求的表述，也強調海洋力量在維護海洋安全中的核心地位，更進而強調澳洲安全不再侷限於本土和本地區，而是具有跨海域與全球性的，海外行動因而成為澳洲對外主要作戰任務，防務重點繼續向海外不斷深化。

任遠喆分析澳大利亞海洋戰略的構建及其困境時指出，2004 年 6 月，澳洲議會的「外交、國防與貿易聯合委員會」發布首份《澳洲海洋戰略報告》，海洋戰略在澳洲各型政府文件所占比例和篇幅逐年上升，2009 年繼起執政的工黨國防白皮書，並沒有走回陸地防衛老路，反而延續前任自由黨強調海洋戰略對於澳洲國防軍的根本意義，澳洲國防軍對澳洲海域安全與利益發展有積極的責任與義務，足見以海洋為核心的海陸平衡發展逐漸成為澳洲發展的共識。

(三) 關注兩洋

為強化與擴大美國聯盟效益，2013 年澳洲國防白皮書開啓兩大洋

戰略區域新視野，強調澳洲此地區部署聯合作戰部隊，保護海洋通道自由與安全的重要性。2016 年國防白皮書要求國防預算加大高科技海空裝備的需求配比，並對東海和南海爭端海域自由航行，表達高度關注與憂心，2017 年《外交政策白皮書》再度詳述提高自身軍事力量作爲未來澳洲整體安全布署的重點。

為了強化澳洲在太平洋海域整體協作能量，有效支持對兩大洋的關注與經略，確保兩大洋海域的航道通暢與自由航行，2018 年澳洲公布「太平洋升級」戰略，原由澳洲主導在萬那杜共和國成立的「太平洋融合中心」正式開始運作，工作重點包括評估、分析與分享海事、假訊息等安全相關情資，並提供適切應對行動方案建議，以協助印度洋與太平洋海域各國，增強海洋主權與權利意識。澳洲從自己周邊海域轉而投向關注南海，又從南海海域延伸至東海，進而從太平洋視野又擴及印度洋，關注眼光越來越遠也越來越深，心心念念的就是海域航行通暢，自由貿易暢行無阻，以澳洲中等海洋國家的實力是爲所應爲，也當止所當止，量力而爲，更要多方尋求共同合作，彼此相向而行。

第三節　海洋經貿聯盟

澳洲國家客觀利益在國家發展重於安全利益指引下，透過政黨主觀利益的運作抉擇，已出現海陸平衡發展的政策選項，進而朝向海洋利益擴展發展的方向努力，將是發揮澳洲海洋文化與西方身分價值及亞太海域角色最佳的選擇。澳洲人口近 2,400 多萬，許多人在澳洲國家日（1月 26 日）聚集在海灘，參加各種圍繞海域的嘉年華慶祝活動，這個節日反映的是澳洲居民對海洋的浪漫與憧憬，更是澳洲人日常生活型態與價值觀的體現，紀念白人首度殖民的歷史意涵早被淡化與稀釋，畢竟原住民的傷痕還是深深烙印在這個莊嚴國慶節日的整體氛圍，揮抹不去。因此，澳洲南海國家利益取向，應澳洲主體導向，深化經貿發展、擴大

集體聯盟，帶動體育休閒活動觀光效益，不應陷入傳統朋友與顧客價值矛盾，甚至走回傳統安全防範老路，危及澳洲國家主客觀利益。

壹、深化經貿發展

一、國家發展利益優先

二次大戰期間，澳洲擔當美軍成功反攻菲律賓的基地，更為收復西太平洋諸島提供堅實後盾，冷戰時又充當南太平洋堅守自由民主價值支柱，為反抗專制極權政權提供重大貢獻，冷戰後積極主動協調運作，為東南亞與中國大陸密切經貿發展與人文交流努力穿梭奔走，並帶動澳洲發展成為亞太區域的中等強國。

澳洲在亞洲地區的西方背景，較諸日本，為澳洲帶來阻力與助力，美澳同盟關係看似不如美日同盟緊密，日本仰賴美國庇蔭又身處亞洲經濟繁忙特區，得力於韓戰與越戰，工業率先突飛猛進，經濟繁榮昌盛，但澳日身分地位終究不可同日而語，澳洲得天獨厚，地廣人稀，礦產資源豐沛，人才濟濟，科技先進，自給自足，地無天敵，寬厚自處，長年無戰，率性純真，地緣臨近東協，倘伴南海通道，雄視印太發展，2015 年 12 月 20 日中澳自由貿易協定（FTA）正式生效實施，經貿渠道敞開，通關無阻，並大開服務方便之門，中澳雙現榮景，兩國互利共榮。

澳洲國家整體發展成效日趨彰顯，中美競逐角力亦同趨激烈，澳洲面對戰略抉擇，放棄平衡自處，明知經貿利益為重，卻選擇安全利益取向，國家資源投入整軍經武，企圖擴大海軍建構，發展添購新型潛艦，更據此視為創造澳洲國民就業難得的機會，擴軍經費總額高達 500 億澳幣，事前日、德、法激烈爭奪與角力，事後法國成功得標，美國支持的日本敗北，觸動敏感機密防範紛爭，引發美國峻拒技術支援，法國在歐洲對美國的態度，舉世皆知，澳洲卻聲稱法國得標，是澳洲國家戰略選

擇自立的結果，顯示澳洲在中美競逐的不利國際環境氛圍，雖然選擇傾美與安全的傳統途徑，仍保有國家利益優先的理智，若能進而回復堅守政經分立的一貫抉擇，審慎拿捏戰略選項的分寸，將為澳洲繼續創造最大國家發展利益。

二、尊重國際投資規範

　　2015 年 10 月澳洲北領地政府宣布，中國大陸企業山東嵐橋集團依澳洲國際相關投資規範與程序，以 5 億餘澳元，取得達爾文港 99 年承租經營權，隨即引來美國政府不滿和擔憂，歐巴馬總統甚至向澳洲自由聯盟黨總理滕博爾抱怨未提早獲得告知，美國駐澳大使館亦提供美國國務院問卷數據證實，89% 受訪澳洲人，認為達爾文港出租存有安全風險，雪梨大學美國研究中心（USSC）學者布朗（James Brown）也隨之應和表示，華府對澳洲政府處理達爾文港方式深表不滿，澳洲海事工會也反對表示，達爾文港不僅是商港，更是重要軍港，該水域也是關鍵海底數據電纜終點，更提供澳洲通往亞洲及南海爭議海域近路，且澳洲陸軍幾有三分之二部隊駐紮於此，美國駐軍輪換、多國海軍軍演都在此進行，戰略地位異常重要。澳洲軍方隨後也向外界透露，北領地出租戰略港口的安全性值得憂慮，美澳外長與國防部長會談，更藉此重申表達，雙方捍衛國際水域航行自由權的決心不變。

　　2016 年 3 月 18 日澳洲政府宣布，緊縮外國投資基礎設施規定，國有資產交易只要超過 2.5 億澳元，都須通過澳洲外商投資審查委員會（FIRB）審查，主要項目含公路、機場、核電廠到排水系統等，最關鍵的是，澳洲財政部對 FIRB 的建議，有完全的否決權，澳洲政府智庫順勢呼應指出，嵐橋集團不脫中國大陸解放軍支持，恐利用該港對美國海軍陸戰隊擴大偵察與收集情報，並提出強烈呼籲，建議澳方應大幅修改評估重要國家資產外資收購方式，時任澳洲財政部長莫里森立即表示，新規定自 2016 年 3 月 31 日起生效。新舊規定對照比較得知，原規

定只有在相關基礎設施資產出售對象為「國有」企業時，才受到 FIRB 審查，新監管規定，則以金額限額為基準，不分公民營，一律納入審查，且財政部有最高最後否決權，沒有時間限制。

莫里森進一步指出，新規定會適用於墨爾本港、西澳弗里曼特港、大型發電公司（Ausgrid）等澳洲大型基礎建設公司交易。這項新規定宣布的同時，Ausgrid 的租約正在標售，中國大陸國企「中國國家電網」與中國南方電網都積極參與競標，這項宣布顯然針對性十足，而且政治干涉經貿毫不遮掩，更不避諱。

北領地總督賈爾斯曾對租約辯護表示，達爾文港 8 成股份由中國嵐橋持有，北領地當局持有關鍵 2 成股份，北領地當局曾就此案提出任何敏感問題，包括考量附近另一軍方起降飛機港口與聯邦機關，包括國防部會談多時，顯示中國大陸企業租賃並不構成任何安全風險。澳洲政府為此商業交易，大事宣布緊縮外國投資基礎設施規定，突顯澳洲政府的確陷入貿易與安全平衡的嚴酷考驗。

中國大陸民營企業嵐橋集團買下一家澳洲天然氣公司後，繼續參與競標獲得達爾文港 99 年租賃案，圖的就是合作互利。澳洲國有資產繁多，大力推動私有化，就是為了充分發揮企業市場效能，為國家創造最大收益，澳洲雖極力與美國深化戰略關係，但經濟高度依賴中國大陸的事實不能視而不見，光計 2014 年中澳兩國貿易就達 1,420 億澳幣，較諸澳美的 400 億就高出 3 倍多，達爾文港一年貨物出口量，中國大陸就占一半，又主要集中在初級市場的礦物出口，達爾文港的租賃，既可促進北領地的發展，又可展現保守自由聯盟黨國際自由貿易的核心價值，大膽履行並遵守國際規範，澳洲實不需瞻前顧後。

貳、擴大經貿聯盟

一、強化 APEC 典範

　　「亞太經濟合作會議」，由澳洲工黨總理霍克（Robert Hawke）於 1989 年首先倡議成立，創始成員 12 個，是亞太區域主要經濟諮商論壇，希望藉由地區各經濟體對話與協商，帶動經濟發展，1991 年兩岸三地同時加入，是 APEC 值得稱許的組織典範。APEC 發展至今，成員已擴大至 21 個，幾乎涵蓋全球重要經濟體，經濟體量龐大，人口全球占比約 4 成，貿易總額約 5 成，國內生產毛額 6 成，組織決策上達國家元首，議題涵蓋大部行政，是國際重要多邊機制，對全球經貿政策與規範形成深具影響力。APEC 最高層級經濟領袖會議於 1993 年，由美國前總統柯林頓倡議召開，會後發布領袖宣言，宣示 APEC 未來發展指導方針，之後，在部長級年會後循例定期召開。

　　由會員外交與經貿兩位首長聯席與會的 APEC 部長級年會與專業部長會議（APEC Ministerial Meeting, AMM），每年定期舉行，主要決定經貿政策方針、討論重要經貿議題與檢視資深官員會議工作進展，會後發布聯合聲明，揭示當年工作成果，並指示後續工作方向，針對特殊議題，另行召開專業部長會議，進行對話與政策協調，1995 年為加強公私部門合作，由企業界代表組成企業諮詢委員會，相關意見可直達領袖會議。出席代表為外交或經貿行政部門主管的資深官員會議，為 APEC 運作核心機制，除監管行政運作，並向領袖及部長會議提出建議並執行其決議，行政運作工作項目繁多，主要包含推動貿易暨投資自由化與便捷化及各項經濟事務合作。

　　在中美戰略交鋒升級之時，在中澳經貿關係風雲變幻之際，2020 年 11 月 21 日，APEC 經濟領袖會議恰恰在美國最大競爭對手、澳洲最大貿易夥伴的中國大陸舉行，寧非歷史之偶然？在中國大陸積極倡導

下，中國大陸慨然允諾繼續支持多邊貿易體制，推進區域經濟一體化，倡導包容性貿易投資措施，推動構建自由、開放、公平的亞太貿易和投資環境，在 APEC 基礎上以實際行動，支持世界貿易組織（WTO）為核心的多邊貿易體制，領袖會議通過「2040 年 APEC 布城願景」宣言，目標共同指向 2040 年建成一個開放與活力、強勁與和平的「亞太共同體」與全面高水平的「亞太自貿區」，實現亞太共同繁榮，首倡召開的澳國與首創領袖會議的美國似應深感聲應氣求。

二、CPTPP 開放夥伴

《跨太平洋戰略經濟夥伴協定》（Trans-Pacific Partnership, TPP）於 2016 年 2 月 4 日在紐西蘭完成協定文本簽署後，即在各國展開國內批准程序，TPP 標榜高標準、高品質、範圍廣，以建立 21 世紀 FTA 典範為目標，原成員國除澳洲外，尚有紐西蘭、美、加、墨、智利、秘魯、日，與東協新加坡、馬來西亞、越南、汶萊 4 國，共計 12 國，經濟規模預估達 28 兆美元，約占全球生產總值的 40%，遠高於歐盟 23% 與北美自由貿易區（NAFTA）26%，號稱亞太地區最大區域經濟整合體，將打造全球規模最大的自由貿易區，東協的印尼表態宣布有意加入，泰國前後政府態度不一未決定，菲律賓必須修憲才能開啟加入談判，臺灣積極爭取參加，中國大陸評估中，美國簽署後，國內意見不一，未完成批准程序，又宣布退出，使 TPP 大為失色不少。

美國川普總統於 2017 年 1 月 23 日宣布退出 TPP，日本接棒運作，2017 年 11 月 11 日 TPP11 國，於越南領袖會議發表聯合聲明，宣布達成核心議題共識，TPP 改名《跨太平洋夥伴全面進步協定》（Comprehensive and Progressive Agreement for Trans-Pacific Partnership, CPTPP），暫停適用美國要求納入之 22 項條文。2018 年 3 月 8 日 CPTPP 於智利完成協定簽署，同年 12 月 30 日生效，目前完成國內批准程序的有澳洲、紐西蘭等 7 國，第一次部長級執行委員會於 2019 年

1 月 18-19 日在日本召開，日本首相安倍致詞表示，CPTPP 新成員以共識決定加入，期待 CPTPP 向外成長擴張，對符合其標準的所有國家與地區，皆持開放態度。

2020 年 11 月 20 日，中國大陸國家主席習近平在亞太經濟合作會議（APEC）領袖會議提出，中國大陸歡迎區域全面經濟夥伴協定完成簽署，也將積極考慮加入跨太平洋夥伴全面進步協定（CPTPP），亞太經濟合作不是零和博弈，是相互成就、互利共贏的發展平臺，亞太地區領風氣之先，堅定捍衛多邊主義，堅持構建開放型世界經濟，促進自由開放貿易和投資，亞太地區要在協商基礎上推進務實合作，妥善處理矛盾和分歧，中國大陸和英國同時表達加入興趣，日本首相菅義偉也表達擴大 CPTPP 規模目標，開放協商共識漸成亞太區域發展核心價值，誰是真正價值行動者，終究會水落石出，就如諺語所云，海水退了就知道誰沒穿褲子。

三、RCEP 價值精神

RCEP 源起於東南亞國協（ASEAN）的「東協加一」（ASEAN+1）自由貿易協定（FTA），個別 FTA 開放程度不同，又適用不同貿易規則，不利於東協區域內經濟整合。2005 年第 1 屆東亞高峰會（East Asia Summit, EAS）擴大東協加一具體合作架構形成初步構想，2007 年第 3 屆東亞峰會，決議成立「東亞暨東協經濟研究院」為東協及整個東亞地區合作發展，提供學術支援，2011 年東協第 19 屆高峰會議通過「東協區域全面經濟夥伴架構協議」（ASEAN Framework for Regional），東協 10 國同時邀請澳洲與中國大陸等 6 個區域內對話夥伴參與，形成東協加 6，同年美國與俄羅斯首度獲邀參與東亞高峰會。東協加 6 主要藉助澳洲、紐西蘭和印度的資源及市場，形塑一個更強大而廣泛的經濟合作架構「東亞綜合經濟夥伴」，2013 年東協經濟部長會議決議成立「貿

易談判委員會」，同年 5 月，東協與中澳等 16 國展開《東協區域全面經濟夥伴架構協議》（ASEAN Framework for Regional Comprehensive Economic Partnership, RCEP）第 1 回合談判，2019 年 11 月 RCEP 第 3 屆峰會後，印度宣布退出 RCEP，2020 年 11 月 15 日 RCEP 領袖峰會以視訊方式完成簽署，印度退出 RCEP 成就不結盟傳統，澳洲選擇全程參與更是捍衛自由開放貿易價值傳統。

澳洲貿易部長伯明罕（Simon Birmingham）在完成 RCEP 簽署後表示，這份涵蓋全球近三分之一人口和全球約 3 成國內生產毛額（GDP）的協定，旨在對抗保護主義，將大幅降低關稅、刺激投資，讓區域內的商品能更自由流通，澳洲希望 15 個亞太經濟體簽訂的 RCEP，能幫澳洲改善與中國大陸的緊張關係，中澳貿易陷入爭端，衝擊澳洲 10 多種產業，威脅澳洲對中國大陸的農產品、木材與其他價值數十億美元的資源出口，澳洲寄託這份東南亞國家協會的方案，提供中澳關係正面改變平臺，澳洲呼籲中國兌現協議細部規定，同時體現協議精神，反之，中國大陸又何嘗不是如此期望，何況中澳關係改善，不必假手也不缺任何平臺，只要澳洲持續彰顯澳洲價值，中澳雙邊關係就能正向發展。

參、倡導觀光經貿

一、國際觀光競爭力

「聯合國世界觀光組織」（UNWTO）將 2017 年訂爲「國際永續觀光發展年（International Year of Sustainable Tourism Development）」，強調環境、社會與經濟面之永續發展，主要訴求，圍繞旅行、樂享與尊重，訂有包含海洋、陸地、就業與經濟、永續與全球夥伴等 17 項永續發展目標，呼籲世界各國，提升觀光產業與經濟規模時，應持續關注整體旅遊均衡發展。依據 UNWTO 統計（Tourism Highlights 2017 Edition），2016 年澳洲觀光入境人次 826 萬，排名世界第十位。

「達沃斯論壇」的世界經濟論壇於 2017 年發布《旅遊觀光競爭力報告書》，其中「2017 年全球觀光競爭力指數」，評比對象涵蓋全球 136 個國家與地區，澳洲在政策、基礎設施、環境、自然與文化資源 4 個領域共 14 個項目的評比中，排名第七，在環境便利性、人力資本、市場與創新生態體系 4 大類、12 大面向的「全球競爭力指數 4.0」評比，排名第十六，顯示澳洲觀光競爭力成效斐然，更充滿潛力無窮。

此外，體育能展現一個國家軟實力，更能超越政治藩籬，促進國際合作，有助於提高國家形象與國際能見度。李天任、陳景星在澳大利亞體育運動制度提到，1980 年代起，澳洲聯邦與地方政府，陸續成立運動推廣專責機構，聯邦政府成立的澳洲運動委員會（ASC），為推行國家運動政策最重要的專責機構，並自 1989 年起定期公布運動政策，「澳洲運動：整合挑戰與新方向」（Australian Sport:Emerging Challenges, New Direction）政策提出後，鼓勵民眾參與有組織的休閒活動，成為各級政府運動計畫重點，聯邦政府更陸續推動全國性的大型專案計畫活動，向國際競技運動強國目標邁進。為促進區域成長與穩定，澳洲充分發揮體育援外交流計畫效益，主辦國際運動賽會，成為澳洲推展國際運動交流最重要的活動。2000 年雪梨奧運會，不僅成功開啟國際運動交流，更使澳洲成為國際競技運動強國。澳洲體育運動發展與國家政經文教發展緊密相聯，2010 年提出「澳洲運動：邁向成功之道」，不僅擴大推廣，更充滿自信。

2017 年 APEC 體育政策網絡（APEC Sports Policy Network, ASPN）會議後，APEC「2017 國際婦女與運動研討會」在臺北舉行，與會產官學代表與運動員來自澳洲等 15 個 APEC 會員體，共計近 200 名學者專家、體育相關系所學生與單項協會代表等參與，體育運動與相關活動結合國際組織平臺，進行國際觀光交流合作與分享，對增長國際形象與國家利益的確是個重要平臺。

二、優勢旅遊資產

澳洲現代社會發展不到 200 多年歷史，現代農業牧業、礦產工業舉世聞名，國際大都會林立，旅遊經貿發展更具舉足輕重。農牧業曾是澳洲經濟主導，騎在羊背上的國家稱譽不脛而走，20 世紀 50 年代開始，澳洲又坐上礦車快速工業化發展，1973 年石油危機，曾使澳洲經濟陷入長期動盪，失業率居高不下，農牧產品價格巨貶，農民陷入債務危機，1996 年，澳洲拜新興旅遊業之所賜，一掃經濟長期陰霾，旅遊產品一枝獨秀，躍升成為澳洲最大宗出口商品，預示旅遊資源的蓬勃發展，將在澳洲未來經濟貿發展中扮演關鍵主角。2000 年亮麗的雪梨奧運成果，使旅遊發展轉變更加突顯，澳洲政治家長年費盡心思、絞盡腦汁的規劃和推進經濟轉型，力求突破初級產品主導侷限，成功轉化高技術產業經濟，卻始終受限於澳洲國內市場的狹小和來自國外的強大競爭，而顯得步履闌珊、舉步維艱，更為陷入發展困境而苦心積慮，旅遊業的異軍突起，為澳洲全境披上錦繡彩衣，將使澳洲經濟再次經歷柳暗花明的驚喜，永保亮麗璀燦的國家前景。

三、觀光經濟發展

UNWTO 統計全球整體觀光表現，2016 年全球國際旅客，較 2015 年成長 3.9%，其中亞太地區國際旅客人數，更創下歷史新高，較 2015 年大幅成長 8.6%，顯見亞太地區觀光發展動能強勁，後續潛力無窮。2016 年亞太地區國際旅客旅遊目的地排名，澳洲居第七，2030 年，全球國際旅客預測將達 18 億人次，平均成長率約 3.3%，亞太區域市場發展力道，更超過全球平均成長率，達 4.9%，全球占比預估從 2010 年 21.7% 躍升至 2030 年的 29.6%。旅遊市場受全球化、數位化與自由行自主意識抬頭等因素拉升，旅客出國機會將更多，旅遊型態亦更趨多元。近年世界各國大力投入觀光事業發展，新興旅遊地不斷興起，旅遊

市場競爭激烈，區域結盟加速開展，觀光發展緊隨經貿發展步伐，甚而超前布署，開始關注永續發展議題，全球觀光產業蓬勃發展，對全球 GDP 貢獻已達 10%，更持續增長不輟，就業工作占比幾達十分之一之比例，亦即 10 份工作就有 1 份與觀光產業有關，觀光產業不僅前景可期，其經貿分量更是不可同日而語，澳洲得天獨厚，潛力更是無與倫比。

肆、澳洲最佳利益

上述有關澳洲國家客觀利益與政黨主觀利益及南海利益的連結分析，可綜整如澳洲南海利益分析表說明。

澳洲南海利益分析表

國家客觀利益　政黨主觀利益		國家客觀利益		
		發展安全利益	自主國防利益	外交經貿利益
政黨主觀利益	政治體制利益	深化經貿發展		
	政黨發展利益	擴大經貿聯盟		
	政黨運作利益	倡導觀光經貿		

資料來源：筆者自繪整理。

澳洲國家客觀利益主要彰顯在發展安全、自主國防與外交經貿發展三個層次與面向，經由澳洲政治體制、政黨發展傾向與政黨運作取向所形成的政黨主觀利益運作後，顯現在南海的利益焦點，則須集中在深化經貿發展、擴大經貿聯盟與倡導觀光經貿三個努力途徑，才能讓澳洲避免捲入中美權力競逐的漩渦中，進而有力開展澳洲體育觀光的優勢作為，為南海和平之海起觀光經貿主導作用。

澳洲位處南太平洋與印度洋交會點，擁有廣大海域活動空間，又具大洋洲海洋休閒活動鏈的強力支撐，海洋運動發展獨具特色，體育觀光

佳績風評不斷，加上交通網絡便捷，觀光資源多元豐富，為力促發揮澳洲海陸觀光優質化發展能量，帶動產業轉型升級，進而拓展並深化倡導亞太國際觀光體育活動交流，澳洲宜參據國際觀光發展趨勢、他國推動經驗，以及在地觀光發展現況與需求等，率先倡議亞太海域觀光發展，具體研訂整體海陸體育觀光休閒活動發展政策，帶動國際觀光年運動，導引整體海域觀光活動發展，持續不斷充實各項軟硬體建設，培育多元觀光產業人力，拓廣國民觀光就業能量，並進一步提升觀光旅遊服務品質，期更創澳洲觀光旅遊品牌優勢。

　　旅遊業是澳洲成長最快速的一個產業，也是最關鍵的一個產業，這個產業每年造就了上千份工作機會和巨額收益，澳洲政府決定投入國家更多預算大力推動觀光業更細緻發展，這筆投資是一項實現產業潛力升級的戰略計畫，澳洲旅遊觀光局持續鼓勵並推出高品質旅遊經驗範例，主辦更多跨界合作和有效的行銷活動，不斷創造需求和積極倡導產業合作，以強力支持旅遊業發展，為了永續發展，旅遊業更須達成一個平穩的共生關係，嚴密關注原生傳統文化與現代觀光發展的和諧，了解旅遊業對於環境、人群和經濟上影響的利弊，主動因勢利導，做好萬全準備，才能讓觀光旅遊創造永續經營的國家利益。

Chapter *6*

澳洲南海戰略

澳洲南海安全戰略與政策行動取向，應奠基於國家四面環海與濱海廊道的海洋文化，發揮體育觀光休閒優勢，開創南海合作開發與體育休閒觀光模式的利基。澳洲政黨政治實踐成效證明，澳洲具有客觀國家利益需求，亦有政黨主觀利益取捨，而出現輕重緩急與優先次序的階段性調整，但其西方文化價值主導與東方地緣經濟利益優先的戰略行動軸線，始終未曾改變或偏離。工黨來自工會基層，關注經貿利益分配，顯現傾中與大陸取向，自由國家聯盟黨起自企業主與中產階級，保留西方保守價值，顯現傾美與海洋取向，隨著印太國際情勢發展，澳洲海洋政策與相關海洋活動，成為國家主要政策，似有趨同取向，基此，澳洲循其海洋文化結構與身分認同及角色轉化，海洋戰略、政策與機制連貫的南海安全戰略與政策行動取向，似為其國家利益保障與發展的重要佐證。

第一節　亞洲世紀開啓

壹、澳洲《亞洲世紀白皮書》

一、緣起

2011 年澳洲總理吉拉德（Julia Gillard）在墨爾本發布重要講話聲稱，亞洲崛起的影響，不僅限於澳洲，中國大陸、日本和新加坡等亞洲國家領導人都面臨調整的必要，澳洲處在地緣經濟變化最前沿，更有亞太區域唯一具西方身分的特殊地位，感受特別敏銳，觀察角度與行動策略也更加不同。澳洲政府將重新審視經濟、戰略環境，並據此制定一份政策白皮書，重塑未來國家和國際長遠利益。

楊永明在《亞洲大崛起：新世紀地緣政治與經濟整合》一書提到，2012 年 10 月 28 日，吉拉德政府的《亞洲世紀中的澳洲》白皮書主張，建立亞洲世紀政策部門，推動相關改革。吉拉德在演講中提到，亞洲

崛起勢不可擋，且不斷加速彷彿永無止境，不論 21 世紀如何走向與變化，亞洲重返全球領導地位是不可避免也無法迴避，白皮書為澳洲列出宏偉規劃，確保握有亞洲世紀的機遇，在未來變得更加強大。

澳洲過去經濟高速發展，受益於採礦業的繁榮，和對亞洲商品出口的依賴，下一輪經濟浪潮，亞洲中產階級將成為推升經濟高度成長的引擎，為使澳洲更了解亞洲、更具亞洲能力，澳洲各項農產需求提升廣泛應用科技外，將全力提高澳洲學校在世界排名，力求更能迎合亞洲新富國家的需求，澳洲擴大與美國軍事合作並和中國大陸經濟合作不會也不必衝突，更不需陷入兩難抉擇，華盛頓是澳洲盟友，北京值得澳洲心存感恩與尊敬，不僅向中國大陸敞開大門，澳洲更向所有亞太國家展開雙臂熱烈歡迎。

白皮書呼籲克服對亞洲低工資的歷史恐懼，強調提升澳洲競爭力，讓澳洲成為一個高技能、高收入的經濟體。亞洲戰略環境變化的現實，不是量變，而是鐵錚錚的質變，白皮書大膽改變澳洲政府抵制變革的思辨規則，尋求的不是政策調整，而是鼓勵全面創新、大膽突破。

二、要旨與目標

《亞洲世紀白皮書》以預判亞洲中產階級崛起為背景，列出 2025 年澳洲在經濟、社會、教育等領域的發展目標共計 25 項，內容遍及政治、商業和教育等多方面，廣泛改革程度直比澳洲國民長期心靈改革與對話運動。白皮書預計中國大陸經濟將繼續保持強勁增長，中國大陸崛起豐富和增強整個國際體系職能，並為中國大陸人民和整個地區帶來經濟和社會利益，澳洲明確表示歡迎並支持中國大陸參與地區經濟、政治與戰略發展。

白皮書目標包括改善教育體制，強調教育和技能培訓是提高生產力和勞動參與率，確保每個澳洲人受益於亞洲世紀的基礎，亞洲學習和研究，為澳洲學校課程的核心，所有學生力求學會一種亞洲首要語言，能

掌握亞洲有用知識和技能，對亞洲文化提升理解程度，力求能在亞洲地區發揮積極作用。此外，白皮書設定政府具體績效指標，尚有推升澳洲人均國民生產總值（GDP）至前十位，成為全球企業經營最宜環境的前五名，創新體制提升至前十名，亞洲經濟和貿易占 GDP 的三分之一，上市公司董事會與聯邦機構成員三分之一充分了解亞洲等，並提供工作與度假雙邊協議，提供更多學習與服務機會，吸引更多遊客和留學生到澳洲度假和深造。

三、機會與能力

　　澳洲總理吉拉德表示，澳洲如果想在中產階級群聚的亞洲成功，學校教育將是關鍵，這份 312 頁的白皮書，遂以校園年輕人為核心做整體規劃，顯現澳洲政府的胸襟氣度與長遠視野，為了支持教育目標，澳政府宣布將向學校語言教學與文化學習提供資金援助，並設立相關獎學金鼓勵更多澳洲大學生前往亞洲大學就讀，更多方協助各大學推動學生選修亞洲研究課程。

　　大多數中產階級聚居亞太地區，將成為商品和服務最大的製造者、提供者與消費者，其中影響澳洲國力發展最重要的 6 個國家，除中美兩大國外，還有日本、印度、印尼和南韓。前總理陸克文稱讚白皮書，正確解讀亞太地區形勢發展，並呼籲澳洲精準定位，劃出澳洲在美中關係的戰略合作路線圖。

　　此外，亞洲世紀的來臨，各行各業尤其是澳洲新興主業體育與觀光、金融服務等，都極具發展潛力，代表澳洲民眾，尤指年輕一輩，有更多元的選擇與多方就業機會，就以觀光發展為例，亞洲中產階級興起，勢必對於澳洲高品質的觀光資源，與高價值食品的手藝，需求甚殷，尤其澳洲豐富的海洋資源管理與活動發展經驗，都是澳洲大展身手積極尋求地區貢獻的大好機會。

(一) 戰略能力發展

1. 文教地位上升

戰略不僅適用在國防軍事議題，更是一門普世的經世致用之學，強調思想、計畫與行動的連結，並透過議題的設定與吸引力達到預想目標。隨著全球與國際戰略環境不斷發展，傳統軍事和經濟要素，在戰略中的比例逐漸調整，文化教育體育休閒要素地位則顯著上升，戰略思維遂更應聚焦於行動體驗與學習能力的探索與發展，2008 年「北大西洋理事會」（North Atlantic Council）曾宣布，「為確保擁有不斷更迭安全挑戰的正確能力，將進行必要的轉型、調適與變革。轉型是持續過程，需要持續與積極關注。」美國與北約的國防規劃，遂積極從國防軍事為主的「威脅導向」思維，轉為安全與發展為主導的「能力導向」（capabilities-based approach）行動取向，亦即能力導向部隊必須具備多層次安全防護與整合軍民資源的廣泛能力。

2. 關鍵能力

廣泛能力主要指具備適應生活與工作挑戰的關鍵、核心或稱基本能力，亦即具備重要的態度、技能與知識素養，以適應社會生活與挑戰。聯合國教科文組織（UNESCO）在 1996 年國際教育會議時，倡導 4 個支柱學習，指動手做、知能力、與他人相處與自我實現學習。劉蔚之、彭森明在歐盟「關鍵能力」教育方案提到，2000 年歐盟高峰會，提出里斯本策略，確認歐盟各國共同教育目標為終身學習，將教育系統現代化，視為最關鍵策略之一，並由此策略目標，規劃教育與訓練方案「2010 教育與訓練計畫」，重點聚焦於直接影響公民素質與未來競爭力的關鍵能力。

2001 年成立小組專責研議關鍵能力之建置，2002 年歐盟會議，提出未來教育應提供終身學習數位、母語、外語溝通、文化表現、數學素養與科學、學習如何學習、人際與公民及企業與創新等八大關鍵能力。施又瑀、施喻琁在全球化時代的關鍵能力指出，2003 年歐盟出版《開

發寶藏：願景與策略 2002-2007》一書，擴充聯合國教科文組織 4 個支柱學習，提出第 5 支柱——改變學習，顯見能力發展導向的學習，已普受 UNESCO、經濟合作暨發展組織（OECD）與歐盟國家重視。

鄭仁偉在提升青年就業力計畫成效評估報告指出，臺灣前青輔會曾針對企業僱用大專畢業學生優先考量的能力調查，共計指出 17 項，也幾乎含括態度、能力與知識三大面向，如態度上的良好工作態度、穩定度與抗壓性等，能力上的表達與溝通、外語與團隊合作等，知識上的專業知識與技術等，蕭佳純、涂志賢在大學生就業力發展分析提到，2002 年澳洲也在《未來所需就業力技能》白皮書中，提出「就業力技能架構」（Necessary employability skills needed for the future stated "employ-ability skills framework"），主要有溝通（Communication Skills）、團隊合作（Team Work Skills）、問題解決（Problem Solving Skills）、創新（Innovative Skills）、規劃與組織（Planning and Organization Skills）、自主管理（Autonomous Management Skills）、學習（Learning Skills）與科技（Science Skills）等技能，綜合以上各項能力指標之說明，關鍵能力似可簡約歸納如 Stein B. Jensen, et al. 的程式說明：能力（C）＝知識（K）＋技能（S）× 態度（A），亦即提升國民競爭力的態度、能力與知識乘數的素養。（詳如關鍵能力指標分析表）

關鍵能力指標分析表

區分	能力指標
聯合國教科文組織	4 個學習支柱： 1. 學習動手做。 2. 學習知的能力。 3. 學習與他人相處。 4. 學習自我實現。
歐盟	8 大能力： 1. 母語溝通能力。 2. 外語溝通能力。

區分	能力指標
歐盟	3. 數學素養與科學基本能力。 4. 數位能力。 5. 學習如何學習之能力。 6. 人際與公民能力。 7. 企業與創新能力。 8. 以及文化表現能力。 與第 5 支柱學會改變。
臺灣青輔會	企業僱用優先能力： 1. 良好工作態度。 2. 穩定度及抗壓性。 3. 表達與溝通能力。 4. 學習意願及塑性。 5. 專業知識與技術。 6. 團隊合作能力。 7. 發掘及解決問題能力。 8. 基礎電腦應用技能。 9. 外語能力。 10. 職業專業倫理道德。 11. 創新能力。 12. 能將理論應用於實務。 13. 擁有專業證照。 14. 了解產業環境及發展。 15. 對職涯發展充分了解及規劃。 16. 領導能力。 17. 求職與自我推銷能力。
澳洲	就業能力架構： 1. 溝通技能。 2. 團隊合作技能。 3. 問題解決技能。 4. 創新技能。 5. 規劃與組織技能。 6. 自主管理技能。 7. 學習技能。 8. 科技技能。

資料來源：筆者自行繪整。

貳、澳洲海域利基能力

一、中型國家發展

澳洲與日本都是積極倡議印太戰略視野與氣度的先行者，2017 年日本防衛大臣提倡自由與開放的印太戰略，澳洲總理滕博爾亦積極倡議各方應確保印太的核心地位與戰略意義，從地緣政治的角度來看，同時面對印度洋與太平洋的澳洲，較諸遠在東北亞的日本，不僅更具倡導價值，且掌控印太戰略發球權的空間將更有彈性。

澳洲政府 2016 年《國防白皮書》指出，澳洲國家利益仰賴航道開放與多元貿易夥伴維持穩定與繁榮，以此設定國防利益、印太區域穩定與以規則為基礎的全球秩序 3 項捍衛主權基本戰略。作為中型強權，澳洲特別重視現存區域合作與對話機制，並且關注小國權益，主張任何一個印太國家，無論國力強弱，對於區域事務均有平等發言權，澳洲將透過持續不斷的政府開發援助，促進區域永續發展。

楊昊在形塑中的印太戰略布局時指出，2018 年 4 月，澳洲海軍編組一支敦睦艦隊，北上前往越南胡志明市，進行港口友好訪問，在行經南海海域航程中，遭遇軍事演習中的中國大陸解放軍海軍關切，澳洲重申相關海域的航行自由權，展現南半球、中型國家溫和且堅定立場，與捍衛主權及國家利益的不妥協態度。

澳洲被國際社會公認為堅實的「中型國家」，Jennifer Welsh 分析加拿大中型國家時指出，中型國家強調國際多邊主義與體系穩定及區域合作，採取外交結合經貿導向的外交經貿主體架構。2003 年澳洲自由聯盟黨的霍華德政府，發表《外交事務與貿易白皮書》（*Foreign Affairs and Trade White Paper*），相隔 14 年後，2017 年 11 月同為澳洲自由聯盟黨的滕博爾政府，再次發布長達 115 頁的新版《外交政策白皮書》（*Foreign Policy White Paper*），內容再度重申並加大突顯開放、

民主、自由與經濟穩定等澳洲價值。澳洲外交與國防政策，先後追隨強權英國與美國，現在輪到中國大陸崛起卻出現猶豫與徘迴。

1996-2007 年自由聯盟黨霍華德時期，澳洲與美國軍事安全同盟，又在美國獨大格局支撐下，澳洲外交與國防政策毫不猶豫全力追隨並配合美國行動，2007 年陸克文為首的工黨政府上臺後，澳洲面對一個變化迅速的國際社會，與一個快速崛起的中國大陸政經影響力，澳洲為確保國家利益，在國際上面臨安全與經貿兩難的抉擇，並在不時強調一個強大美國對區域安全的必要性時，又同時必須不斷呼籲中國大陸負擔更多區域安全的責任，更認知澳洲未來在區域安全與發展上，也將無可逃避的承擔更大更多責任，尤其是海上爭端引發緊張關係的平衡，以符應澳洲中型國家「中樞」角色。

澳洲在爭議事端態度強硬、行動果斷，如南海航行自由與中國大陸設置東海防空識別區等問題上不惜火力全開，嚴厲抨擊中國大陸，並對中國大陸是否劃定南海防空識別區的疑慮提出事前防範式警告，對南海填海造陸行動鄭重表達關切，對南海航行自由頻發重言，更以行動堅挺美國，擺出捍衛地區正義與公理的強硬態勢。此外，在全局發展布署上，卻又外交架式十足，具足強國風範，如提升中澳關係為全面戰略夥伴關係，與中國大陸簽定自貿協定，維持經貿倡議與加盟傳統，率先加入亞投行與 RCEP。

2016 年澳洲更不吝在國防與外交白皮書給予中國大陸整體改革開放發展高度評價，正面評述稱中國大陸發展為印太地區國家帶來脫貧機遇，中國大陸對地區和平穩定，具關鍵主體作用，中澳關係全面持續深化發展，為澳洲繁榮穩定不可或缺，澳洲殷切期望善盡中等國家責任，成功擔任中美關係的協調者角色，化解中美未來在印太地區的潛在利益衝突，進而為自己創造國家利益最大化。

二、海域活動能力

澳洲 2011 年《亞洲世紀白皮書》主要目標，在提升澳洲面對亞洲世紀的全民競爭力。澳洲海灘文化發展成爲澳洲的文化或次文化，大約 86% 人口聚居東南沿海涵蓋約 200 萬平方公里的海域地區，其中約四分之一人口居住於離海邊不到 3 公里處，四分之三人口住處離海邊不到 50 公里。澳洲人喜愛海，海灘約計有 10,685 處，是多數澳洲人鍾愛衝浪、釣魚、划船、運動或休閒活動之中心。

江愛華、蔡秀枝在探討澳洲高中海洋教育發展及產學合作模式指出，海岸和海洋對澳洲文化、澳洲人生活型態、社會價值觀均有深遠影響，海洋活動能力培養更是不可或缺，澳洲高中海洋教育課綱，明訂教學目標爲強調發展學生基本能力，教學目標包括認知、情意、技能與資訊處理和推論等，各項教學目標均設有相對基本能力指標，澳洲更透過產官學研及民間團體之攜手合作，共同促進各級學校之海洋教育，這些相關組織成爲培育澳洲海洋活動能力重要推手。（詳如澳洲海洋教育基本能力指標分析表）

澳洲海洋教育基本能力指標分析表

教學目標	能力
認知	1.蒐集、分析和組織海洋訊息與概念。 2.重視海洋安全與負責任行為。
情意	1.傳達海洋關懷與情感。 2.海洋團隊整合發展。
技能與資訊處理和推論	1.規劃及組織海洋相關活動。 2.海洋資訊應用技術與能力。

資料來源：筆者參考江愛華、蔡秀枝「澳洲高中海洋教育發展及產學合作模式」繪製整理。

　　海洋約占地球表面積的三分之二，廣闊海洋資源蘊藏豐富，可發揮生態平衡與交通運輸功能，海洋環境的潮汐、溫差、風力等新興能源日趨吸引各國關注，海上觀光遊憩產業，包括生態觀光、賞鯨、海釣、潛水等，更是方興未艾的熱門休閒活動。由於海洋對人類的重要性日益增加，其運用日趨多元發展，姜皇池在國際海洋法新趨勢指出，1982 年聯合國制訂的《聯合國海洋法公約》（United Nations Convention on the Law of the Sea, UNCLOS）有「海洋憲章」之稱，該公約於 1994 年 11 月 16 日或各相關國家批准生效，排除主權與劃界的爭端，公約在通過後，對海洋環境保護海洋永續發展意識與觀念的提升日趨影響深遠，有鑑於國家管轄權的不當運用，日趨侵蝕並威脅海洋人類共同繼承財產的理念，各國對海洋資源爭奪日熾，海洋中大汙染頻傳，海洋生態浩劫迫在眉睫，海洋健康活動推廣日熾，相關海洋科技發展成為重要關鍵，加上重視和平協商共同合作解決爭端日趨形成區域共識與行動準則，值此各國相關海洋主權與資源及漁業政策必須重新檢視，尤其注重海洋資源之養護管理與多元開發更形重要。

　　澳洲多年未受戰火波及，又有四面環海與濱海廊道的戰略環境特質，隨著印太國際情勢之變化與發展，澳洲應積極參考美國與北約轉化國防威脅導向為國家發展能力導向之體驗，進而警覺並修正指導與美日聯防中國大陸威脅的政策作為與機制運作，優先在爭議的南海，示範體現海洋國家活動能力的發展，為印太海域國家與大洋洲的領導角色起帶頭示範作用，基此，澳洲戰略思維循己身文化結構與身分認同，發展適切海洋國家安全思維、國家安全政策與國家安全機制相結合的利基戰略行動體系，避免戰略視野之侷限，以體現澳洲獨具特色的國際戰略能力開發效益，提升澳洲迎接亞洲世紀的全民競爭力。

第二節　海洋政策主軸

壹、海洋政策白皮書

一、政策白皮書意涵

　　白皮書（White Paper）是政府詮釋重要政策的正式文件，為增加政府施政透明度，俾利增加互信，減除不明威脅，進而塑造爭取國內民眾理解支持與良好國際形象。聯合國發展計畫署（UNDP）《1994 年人類發展報告》（Human Development Report 1994），率先明確揭櫫人類安全（human security）計分七大類型，除傳統政治外，尚包括經濟與糧食、健康與環境及人身與社群等，指出國家安全發展形態已日趨多元與綜合，需要政府發揮整體作為才能有效保障，因此，「國防政策」（defense policy）亦稱「國防策略」（defense strategy）白皮書，除消極目標達成傳統兵力與軍事準備，尋求危機、戰爭發生時，確保消彌危機、贏取戰爭勝利外，積極目標更應尋求透過軍事嚇阻（deterrence）或外交和解（conflict resolution）與合作，防止敵對氛圍滋長或營造和平環境，預防危機或戰爭發生或擴大。澳洲基於環海的國家地緣特質，依循《聯合國海洋法公約》的規範，制定海洋政策白皮書，其效益可能更超越澳洲國防與《外交政策白皮書》，進而可發揮整合政府相關政策白皮書效能，發展國家海洋政策最高綜效。

二、海洋國家政策

　　1901 年澳洲獨立後，首在馬漢等海權戰略家的影響下擁抱「大海軍主義」，開始發展澳洲皇家海軍，並朝向建立區域性艦隊轉型，由於世界大戰相繼發生，使澳洲海洋發展中斷，1997 年後，澳洲相繼恢復提出各種新興海洋策略，如《澳洲海洋產業發展戰略》、《澳洲海洋政

策》、《澳洲海洋科技計畫》與《海洋研究與創新戰略框架》等政府海洋發展文件陸續出爐，2006年更在政府部門組建海洋戰略管理委員會統籌其成，澳洲兩大政黨安全戰略思維縱有不同，但整體看來，澳洲近年來對海洋戰略的重視程度與一致性似有越來越高的趨勢。

澳洲「海洋政策」首從生態系統規劃角度出發制訂，以此規劃整合性的管理架構。澳洲擁有許多當地獨有的生物物種，生物多樣性戰略價值極高，因此國家海洋政策制定指導，特別強調珍惜得天獨厚的自然資產。

海洋相關產業發展如造船工程、海域油氣田開發、漁業養殖防護、觀光休憩發展等，對澳洲海洋國家整體經濟貢獻日趨重要，澳洲在聯合國規範下，尋求與國際各國共同合作，為海洋「永續經營」共同努力。澳洲尤其重視該國原住民與大洋洲共同聯繫的海洋傳統文化，更深切關注尋求保護南極與大洋洲海域的全球暖化衝擊，積極尋求開拓國際合作管道。

此外，該國海洋政策念茲在茲的重要課題與核心價值，即為多面向開發利用海洋資源，透過「區域海洋規劃案」（Regional Marine Plans）之整體規劃，澳洲政府強化各級與海洋事務相關單位之聯繫運作，整合各方資源與各種管道，並尋求國際共同合作開發，力求海洋產業永續發展。「區域海洋規劃案」由澳洲與紐西蘭環境保護聯合會共同合作和協調，雙方環境、工業、資源、漁業、科技與觀光等相關部會部長組成部長級委員會，主導「區域海洋規劃案」政策發展，並遴選產業界、學界、社會環保團體與海洋規劃案相關人員共同組成顧問團隊，實務運作則由「國家海洋辦事處」（National Oceans Office）負責支援。

澳洲國家海洋政策形成，主要依據1992年《國家生態永續發展策略》（the National Strategy for Ecologically Sustainable Development）、1996年《澳洲生物多樣性國家保護策略》與1998年《政府間之環境角色扮演及責任承擔協議》等三個文件指導，並配合國家環境保護發展策略相關的主要精神擬定，主要的維護措施，有建立國家海洋保護區、規

劃大堡礁海洋公園與降低漁業捕魚的異獲（bycatch）等，其中有關「海洋科學與技術計畫」（The Marine Science and Technology Plan）和「海洋產業發展策略」（Marine Industry Development Strategy）兩項規劃的逐步落實，及海洋觀光事業的推動和社區參與擴大的提升，是澳洲未來海洋政策發展較為迫切的課題。

貳、海洋政策運作

一、海域資源管理

2010 年《生物多樣性公約》（CBD）通過愛知目標，建議 2020 年前，將 10% 的沿海和海洋區域劃設為保護區，以創造多樣生物發展良善環境，2014 年聯合國永續發展大會，也通過一系列永續發展目標，宣示 2020 年前，依照國家與國際法規及可取得的最佳科學資訊，保護至少 10% 的海岸與海洋區。2020 年全球海洋保護區比例達 7.44%，包含大部分的國家水域與少部分的國際水域（Areas Beyond National Jurisdiction, ABNJ），國家水域範圍內的保護區劃設超過預定目標達 17%，成效卓著，占全球海洋面積大部分的國際水域（ABNJ）保護區，則進展有限，僅達 1.18%，與 2010 年規劃目標落差極大，國際合作尚有極大努力空間。

澳洲海岸線總長 3 萬餘公里與約 8,000 餘座大小島礁的海洋資源管理，是歷屆澳洲政府都要面對與經歷的現實與挑戰。澳洲環境部宣布，澳洲成立世上最大的海洋系統保護區，涵蓋範圍達到 310 萬平方公里，占澳洲海域總面積超過三分之一，保護區經過歷任政府超過 20 年規劃才定案，規定多種級別區域，保護等級最高且最受矚目的是「禁取區」，又被稱為「綠色區域」，該區內除觀賞性質的旅遊活動外，禁止任何商業捕撈和休閒漁業。澳洲最大民間漁業協會「澳洲海洋聯盟」警告表示，澳洲將因此蒙受約 3.6 萬個相關工作機會消失與 70 條拖網漁

船退出業界的巨大損失，部分組織更憤然批評此舉，不啻是把合法經營發展的漁業經濟，讓給非法捕魚的走私漁船，環保團體則表示支持，並進一步認為大堡礁周邊珊瑚海海域也應完全禁止一切商業活動。

澳洲歷屆政府海洋政策，總在龐大漁業產值與生態永續發展之間拉扯，澳洲地科測量局指出，澳洲雖擁有比國土面積還大的專屬經濟海域，和地表上面積最大的海洋漁場，卻因缺乏富含微生物洋流經過，澳洲實際漁獲量僅占世界排名第五十二，加上遼闊邊界巡檢困難，海域走私漁船不絕，迫使澳洲不得不高度重視魚類資源永續管理。

2011 年聯合國農糧組織發表全球報告指出，澳洲是 2009 年世界上無過度濫捕情況的「模範生」，2012 年澳洲農林漁業部提交國會《聯邦漁業調查報告：法案、政策與管理》報告指出，澳洲漁場內 46 種魚類資源有 98% 達永續平衡標準，只要持續加強控管漁場不過度濫捕，澳洲漁業資源將不會出現枯竭危機。

二、海域活動發展

海岸遊憩資源不僅能夠滿足民眾觀光遊憩的需要，更是許多海域運動賴以生存發展的重要場域。海岸遊憩，可分陸域與海域兩大活動。前者活動場地主要在沙灘與岸上，活動內容包括沙灘活動、散步、慢跑與生態導覽等，後者又分海上與海中活動，海上活動包括遊艇、帆船與釣魚等，海中活動則包括游泳、衝浪、浮潛、潛水與滑水等。

許振明在分析海洋運動與休閒時指出，1960 年代開始，全球海洋觀光遊憩除了海水、沙灘、陽光傳統重點外，新的旅遊需求不斷推陳出新，帶動海岸與海域觀光遊憩大量開發，美國每年濱海旅遊人數，高達 1 億人次以上，澳洲每年參與海洋遊憩活動的國際旅客數量，更占總觀光旅客人數的 50%，泰國海上觀光收入已成為國家外匯收入的重要來源，海洋觀光遊憩活動成為各國吸引國際觀光旅客的主打產品，各國旅遊業者為了每年能吸引更多遊客參與水域活動，各種創新水域遊憩活動

不斷發展，期能充分迎合觀光客期待體驗的新奇感。〔詳如海域活動分析表與海洋（海域）遊憩活動分類表〕

海域活動分析表

區分		活動內容
陸域活動（land-based）		主要在沙灘與岸上： 1. 沙灘活動。 2. 散步。 3. 慢跑。 4. 生態導覽。
海域活動（water-based）	海上活動（on the water）	1. 遊艇。 2. 帆船。 3. 釣魚。
	海中活動（in the water）	1. 游泳。 2. 衝浪。 3. 浮潛。 4. 潛水。 5. 滑水。

資料來源：筆者參考許振明〈海洋運動與休閒〉自繪整理。

海洋（海域）遊憩活動分類表

活動類別	活動目的	活動項目
第一類	觀賞海底生物及景觀。	浮潛、水肺岸潛、水肺船潛、玻璃底船與潛水艇。
第二類	觀光海岸海上風景與海面休閒活動。	遊艇與風帆船。
第三類	追求速度、刺激、冒險之動力水上活動。	水上摩托車、海上拖曳傘、香蕉船、滑水板、橡皮艇。
第四類	非動力水上休閒活動。	游泳、水上腳踏車、衝浪板及風浪板。

資料來源：內政部營建署墾丁國家公園管理處（1990）——墾丁國家公園海域遊憩活動發展方案其活動分類及其適宜性分析。

陳科嘉在新南向國家澳洲海洋運動與水域遊憩交流計畫指出，澳洲黃金海岸擁有 26 個絕美沙灘，是最受歡迎的度假勝地，也是衝浪者熱愛的天堂。黃金海岸能夠漫遊體會陽光、海岸、雨林與生態豐富的多元面貌，因旅遊、觀光與海洋休閒產業蓬勃發展，黃金海岸市已成澳洲第六大城和國際著名觀光都市，漁業與水上運動等在全球引領風騷。澳洲擁有豐富海洋漁業資源，其中塔斯馬尼亞州擁有 3,200 公里未受汙染的海岸線，爲澳洲自然生態保護最完善與漁業資源最豐富的地方，全州約 40% 被正式列爲國家公園，水質純淨，水溫寒涼，海水鹽度適中，沿海多爲礁岩底質，是海鮮養殖與野生漁業產品生長最理想的溫度與環境，其水產產值名列澳洲產業之冠，且擁有育種、養殖與加工先進技術，更建立一整套嚴密的漁業行政支援管理體系，使塔斯馬尼亞高品質、無汙染、少病害的水產業因而享譽海內外。

參、海域科技作為

一、軍用科技

1. 國防工業報告書

澳洲自 80 年代起開始展開一系列經濟與產業結構的連番改變，導致 90 年代澳洲經濟迅速起飛，成功轉型爲已開發的工業國家。2005 年，根據瑞士洛桑國際管理學院（International Institution for Management Development, IMD）提出的世界競爭力報告，澳洲排名從 1996 年的二十一名，快速躍升至 2006 年的第六名。相對的，澳洲國防預算也從 1995-1996 年的 106 億澳幣，增加至 2007-2008 年的 220 億澳幣，達 2 倍有餘。澳洲爲維持高科技含量的現代化國防武力，對國防科技研究發展與提升國防產業能力極爲重視，以尋求落實國防自立、積極防衛和海空制敵的國防政策理念與目標。

1998 年出版的《澳洲國防工業策略報告書》（*Commonwealth of*

Australia, 1998）明確指出，國防工業是國家安全的基本要素，維持永續發展的國防工業，主要繫於國防科技研發的能量。澳洲國防科技由成立於 1907 年的國防部「國防科學與技術組織」（Defense Science and Technology Organization, DSTO）負責研究發展，其下主要轄有政策與計畫（Policy & Programs）、資訊與武器系統（Information & Weapon Systems）及載臺與人員系統（Platform & Human Systems）等三個研究部門，與產業合作方式與途徑，約略概分為策略聯盟、技術支援與技術轉移等。

張信堂在相關國家安全與國防科技發展策略提到，策略聯盟主要運用於國內主要國防產業公司與知名跨國公司的合作，並聚焦在先進尖端科技領域，如因應未來自動化戰場（Automation of Battlespace）趨勢等，技術支援提供技術諮詢和測試服務，技術轉移尋求增加就業機會並擴大國防產業自主根基。1965 年 DSTO 加入由美國、英國、加拿大及紐西蘭等國所組成的「技術合作計畫」（The Technical Cooperation Program, TTCP），參與有關國防尖端科技的最新研發、測試與評估計畫，以提升國防科技研發能量。1997 年，DSTO 為落實國防產業政策，強化國防自主能量，提出國防「能量與技術試驗」（Capability and Technology Demonstrator, CTD）計畫，對民間尖端科技研發與運用的國防效用，進行審慎評估與指導，促進業界共同合作發展國防自主工業。

澳洲國防工業部長於 2018 年 4 月 23 日發布，新版國防工業能力計畫，創新澳洲國防工業定義，強調國防工業，不是國防部門關起門自行推動，而是力求建構國內供應鏈和投資網絡，澳洲國防工業能力指，澳洲工業提供國防的直接能力，當評估能力具有戰略重要性時，就成為主權工業能力，澳洲進一步簡化主權工業能力優先項目清單，重要品項包括潛艦維保、造船、陸戰車輛、雷達能力、減弱技術、信號處理、網路安全、數據管理、系統認證、輕武研製、航太維保等，幾乎涵蓋所有民間先進尖端科技工業能力，澳洲政府試圖讓民間工業以最合算價格，向

國防部提供最大數量的前沿能力，國防工業發展除與政府相關部門通力合作，更強調通過本地工業能力、基礎設施和創新發展，提升並強化澳洲整體國防能力。隨著國防能力增長，工業能力也隨之增長，工業能力增長，再度回饋國防工業，以此建構澳洲國防工業軍民互助互利循環網絡。

2. 國防預算

劉致廷在分析防範中國獨霸亞太時指出，澳洲宣布 7,100 億擴軍計畫提到，2016 年 2 月 25 日澳洲政府宣布，為因應日益崛起的中國大陸軍力，並維持澳洲在亞太地區的影響力，未來 10 年內將增加 300 億澳元國防預算，澳洲國防部長佩恩（Marise Payne）表示，澳洲樂見中國大陸經濟起飛，同時關切並努力防範中國大陸解放軍在亞太地區取得更多影響力的企圖與走向，澳洲總理滕博爾（Malcolm Turnbull）也指出，國防軍備預算擴充，是為了建立網路安全機制、防範恐怖主義並有效因應氣候變遷危機與緩和區域衝突，澳洲擴大增加的預算，主要運用於海洋防護與海域巡航，將打造 12 艘潛艦、12 艘巡邏艦與 9 艘驅逐艦，潛艦總數將擴增一倍達 24 艘。

另外，澳洲空軍（RAAF）則增加添購 72 架美國先進 F-35 戰鬥機，並首次將無人機投入戰略用途，編列兩個無人機戰隊，陸軍武裝，則除增購新式武裝無人機、特戰直升機、遠程火箭和新式運輸車輛外，兵力擴編 2,500 人，創下澳洲兵力增長最高記錄。2021 年澳洲聯邦政府為有效因應印太區域緊張局勢加劇，大規模升級國防，將再挹注 10 億澳幣，持續發展更新海軍裝備，提供海軍超過 370 公里的長程反艦與增程型地對空飛彈、先進魚雷與射程 1,500 公里的海陸打擊能力，強化海洋資源和遠程邊境防護，展現並維持海洋控制權，澳洲國防部長雷諾茲指出，新戰力將提供強大、可靠的威懾力，確保區域穩定與安全。

3. 國防競標

針對澳洲舉世注目的巨額潛艦國際競標案，澳洲總理滕博爾於

2016 年 4 月 26 日在記者會宣布，選擇法國國有船舶製造企業集團（DCNS Groups）爲澳洲新型潛艦計畫的偕同研發夥伴，表示 DCNS 具豐富潛艦出口經驗，最符合澳洲特殊的戰略與經濟需求，主要關鍵即是就業機會的提供。

　　回顧整個國防國際競標過程，日本雖在 2014 年 4 月 7 日安倍首相即與澳洲總理艾博特達成峰會共識，兩國正式開啓防衛裝備和技術轉移協定談判，2014 年 7 月 8 日安倍回訪澳洲，兩國進一步簽署《日澳防衛裝備及技術轉移協定》推動潛艦共同研發。然而，澳洲阿德萊德地區產業日益蕭條，要求在當地建造潛艦，以振興經濟的呼聲日益高漲，2014 年 8 月 27 日澳洲製造業工會會長巴斯蒂安（Paul Bastian）強烈批評表示，艾博特總理由日本建造潛艦的魯莽決定，將嚴重衝擊國家安全與海軍造船業。

　　郭育仁在從澳洲潛艦個案看日本國防工業改革之挑戰指出，2014 年 9 月 9 日澳洲工黨領袖休頓（Bill Shorten）抨擊艾博特與日本共識，違反當初競選承諾，也是極不負責任的決定。2014 年 12 月 2 日澳洲財政部長霍基（Joe Hockey）強硬堅稱，不會進行公開競標，但巨大國內壓力持續延燒，迫使艾博特政府於 2015 年 2 月 12 日決定改開國際標，德法遂挾著豐富潛艦出口經驗，又以澳洲所需建造與技術轉移及就業機會的經濟誘因爲競標主軸，其中法國 DCNS 在公開標之前，即於 2014 年在澳洲設立分公司，與阿德萊德當地製造商展開洽談，更承諾將提供約 6,000 個工作機會，不僅給澳洲政府帶來極大的輿論壓力，也給自己創造最後成功得標的有力保證。滕博爾獲選澳洲總理時亦主張，振興經濟與擴大就業爲潛艦標案優先考量，即已先行迫使日本放棄原始方案的堅持，加上政治複雜因素介入考量，中法日政府與企業高層相繼放話，使澳洲國防國際競標如潛艦案甚至地方重大基建標案的政治因素與民生因素糾纏將始終難以避免。

二、軍民兩用

(一) 緣起與意涵

兩用技術同時具有軍民用途，其出口、轉移一向為國家科技安全關注的重點。在科技迅速發展後的技術擴散，除了民用技術轉為軍事用途，更不缺軍事技術移轉商用的事例，尤其軍事技術有政府龐大預算支應，軍事技術發展成果更為突出，民用技術則因限制較少，創意較容易發揮，也有軍用發展不及的地方，故兩用技術互通為發展趨勢也無法遮擋，如 AI 結合無人機，軍事作為發展遠程精準打擊用途發展，民用則為發展精準商用無人物流服務，將物品準確送抵特定地點，又如最近發展轉趨熱門源自矽谷的新興自動駕駛車輛，實際上是美國國防先進研究計畫署（DARPA）早於 1960 年代就開始推動的研究計畫。

DARPA 為加速達到地面部隊自動化目標，加快機器人技術領域快速發展，縮短軍民科技發展落差，於 2004 年邀請美國國內公私單位組團參與自駕車挑戰賽，獲勝團隊可直接與 DARPA 合作，並有高額獎金，吸引眾多創新團隊熱烈參與，自動駕駛產業受到政策積極鼓舞，成為全球市場估值超過 500 億美元的明星產業。

(二) 國際發展

嚴劍峰在〈美軍武器裝備採辦領域推行軍民協同發展分析〉中提到，不同領域的軍民協同領域發展各自不同，尤其關係武器裝備採購的軍民協同，與地方科技及國家產業轉型關係密切，稍有不慎就會造成政局不穩甚至政治垮臺危機。軍用或民用技術都有轉移與不轉移或介於其間的限制與困擾，加快軍民兩用技術開發、轉移和應用，促進產業均衡發展，逐漸受到各國高度重視並大力倡導，美、英、法國等國政府先後推出一連貫政策法規，建立相應管理組織與計畫，鼓勵軍民技術再次開發，日本的民轉軍，俄羅斯的軍轉民，美國軍民並途發展等，都為軍民兩用科技互利共享，創造不同發展典範。

蘇紫雲、吳俊德主編的《2019 國防科技趨勢評估報告》指出，為了確保科技安全，防範盜用與不當移轉與擴散，各國加強科技出口管制，核心不脫最終使用目的、使用者與地點三大要素，對於技術擴散所產生的安全威脅，各國防制作為有：藉助軍備控制條約有效約束，共同建立行為規範，訴諸司法訴訟途徑與加強出口管制，像國際共同遵循的《塔林手冊》（Tallinn Manual），即針對網路空間的作戰行為，建立最低規範標準，並以十年為期，由專家群針對近期發展趨勢進行修正與更新，目前運作堪稱順暢，並無激烈爭執與衝突，顯示共同行為規範，對新興科技如網路作戰而言，是一個科技安全管制值得推廣的有效途徑。

2021 年軍民團結成為中共兩會新熱詞彙，發展軍民兩用技術，躍升成為富國強軍的重要戰略舉措，中國大陸民用微電子產業總體技術水平，領先超越軍用微電子，其他材料、生物、能源等領域相對軍用發展也具明顯優勢，促動中國大陸強勢主導先進軍民兩用科技發展戰略，啟動軍民兩用技術融合（Civil-Military Integration, CMI）重大進程，重點支持民用核能、航天、飛機與高技術船舶四大領域的新材料、新能源、資源綜合利用與電子信息等技術與項目。

中國大陸國防科工局發布《2017 年國防科工局軍民融合專項行動計畫》據此戰略指導，規劃實踐要領與具體作為，以投資、稅收與準入激勵民參軍，並加大與加速軍工技術成果轉化，軍民資源共享的重點，則置於航天資源軍地共享，並開放軍工計量儀器設備，提供國家公共服務平臺建設之用，進而創新軍民協同機制與共通標準，軍用技術成果為民用技術發展提供重要引擎，民用技術成果為軍用技術發展提供有力支撐，政府計畫管理體制與市場發展緊密相連，民企創新思維與先進科技配合軍需精準需求相互激盪，必將時時閃耀科技創新火花。

2016 年澳洲總理滕博爾（Malcolm Turnbull）連任時宣布，政府內閣新設關鍵經濟發展部門國防工業部（Ministry for Defense Industry），

滕博爾介紹表示，澳洲軍艦和潛艇建造計畫，將陸續創造近 3,600 個工作職位，在相關供應鏈的就業機會將更多，澳洲將接續在南澳投入共約 1,950 億澳元，打造澳洲成為新的海上國防力量。2017 年 3 月，澳洲國防工業部為推動先進技術網路安全與量子技術等創新發展，加強軍民兩用科技融通，首度宣布撥發 7.3 億美元預算，成立下一代技術基金（NGTF），用於資助國防部門與工業界、學術界等合作。

2018 年 1 月 29 日滕博爾總理再度公布澳洲國防出口策略（Defence Export Strategy），內容包括提撥 38 億澳元，推動澳洲國防出口，力求 10 年內，讓澳洲躋身全球十大國防產業出口國，並為澳洲地區創造就業、帶動投資及促進產業發展，每年挹注的國防預算，將包括給予中小企業的補助與提高國際競爭力並強化全球供應鏈等。為整合澳洲貿易投資署與國防產業能力建構中心（Centre for Defence Industry Capability）資源，爭取軍工出口限制放寬，在軍工出口市場更具競爭力，充分發揮國防軍民兩用技術發展最高效益，政府未來將新設國防工業出口辦公室（Australian Defence Export Office）充當國防產業出口單一窗口。伴隨國防工業就業機會增加，加強審查就業障礙的疑慮也隨同加劇，對軍民偕同發展的效益是否降低，澳洲外交部長畢曉普表示，澳洲將基於戰略關切，對擴大軍工出口審慎抉擇。

(三) 未來取向

Vincent Chen-WS 在分析歐美圍堵中國背後的真正原因時提到，美國國防部《2020 中共軍力報告》針對中共軍民融合政策提出，中共通過兩用技術，轉用於軍事發展，這些新技術可通用於商業和軍事目的產品，美國指出的新技術種類繁多，無所不包，舉凡市場最新發展的各種先進的尖端技術皆包含在內，有些技術發展更是超前美國。隨著澳洲國立大學（Australian National University）駭客攻擊事件被揭露，澳洲政府試圖亡羊補牢，在敏感技術的產業投資與學術合作聯繫加強管控，卻也引起澳洲學界與工業界的強烈質疑與阻力，畢竟中澳科技合作已行之

多年，網絡密布交織各行各業各領域，軍民科技發展更難分軒輊，如何拿捏、煞費苦心。

2021 年 3 月澳洲安全情報組織（ASIO）總監勃吉斯（Mike Burgess），就澳洲政府與中國大陸近日衝突，貿易爭端與人才流動限制等問題向國會情報及安全委員會提出報告，澳洲定期與「五眼聯盟」保持密切接觸與討論，並據此擬定一份限制與外國合作研究的關鍵及新興科技清單，這份清單將預期超出軍事或「軍民兩用科技」範疇以外，澳洲是否就此高築貿易保護主義城牆，不計澳洲對國際學生的強烈需求與對外經貿的深度依賴，並放棄自由貿易傳統，尚待後續觀察。澳洲大學聯盟（Universities Australia）向國會提出忠告，新的監管措施應與風險適切相稱，不應該設限澳洲高等教育與外國共同合作，更不宜踰矩代庖無視學術自由替大學與學術代言。

蘇煜堯在說明習近平高度重視軍民融合時指出，傳統安全與非傳統安全界線逐漸模糊，經濟與國防發展日漸趨同，85% 現代軍事核心技術，同時也是民用關鍵技術，80% 以上民用關鍵技術，被直接運用於軍事目的，美國更定期推出軍民兩用技術發展計畫，促使高新技術產業相繼不斷，也使美國技術永保領先世界水平不墜，俄羅斯一度繼承蘇聯軍民分離的國防經濟管理體制，普丁上任後大力推動軍民融合，發展軍民兩用技術，軍民融合發展成效更日漸彰顯，中國大陸國力日盛，軍民融合發展亦勢不可擋，軍民融合發展，不僅強國需求，弱國發展更不可或缺，如何保持動態管制，充分適應軍民融合發展潮流，有待各國共同審慎因應。

中美南海競逐，美國極力爭取澳洲、日本與印度成為盟友，2016年澳洲總理滕博爾政府對中國大陸在南海的聲索島礁，首度表達進行正式自由巡航之意，美國與部分東南亞國家也隨即表態支持。美國希望澳洲能將軍力分散至整個地區以減輕美軍負擔，澳洲海上能力尤其是潛艇能力頗受美國關注，日本為抑制中國大陸威脅並強化本國防衛，也亟欲

尋求澳洲軍事結盟，並將軍工企業擴大搬遷至澳國。

總理滕博爾表示，澳洲在與美日相繼強化同盟關係，尤其積極與日本致力於構建「特殊戰略夥伴關係」時，澳洲新型潛艇國際競標放棄日本，選擇法國，主要說明澳洲國防自主的主張與立場沒有改變，澳洲國防與民生工業緊密結合的努力持續，澳洲發展海洋國家的願景始終堅持一貫，澳洲國防部長佩恩也強調說，國家安全與利益是作出最終決定的關鍵因素，這個決定充分反映並顯示，澳洲是一個海洋貿易國家，澳洲的國家安全和經濟安全與地區的海洋環境相連，澳洲有責任與義務自主維護海域安全與航運暢通。

第三節　海洋休閒利基

壹、擴大海域聯盟

一、政治聯盟

(一) 大洋洲聯盟

澳洲政府 2017 年《外交政策白皮書》公布加強太平洋戰略指出，太平洋島國希望除了氣候變遷急迫議題外，也能有效回應區域和國家層面面臨的跨國犯罪、網路安全與人民安全問題，太平洋國家正面臨廣泛的安全挑戰，將對整體國家安全產生重大影響，為建立與太平洋島國更穩固的安全關係，澳洲聯邦政府將由外貿部指定籌備委員會，與澳洲國家大學合作，設立「澳洲太平洋安全學院」（Pacific security college）培訓來自「太平洋島嶼論壇」16 個國家的安全與執法官員，提升他們處理區域安全問題的能力。外交部長佩恩（Marise Payne）表示，安全學院日後將幫助「太平洋島嶼論壇」國家分享區域知識，建立一個關於地區安全問題的實踐社群，學院將秉持尊重太平洋島國政府的主權，努力使學院成為各國合作與相互學習交流的地方。

　　「太平洋安全學院」的合作契約由澳洲國家大學獲得，爲期 3 年，預算補助 1,750 萬澳元。澳洲國家大學亞太學院院長衛斯理（Michael Wesley）表示，該校將與斐濟「南太平洋大學」（University of the South Pacific）合作，並訪問太平洋地區與各國政府進行磋商，針對各國提出的需求開設課程，提供全額獎學金，給太平洋國家的安全官員，攻讀博士或碩士學位，他們可能參與國家安全或戰略研究，也可能參與公共政策相關研究。

　　2018 年 6 月 28 日澳洲通過《國家安全立法修正案》與《外國影響力透明化法案》兩大法案，並強化澳洲安全情報組織（ASIO）功能力求有效禁止外國政治獻金，打擊和防止國外勢力介入國內政治，並擴大間諜罪定義，同年 7 月，爲了防範中國大陸勢力滲透大洋洲區域，澳洲主動承接與巴布亞紐幾內亞和索羅門群島聯合海底光纖電纜計畫，並成功阻止中國大陸資金介入斐濟軍事建設，使澳洲成爲斐濟在納迪（Nadi）黑岩軍營（Black Rock Camp）唯一外資，以便順利轉化該設施爲南太平洋軍隊區域培訓中心。

　　2018 年 9 月第 49 屆太平洋島國論壇會議，澳洲聯合紐西蘭與南太島國，簽訂新區域安全聲明《波耶宣言》，強化集體防衛合作指導方針，以應對新的區域外威脅，會後更提議 2018 年年底設立「太平洋融合中心」作爲宣言執行單位，澳洲同時與巴紐合作，在連結南海與南太的曼奴斯島，聯合擴建「隆布魯海軍基地」，使該軍港成爲《波耶宣言》新區域安全架構下，第一個國際示範據點，澳洲積極構築排外意圖顯明的合作組織，其中潛存風險可能是南太島國共同的經濟發展前景與葫蘆裡的氣候變遷風暴。

(二) 東協結盟

　　東協在地理位置上，與崛起中國大陸相鄰，又介於太平洋與印度洋之間，成爲構築「印太體系」（Indo-Pacific system）之戰略樞紐角色。2015 年東協 10 國成功建立共同體，2016 年以東協經濟共同體（AEC）

新面貌開始運作，東協影響力再上一層樓。AEC 人口近 6.3 億，為全球第三大市場與勞動力主要來源，2013 年即已排名全球第七大經濟體，東協不斷崛起，引起歐美與亞洲國家關注，紛紛透過貿易、投資與援助，提升雙邊甚至多邊關係。2012 年印度召開「東協─印度紀念領袖會議」，同意在 2003 年《東協─印度共同打擊國際恐怖主義合作宣言》基礎上持續深化合作，美國透過亞洲再平衡與美國─東協高峰會議擴大東協影響力，中國大陸針對湄公河流域與緊鄰之東協寮、泰、緬建立共同巡邏機制，東協儼然成為多邊主義（multilateralism）合作試驗最適場域。

澳洲《2013 年國防白皮書》首度顯示，東南亞區域和平與穩定，為澳洲國防戰略關注焦點。2020 年 11 月 14 日澳洲總理莫里森在東協─澳洲峰會宣布，澳洲將修正過去削減援助東南亞經費作法，推動重返東南亞援助計畫，特別針對北京湄公河水壩工程，相對提供高達 2 億3,200 萬澳元投入湄公河流域的柬埔寨、寮國和緬甸計畫，並提供獎學金協助推動當地 5G 網路建設，同時在緬甸設立新的澳洲聯絡辦公室，叫陣意味濃厚。此外，澳洲也將投入 1 億澳元推動軍事訓練與海事安全、對抗傳染疾病與英語訓練及派遣更多防衛顧問等多個安全防衛計畫，並承諾斥資投入東南亞各國基礎建設工程、落實自由貿易協定與海洋資源持續發展。

澳洲政府決定加快批准透過海底電纜連接北領地太陽能與東南亞的「澳洲─東協電力連結」（Australia-Asean Power Link, AAPL）計畫，該計畫建立的太陽能電場，有望成為全球最大的太陽能電場和儲能電池系統，透過電纜可貫連新加坡與印度。此項計畫 2020 年 8 月開始進行海洋勘測工作，預計 2023 年開始建設，2027 年正式商業運轉，預估可因此為人口稀少的北領地創造數千工作機會，完工後可滿足新加坡五分之一電力需求，為澳洲創造就業機會，更將有助於澳洲保持再生能源出口國領先地位，澳洲再生能源發展一枝獨秀，不斷投資循環，對疫期經

濟復甦貢獻甚大。

二、價值聯盟

(一) 政策自由開放

國際環境安全是澳洲國家安全政策的核心利益，自由開放政策為其不可或缺的戰略鎖鑰。澳洲滕博爾政府，於 2016 年發表的《國防白皮書》與 2017 年發布的《外交政策白皮書》皆指出，澳洲面臨中國大陸軍事壓力與恐怖分子回流及外國網路攻擊等威脅時，美國力量存在與印度合作對澳洲安全與印太區域穩定發展深具重要意涵。澳洲強化與美國的結盟，同時重視外交與經貿結合發展效益，更強調維護國際秩序與國際法規範為基礎的國際多邊主義與區域安全合作架構，與美國 2017 年國務卿提勒森（Rex Tillerson）提出的「自由和開放印太地區」想法與日本「民主安全鑽石」構想及印度「東進」政策實屬殊途同歸。

澳洲不僅致力協助巴布亞紐幾內亞與東帝汶穩定與經濟成長，也積極強化太平洋島國多邊安全合作，並與紐澳經濟與安全建制整合，維護澳洲區域整體戰略利益，2017 後更配合美國積極支持聯合美日澳印構建「四方安全框架」（QUAD）合作機制，並協同東協推出「自由開放印度太平洋」倡議，共同維持印太秩序穩定，2018 年 3 月，更與越南發表聯合聲明，對南海局勢表達擔憂，並強調將繼續協調聯合維護地區和平穩定，促進全面有效落實《南海各方行為宣言》，盡早達成符合國際法且更具約束力的《南海行為準則》（Code of Conduct in the South China Sea）。

Hugh White 在分析澳洲防衛政策時提到，澳洲在澳美《太平洋安全保障條約》架構下，允許美軍在澳洲建設軍事基地，但僅止於通訊、電子監聽、衛星情報和核試驗監控等，不直接承擔作戰任務，最近雖允許達爾文駐軍輪調，但對兵力運用則多所保留。

　　黃恩浩在評論澳洲海洋戰略的「扈從性」時指出，澳日不僅是美國維持太平洋安全的南北雙錨，也是多方組織倡議的常客，在雙方《安全合作共同宣言》基礎上，兩國不僅深化自由貿易、開放區域市場、海洋自由航行與法治等共同價值的承諾，並且持續加強經貿、軍事與海上安全領域合作，2009 年澳印聯合聲明指出，印度洋區域的穩定繁榮是雙方重要安全利益，對於環印度洋的海上自由航行與安全維護，兩國有共同責任。澳洲在安全聯盟上是《太平洋安全保障條約》、《五眼聯盟》與東南亞集體防衛機制《五國聯防》之成員，在經貿利益發展上，又是「亞太洋經濟合作會議」、《跨太平洋夥伴全面進步協定》與《區域全面經濟夥伴協定》三個自由貿易集團的共同成員，努力維持一個自由開放的政策聯盟，始終是澳洲最重要的國家利益與價值。

(二) 海域自由巡航

　　澳洲經濟發展主要由進出口貿易支撐，北面海峽至太平洋與印度洋海上通道是否暢通無虞，關係該國重要戰略利益。澳洲除努力與周邊國家尋求深化海洋安全合作和海上信心建立措施，確保航運安全不受干擾，更關注南海區域沿海國家航行自由與安全。南海海域不僅是國際重要海線通道，也是澳洲出入海上運輸樞紐，澳洲公開呼籲停止將該海域軍事化與內海化，對中國大陸南海主權主張與強勢作為堅持異議，要求確保《聯合國海洋法公約》無害通過與公海自由航行權力之伸張。

　　2016 年 11 月澳洲外交部長畢曉普表示，澳洲奉行自由航行政策，海軍與印尼在南海進行聯合巡航，是常規行動，也是區域合作活動，符合澳洲海上自由航行要求，澳洲國防部長佩恩也認為，在爭議海域自由航行，符合國際法，所有國家都擁有此一國際權利，澳洲保障南海自由通行，與美國及區域國家合作，共同主張南海「去私有化」，立場鮮明，不怕激怒中國大陸。澳洲國防部聲明指出，澳洲維護南海和平、穩定，要求周邊國家共同遵守國際法，行使無礙貿易流動與自由航運，有正當權益，澳洲 60% 貨物，經由南海航道，每年利益高達 5 兆美元。

總理滕博爾曾提出警告，南海主權聲索與持續建造島礁力求私有化作為，只會給中國大陸帶來反效果，並造成不可預期的軍事衝突後果。澳洲總理莫里森亦表示，澳洲將以自身行動、倡議與聲明持續支持南海航行自由，澳洲海域自由巡航態度強硬，立場鮮明，絲毫不受動搖。

(三) 多元價值聯盟

1. 非傳統安全

國家安全威脅日趨跨國化與複雜化，國家安全維護更趨高度企業組織化，傳統軍事安全為主體的戰略思維與國防政策運作，因應全球與區域化發展，顯力有未逮。澳洲本土偏遠卻具多重國際身分，軍隊國際維和勝於國內維安，與紐西蘭同譽為世界和平國家，守護傳統政治軍事安全聯盟之餘，更應積極倡導非傳統安全合作思維與行動，澳洲感受中國大陸擴張壓力，但並無直接地緣威脅，挑戰澳洲國家安全無疑是海上交通安全、恐怖主義，與外國惡意網路攻擊等非傳統威脅，需要國際通力合作，共同尋求防範，始能期其有成。

澳洲邊陲的地緣優勢，使澳洲獨獲避開捲入強權權力衝突的契機，2018 年 8 月 24 日澳洲莫里森總理上臺後，面對美澳安全同盟架構與對中國大陸市場依賴加深的權衡，曾理智表達，澳洲不希望政治因素與中國大陸敵對影響經濟發展，在維持國家安全前提下，澳洲無法承擔在印太區域與中國大陸戰略競爭高昂成本，在經濟發展與國防安全現實考量下，澳洲保持經貿傾中、安全傾美權宜之計，更聚焦致力於非傳統安全威脅防範與合作。

2016 年澳洲總理霍華德曾批評，旨在減排溫室效應的京都議定書，沒有發揮實際作用，未包括主要溫室氣體排放國如中國大陸或美國等，澳洲會積極與中、印等五大排汙國合作，提出對抗溫室效應更具體作為。澳洲是全球最大煤輸出國，也是全球排汙量最高的國家之一，霍華德譏評京都議定書，僅具條文象徵，澳洲反對簽署議定書立場不變，

澳洲尋求與中、美、日、韓和印度等六個最大排汙國結盟，在東協外長會議上，正式發表《亞太潔淨發展與氣候合作夥伴》協定，對抗氣候變遷將提供更多創新實際作為，澳洲承諾投資 4,600 萬美元於包括發展太陽能和淨煤的 42 項計畫。

澳洲希望在不影響經濟成長前提下，發展對環境友善的能源科技，降低溫室氣體排放。簽訂這份協定的六國，溫室氣體排放量約占全球一半，在世界國內生產總值也占有舉足輕重的分量，在現存技術共享的雙邊協議基礎上，擴大合作範圍，提倡環保能源，擴大使用核能、提高能源使用效率等降低溫室氣體，彌補京都議定書不足，是六國共識。澳洲環保部長坎貝爾更表示，澳洲主張推動全球六大排汙國合作，促成具實際行動意涵與成效的「新京都」協定，不支持應對氣候變遷流於空言與蒼白行動，從區域協作開始，逐步推動全球減排框架，才能有效對抗全球暖化，有效降低氣候持續異常的風險。

2. 議題聯盟

澳洲議題聯盟導向有跡可循，值得陸續開展。澳洲雖身為反「伊斯蘭國」（IS）同盟之一，但對於相關舉動自有一套國家安全考量基準，不是全然盲從追隨美國政策行動，2015 年 11 月巴黎恐攻，美國時任總統歐巴馬曾向澳洲發出增兵請求，但澳洲總理滕博爾暗示無意配合，2016 年 1 月 14 日，更正式拒絕美國為首的聯軍增兵對抗 IS 要求，理由是澳洲已做出「相當貢獻」。

澳洲網路安全中心（ACSC）發現，網路入侵範圍，從盜竊智慧財產權到非法修改數據，甚至惡意鎖住電腦勒索贖金，這類型跨國犯罪日趨頻繁和複雜，損害程度不亞於軍事進犯，幾可動搖國本，造成國家安全重大損害，澳洲企業更日益成為網路間諜主要攻擊目標，嚴重打擊並削弱企業盈利和生存能力。2016 年 4 月 21 日，澳洲宣布投入約 2.3 億澳元於「網路安全戰略計畫」，並首次聲明將使用具有攻擊性網路功能，遏止可能的外來攻擊，計畫內容強調，澳洲將提出增強國家網路夥

伴關係、提升網路防禦系統、強化網路研發和創新及建立國家網路智能網路等，嚴密阻斷恐怖分子運用社群媒體和加密通訊軟體的無形攻擊。

李哲全、黃恩皓主編的《2020印太區域安全情勢評估報告》指出，2018年3月17日「東協—澳洲特殊高峰會」首屆會議，澳洲與東協正式簽署《東協與澳洲政府合作打擊國際恐怖主義諒解備忘錄》，同意合力共享網路情報和警力資源，制定一套統一的立法框架，抵禦和制裁恐怖分子，同年起，澳洲安全情報組織開始全面清查情報體系，國內外情蒐相關單位也同步配合清查，針對國家、地方情報機關共享訊息、情資等進行檢視，力求防堵漏洞，有效截擊網路恐怖攻擊與不法活動。

「香格里拉對話」（亞洲安全會議），是亞洲安全議題討論重要論壇，每年定期召開，各國都派出相當層級的重要幹部出席，南海議題是與會國家避開不了的重要主題，中美更常在南海議題激烈交鋒，澳洲在南海議題出現自主的聲音更曾初顯苗頭。2017年6月2日第16屆香格里拉對話會，澳洲總理滕博爾在開幕晚宴主旨發言顯示，中國諺語「大魚吃小魚，小魚吃蝦米」貫穿澳洲總理滕博爾的發言主旨，中國大陸軍方代表團團長，解放軍軍科院副院長何雷中將在晚宴後總結說，澳洲總理滕博爾用中國諺語比喻，生動描繪出他理想中亞太安全秩序藍圖，提出不論大小國都應當各自承擔責任，各負其責，滕博爾刻意避免選邊站，明指澳洲選擇中國大陸或美國完全是一個偽命題，澳洲在北京有好朋友與好夥伴，在華盛頓則有盟友，規則（rule）在演講中出現12次，顯示協商共議是澳洲議題聯盟的關鍵字。

美國是澳洲印太地區主要盟友，中國大陸是澳洲最大貿易夥伴，澳洲必須學習同時和兩個強權互動，倡導議題聯盟不僅澳洲行之有年更應是澳洲戰略首選。澳洲貿易、旅遊和投資部長伯明罕（Simon Birmingham）曾在北京出席中澳商會表示，澳洲決心與最大貿易夥伴中國大陸建設性合作，在加強世貿組織和防範保護主義守護共同利益，與《區域全面經濟夥伴關係協定》成員國貿易，占澳洲雙向貿易總額60%，開

放合作的中澳自貿協定，使澳中互惠，共享高度利益，澳洲葡萄酒取代法國成爲中國大陸市場最大供應商就是顯例，澳中關係雖有挑戰，全局意識卻至關重要，嚴控挑戰輾壓進展，確保分歧通過尊重圓滿解決，共倡有益議題聯盟，既是澳洲傳統，也收效甚巨，更是發展國家安全，確保印太區域共同利益的正途。

貳、拓展海域觀光模式

一、支持國際軍事體育運動

　　二戰後軍人競賽運動逐漸成形，1995 年起開始正式舉辦、每四年舉行一次的「世界軍人運動會」，初期鮮少受人關注，2013 年起在國際軍事圈出現「軍事體育」新名詞與新運動，使得競賽項目出現較傳統更具靈活度，也更貼近實戰，對驗證參與者的戰技能力更具可靠信度與效度，「世界軍人運動會」遂逐漸廣受世人矚目。2015 年首屆「國際三軍大賽」（International Army Games 2015）在俄國莫斯科舉辦，共計17 國，57 隊，6 國 20 組觀察團參與，競賽項目區分 13 項，規模更爲盛大，項目也更趨多元，國防行動社會體育休閒化的重要意涵也更加顯現。體能、強化戰技與特殊專業技能競賽爲構成軍事體育的核心要素，競賽項目與傳統體育極度相近，幾乎不相上下，既具有體育運動效能，更具有國防普及意涵，各國開始競相熱烈參與。

　　澳洲體育休閒活動興盛舉世皆知，如陸上定向野外求生與攀岩垂降、露營、溯溪、戰場體驗與叢林對抗，海（水）上橡皮艇操舟、浮潛運動，空中飛行活動等發展均具顯著成效，澳洲兵役改革自《1973 年國民兵役終止法》頒布實施後，開始推動募兵制，三軍統合國防軍也在1976 年弗雷澤政府時正式編成，大致完成了今日部隊規模的雛型。澳洲轉向完全募兵制以後，澳洲兵役人才荒就一直形成困擾，澳洲國防軍常備兵源下滑甚爲嚴重，2016 年澳洲國防部推出常備與後備相互緊密

銜接融合的核心概念，亦即軍隊全生涯發展概念，搭配社會整體勞動力系統創新措施，讓常備與後備無縫接軌，兵役與就業緊密結合，澳洲常備人數快速爬升，至今翻倍成長。

　　蔡榮峰分析澳洲國防軍「常後融合」革新時指出，多元的常備服役方式，爲澳洲軍民轉用創造最高融合效益，更爲澳洲本土國防產業擴大發展蓄積豐富的人力資源，因此，多元的兵役制度，爲澳洲支持國際軍事體育發展提供堅實背景，除可彰顯澳洲體育發展效能，更能開拓澳洲海域軍事體育觀光休閒效益，讓服役結合職場，貫串兵役召募、培養與運用及職場銜接，發揮澳洲觀光體育休閒結合國防發展之優勢。

二、倡導戰略體育休閒

(一) 戰略體育休閒

1. 緣起

　　由陸海空軍軍事行動轉化爲陸海空域體驗活動的社會體育休閒活動暨產業，在國際相關學術單位及社團組織不斷引進體育休閒新觀念與新模式，尤其是在國際體驗教育與探索冒險活動盛行的引導下，各類型社會體育休閒企業正不斷努力尋求結合各國國家發展目標，尤其對海洋國家的發展目標，更展現政府與民間企業強烈的企圖心與發展成效，各型陸海空域體育休閒活動型式與新進產業不斷推陳出新，尤其陸域山訓活動與海域體育訓練活動與休閒場域及設施的緊密結合，更使相關體育休閒產業與活動不斷出現與國防核心理念結合發展的新契機。

　　爲了統一管理並促進各國體育觀光休閒活動效益，各型相關社團組織如雨後春筍蓬勃發展，尤其海洋國家的海域體育休閒活動紛紛推陳出新，各種水上運動、水中競技、潛水等活動項目如蹼泳、潛水、帆船（風浪板）、滑水、溯溪、水中有氧、衝浪、游泳接續開展，並分別設有水訓中心、水域活動專區與俱樂部協助政府擴大推廣、保障水域運動安全無虞，國際航空運動聯盟（Fédération Aéronautique Internationale,

FAI）更以發展推廣飛行運動、舉辦比賽、提升飛行運動水準爲宗旨，推展各項飛行運動、輔導各項飛行運動聯賽、加強飛行運動科學研究，其所推動成立的飛行學校，積極協助推動國際觀光活動，並培訓相關技術人員與成立環境教育中心，推動環境解說與教育，增進大眾對飛行知識之了解與環境維護。此外，熱衷野外求生與定向越野等陸域上冒險體驗活動的社會專業團體也紛紛橫向聯繫擴大聯盟，共同推動各型山訓競技活動休閒化的發展，並結合山訓體驗教育專家，提升山訓技能學習之眞諦全力響應全民運動。

2. 發展

國際外展組織（Outward Bound International, OBI）在全世界主要國家都設有分會，期協助各國政府，指導推動冒險體驗教育活動，1993年臺灣分會於桃園龍潭渴望園區，建立亞洲最大戶外高、低空繩索挑戰場，並爲特殊需求者備有特殊專用場地，訓練場周邊並備有設備齊全的露營設施，訓練場地設計規格與採用標準，依據美國國家標準協會冒險活動安全標準。

OBI 全球各分校教育理念統一，戶外教育爲課程主軸，教室以山野、溪流與海洋等自然環境爲根基，透過體驗式學習，鼓勵青少年能自我察覺與自我反思，進而激發創造力與問題解決能力，重塑個體生命價值並促進群我團隊之和諧關係，使全球青少年日後發展成爲具備國際競爭力之青年領袖人才。隨著全球化趨勢日漸擴展，非傳統安全議題日受關注，協商消弭爭端化解衝突需求更形迫切，外展國際（Outward Bound International）順應國際局勢發展需求，啓動「和平建立中心」（Center for Peacebuilding），運用外展課程體驗教育的專業性與理念，發揮青少年創新技能與多元性格，延伸關懷與服務至「衝突預防」、「衝突管理」、「後衝突調解」等全球議題，期爲世界和平發展共同貢獻心智。

由於軍事訓練活動化、活動核心體育化、體育活動休閒化、休閒

活動觀光化、觀光發展智能化與聚焦海域活動發展取向顯著，各國公民營單位與團體競相推廣相關體育休閒活動如陸域活動、水域活動、體健活動、藝文活動、夜間活動、空域活動等與體育活動如學校體育、全民運動與運動設施發展與社會體育休閒組織或企業已日趨緊密連結，各種活動項目亦相互貫連，如在陸域活動推廣的野外求生與闖關、繩結與鋼索搭設、露營、山訓垂降（高空垂降、垂直下降、座位式下降、十字滑降、懸空下降、高空滑降、極限攀登、巨人梯、戰場體驗與漆彈對抗），自行車、高爾夫、釣魚、登山、路跑、健行、攀岩等；在海（水）域活動推動的帆船、泛舟、海水浴場、釣魚（船釣）、遊艇、潛水、衝浪、賞鯨豚、獨木舟的水上操舟、海上橡皮艇、溯溪等；在空域活動倡導的則主要有無人機、飛行傘、滑翔翼、特技風箏、輕航機，及含涉於陸域活動的空中（高空雙三繩吊橋、高空獨木橋、高空蔓藤路、高空大擺盪等）；其他社會體育健康活動如中國功夫、武術等，室內運動（包含撞球館、撞球、溜冰）、健身中心（包含健身房、運動場及瑜伽等）、球類等更是配合全民體育與全民運動與國際競技推動的熱門項目。（詳如戰略體育休閒活動概分表）

這些陸海空域活動項目均涵涉有國防軍事體能戰技與教育所需的體適能、技藝能與學識能及勞動職訓界的適性力、行為力與知識力內涵，更與教育界的能力、知識與態度所關注的素養融通，都是創造全民競爭力提升不可或缺的充要條件，故可概稱為戰略意涵顯著的體育休閒活動。

戰略體育休閒活動概分表

區分	體適能（適性力）	技藝能（行為力）	學識能（知識力）
陸域	野外求生與闖關、繩結與鋼索搭設、露營、山訓垂降（高空垂降、垂直下降、座位式下降、十字滑降、懸空下降、高空滑降、極限攀登、巨人梯、戰場體驗與漆彈對抗）、自行車、高爾夫、釣魚、登山、路跑、健行、攀岩等。		

區分	體適能（適性力）	技藝能（行為力）	學識能（知識力）
海域	帆船、泛舟、海水浴場、釣魚（船釣）、遊艇、潛水、衝浪、賞鯨豚、獨木舟的水上操舟、海上橡皮艇、溯溪等。		
空域	無人機、飛行傘、滑翔翼、特技風箏、輕航機及含涉於陸域活動的空中（高空雙三繩吊橋、高空獨木橋、高空蔓藤路、高空大擺盪等）。		

資料來源：筆者自繪。

各級學校全力促進發展的志工活動與服務學習課程設計與活動推廣，特別注重「正規教育接軌，多元體驗學習」的功能與主體性，推動青年生涯輔導與提升青年就業能力，搭配專業學術社團與就業市場專業證照，如救生員、潛水員與水域運動專業指導人證照，獨木舟教練、游泳、衝浪、風浪板帆船與遊憩船舶、動力小船等教練與裁判的指導與激勵，將使體育休閒運動相關產業，如休閒服務與用品製造商、儀器設備製造、批發、零售或進出口商、專業建築商及提供相關訓練課程、體驗課程的民間教育訓練團體、專業人力資源培養機構與學校體育運動休閒相關科系等不斷蓬勃發展，為戰略體育休閒活動提供廣泛支援。

(二) 創新海域活動教育

1. 學校教育課程

邱文彥分析澳洲海洋政策及相關組織時指出，1998 年「澳洲海洋政策」公布後，在政府長程海洋教育政策帶領下，澳洲各級學校全面結合政府與民間資源共同落實推展海洋教育，出錢出力熱心參與的民間組織與相關機構有各級學校教師會，民間自發性海岸管理教育協會與各地社區海洋教育社團組織等，政府和民間通力合作，使海洋教育成果備受肯定與成效卓著。海洋基礎科學研究，主要由 1926 年創立的「澳洲聯邦科學暨工業研究院」（Commonwealth Scientific and Industrial Research Organisation, CSIRO）擔綱主導，該院是澳洲國立聲名卓著的頂尖科研機構，在世界大型科研機構亦名列前端，研究機構分處在世界各地共設

立 55 處，其中與海洋研究關聯密切的是「海洋與大氣層研究中心」，另外，該院在澳洲各州設有 9 處科學教育中心，提供學校教師及學生各類科學教育教材及課程，其中即包含有豐富的海洋相關科學聲光教育輔助器材。

另外一個對海洋教育推廣具有重大貢獻的是 1988 年澳洲政府設立的「澳洲海洋教育學會」（MESA），該學會提供澳洲各級教師海洋教育實務教學最佳支援，提供網站、論壇與通訊等平臺，並定期舉辦各型工作坊與研討會等進修活動，提升社會大眾知海、親海、愛海之活動知能，並致力於推動海洋新興議題之倡議與行動，每年更定期舉辦全國性大型的「海洋週」活動，主題配合海洋發展趨勢年年更新，讓學校與社會大眾充分體驗海洋各種風貌變換與資源保育的恆常性與變異性。此外，更擴大出版定期刊物、出版教材，透過大眾傳播媒體與新興自媒體擴大宣導，促進國人重視海洋環境與資源利用，並以具體行動投入海洋維護與發展。「澳洲海洋教育學會」在各州共計設有 9 處「國立海洋探索中心」（The Marine Discovery Centre, MDC），這些中心不僅主動構建網絡聯盟，並設有聯盟主席，負責訂定各中心策略目標，並主導每年工作坊、研討會與相關論壇之議題設定與活動主題宣導，以促進海洋教育資源分享與課程多元發展等。

1993 年，澳洲聯邦政府因應網路的日漸普及與對社會的影響力日形重要，提撥預算成立「海洋暨海岸社群網絡」組織（MCCN），主要在發展保護與管理海洋及海岸資源的有效合作策略與途徑，提供民間海岸管理與教育資源分享與運用。澳洲政府推動學校海洋教育不遺餘力，從基礎科學研究奠定根基，再不斷完善計畫頒布如《創意補助計畫》、《中學過度教育計畫》等，接著，具體成立「澳洲海洋教育委員會」推廣組織與平臺，最後掌握新興網路普及的影響，再度撥款設立社群網絡組織，綿密支應各級學校海洋教育輔助教材、教師教法進修課程和整體銜接課程規劃等需求，中央並充分放膽授權，鼓勵各州因地制宜擴大推

動特色海洋教育，如西澳船塢驚奇探險和各型帆船體驗與訓練、維多利亞州配合戶外學校中心，發展動態海洋探索課程方案、新南威爾斯州珊瑚礁生態研習之旅與海洋古生物探索等。

尤其澳洲特別注重海洋教育實務層次教育訓練與體驗，一般普通學校即開設有基礎遊艇駕照、船具修復與潛水課程，澳洲整體海洋教育發展模式，不僅重視海洋基本知能與素養，致力於涵養海洋教育文化內涵，更強調海洋相關人力資源的早期培育，追求善用與永續發展海洋環境資源，足供海域國家發展參考。

2. 產學合作方案

1990 年代起，澳洲政府開始試辦中學以上職業教育模式改革與實驗計畫，鼓勵各中等以上學校積極推動「工作實習計畫」（structured work placements），並設立「澳洲學生培訓基金會」（Australian Student Traineeship Foundation, ASTF）提供職業教育實習補助，首先開放海洋相關產業，申請參與職業教育學校產學合作計畫，以提供在校學生熟練相關海洋產業實務工作經驗，日後能順利與海洋產業就業接軌，並充分發揮所長。澳洲為了加強培育海事人才，提高海洋教育就業機會與職場工作表現，相關實習活動歷程，概分兩階段實施，第一階段在學校實施基礎教學，由海洋專業教師負責教授基本海洋技巧，第二階段在工作場域學習實際專業技能操作，追隨雇主操作練習，熟悉並改進學校課堂所學技巧，最後獲得海洋實務操作技能，並輔導取得國家認證資格。

學生可依個人興趣與志向，學習各種海洋產業承認的職能（competencies），各校設有職業輔導人員，為學校與產業重要之聯繫窗口，並負責提供相關協助與輔導，讓學生接受自己有興趣且有能力的海洋產業工作培訓，進而與就業順利無縫接軌。

除了中等職業學校，澳洲職業技術學院（Technical And Further Education, TAFE）、澳洲海洋學院（Australian Maritime College, AMC）、專上學院或民營訓練機構也提供各類海洋有關產業如觀光業與漁業、海

洋零售與製造業、海洋科學研究、海灣與港口行政管理及海軍等相關課程推動產學合作。以觀光業爲例，一個熱門海洋旅遊行程就可提供各種技能、半技能與非技能型的工作機會，需求專業技能的如船隻安全與潛水等，半技能與非技能的工作如海洋觀光中心內的各種人員等，製造熱門休閒活動器材的各類廠商，幾乎都是中小型的企業經營型態，可提供各種不同型態的就業機會，各行業技術需求等級不同，也都有相關證照對應，不過可確認的是，產學合作比較強調就業導向，也重視技能考照，至於學歷資格則比較不特別關注，有些工作則需要學歷與證照並重，因此，不僅中等教育需要推動產學合作方案，專上教育也有此必要，產學合作不僅就業導向，更是全職涯發展，已成爲各國中上學校不可或缺的設計與規劃。

參、澳洲資源優勢

澳洲 ACHPER（The Australian Council for Health, Physical Education and Recreation）是代表在健康和體育領域工作的教師和其他專業人士的專業協會，其目的是通過教育和專業實踐促進所有澳洲人的積極健康生活。協會提供支持知識、技能和專業實踐持續發展的計畫和服務，主要側重於健康教育、體育和休閒。

澳洲運動學院（AIS）主要負責提供國際標準場地設備與先進運動科學器材支援，安排國家儲備選手長期蹲點進訓。其主要業務包括各項 AIS 運動專案計畫的實施，以及運動科學與運動醫藥的研發與驗證。AIS 除了利用位於澳洲首都坎培拉的國家級訓練中心，實施菁英選手訓練外，自 2005 年起，依據培訓項目的需要，與國外對應機構合作，實施選手海外異地適應集訓。目前，在澳洲 AIS 國家訓練中心接受駐站訓練的項目，包括有射箭、拳擊、舉重與田徑、游泳、競技體操及划船與各種球類。2005 年開始，AIS 衛星訓練站首度展延至海外，爲自由

車公路賽項目選手在在義大利設置訓練中心。

澳洲墨爾本維多利亞大學（Victoria University, VU）設有運動科學學院，分為體育教育、運動科學與休閒遊憩等專業領域；墨爾本澳洲網球公開賽場館，有兩個大型場館，場地戶外有 23 個場地包括水域運動場域，有利運動觀光套裝行程之拓展，遊艇產業則以園區發展模式整體行銷推動，充分供應消費者各類需求，舉凡遊艇製造、維修、船艙零件裝修、立體艇庫至各類型休憩賞玩活動等，藉此帶動周邊區域共同發展遊艇產業聚落並垂直整合相關水上運動休閒娛樂與餐飲服務，創造龐大商機與就業機會，進而提升墨爾本海上休閒觀光產業之品質與水平。

澳洲各級公務部門除推動安全設備規範與水上活動基準外，對於扶植海洋休閒活動產業更不遺餘力，投入相當可觀資源積極參與建設，塔斯馬尼亞之漁業資源管理當局，從宣導到捕撈，建立一套極周全嚴密之漁業資源運作模式，除從源頭嚴採捕撈配額管制，相關執照核發更從嚴從難實施嚴格控管、力求達成漁業資源生態維護與永續經營兩大目標。海洋體育觀光休閒產業聚落的形成，需要政府與業界多面向多管道共同投入與經營，以遊艇與觀光產業為核心，從海岸城市軟硬體規劃到區域整體連線發展全面密切配合推動，不僅可全力營造澳洲海岸城市之獨特性與國際競爭力，更可為澳洲倡導戰略體育休閒觀光活動開創新機運。

肆、海洋奧林匹克

上述有關澳洲南海安全政策行動取向，可綜整如澳洲南海至當行動取向分析表說明。

澳洲南海至當行動取向分析表

戰略思維 政策計畫		海洋戰略能力思維指導		
		澳洲亞洲世紀 白皮書	戰略能力發展	澳洲海域利基 能力
海洋 政策 計畫 運作	海洋政策白皮書	擴大海域聯盟		
	海洋政策運作	拓展海域觀光模式		
	海洋科技作為	創新海域活動教育		

資料來源：筆者自繪整理。

　　澳洲南海至當行動取向主要取決於兩個面向，一個是戰略思維指導排除威脅導向，聚焦在戰略能力導向，在澳洲《亞洲世紀白皮書》指導下，發展澳洲海域利基能力。其次，在海洋政策計畫運作規劃上，以海洋政策白皮書為準繩，推動海洋政策運作管理與科技發展。最後在行動上，擴大海域聯盟與拓展海域觀光模式，並創新海域活動教育，為南海安全開創奧林匹克模式休閒發展合作契機，以此尋求對接中國大陸推動對話協商共建一帶一路藍色夥伴關係與高品質發展企求，在項目建設上共建共享、交流互鑒創造合作共贏目標。

　　2019年3月6日，中國大陸再度統計發布一帶一路倡議發展成效，已和120餘個國家及近30個國際組織，簽署達171份正式合作文件，並陸續開展合作共建諸多重要基建項目，而美國則循印太抗中遏制思路，在西太平洋地區持續專注諸多軍事聯盟圍堵作為，對美國印太艦隊官兵身心與裝備耗損不僅是一種負荷，也使美國對中國大陸遏制逐漸顯現戰略極限，太平洋艦隊軍艦多次碰撞意外，美國不得不考慮減少在西太平洋地區的活動頻率。

　　澳洲作為美國在太平洋地區重要的戰略盟友，試圖分擔美國在西太平洋地區的戰略任務，加強在西太平洋地區軍事巡航活動值得理解，但因此在對華政策實現戰略性調整，把中國大陸視為戰略對手值得商榷，

中國大陸希望澳洲政府意識到敵視中國大陸問題的嚴重性，正確認知戰略環境的穩定與平衡才是確保澳洲國家利益的正途。

2016 年澳洲統計局（ABS）發布人口普查資料顯示，亞洲移民人口首度超越歐美總和，其中華裔新移民更位居亞裔首位，中文發展成為澳洲社會通用第二大語言。澳洲亞洲世紀呼籲，在工黨陸克文總理時期即開始不斷發出，但澳洲後續政府卻不斷刪減重要亞洲外語學程補助，把應對重點置於增加國防支出，加強整軍經武，對國家未來發展經濟力與安全戰略令人堪憂。

自 2006 年以來，澳洲聯邦政府即確立語言學習具有國家戰略意義，但聯邦政府不保護大學開設具有戰略性的語言教學項目，大學則刪減亞洲語言課程，將不利於澳洲參與區域政治、持續與亞洲建立聯繫。2012 年執政的工黨政府公布《亞洲世紀白皮書》，承諾要讓每位澳洲學生學習亞洲語言，致力推廣國家戰略語言，迎接亞洲世紀，2021 年澳洲政府卻逕自放棄對國家戰略語言的承諾，聯邦補助條款不再保障大學開設語言教學項目，間接無視澳洲與亞洲關係的舉措令人憂心。從增強外交關係、文化參與、到貿易關係、以及社會宗教聯繫，學習語言對個人、社會及整個國家而言均不乏好處，澳洲曾是亞太研究專業的學術殿堂，其語言課程的廣度及多樣性是其中不可或缺的一部分，澳洲政府倘若真如其所言要在印太地區表現雄心壯舉，必須優先考慮與澳洲大學間協商語言課程，以保障下一代能夠掌握亞洲世紀所需的語言技能。

美國為了實現自己的印太戰略，不斷加強和印太地區多個國家的聯繫，澳洲是美國的盟友，在各個方面配合美國的行動，可借美國的力量增大自己的國際影響力，但把焦點僅放在軍力的增長是否明智值得後續觀察。2020 年，澳洲總理莫里森再頒布新的國防政策，在《2020 國防戰略修訂》及其他相關文件中，澳洲政府準備再陸續投入 2,700 億澳元提高軍隊作戰能力，並加強在印太地區的軍力部署，僅僅 4 年時間，澳洲政府就把國防開支增加了 40%，總理莫里森表示，澳洲對後疫情時

代的國際形勢預判是，世界將會更貧窮和更危險，但卻把國家發展重點朝軍力增加與危險的方向傾斜，企圖打造海上軍事強國而不是和平之海的創始。

不過，新版國防戰略似乎清楚認知美澳軍事同盟的脆弱性，故顯現增強自己獨立行動能力的意圖。澳洲增加國防預算終究無法弭平與中國大陸的軍力差距，想要通過軍事方面的發展遏制中國大陸，倒不如循著澳洲的地緣優勢發展澳洲的海洋利基戰略，循著中國大陸南海島礁劃歸海南三沙市建管的路徑，努力探求中國大陸發布《海南自由貿易港建設總體方案》的行動意涵與方案探索，努力建構澳洲成為多邊主義與和平之海的共同實踐者與合作貢獻者。

海南中國特色自由貿易港建設，是中國大陸促進粵港澳大灣區聯動發展，加強與東南亞國家交流合作的重大戰略決策與作為，海南本身存有區位獨特、自然資源豐富與坐擁中國大陸最大規模國內市場與腹地等特點，不僅是中國大陸最大經濟特區，更深具創造中國大陸深化改革開放試驗的獨特優勢，中國大陸正全力支持與鼓勵海南建立與國際接軌的監管標準與協商規範，使海南特區發揮全面改革開放與國家生態文明最高效益，成為國際戰略旅遊消費中心和重大戰略服務保障區，聚焦發展旅遊業、現代服務業和高新技術產業，成為中國大陸高水平的經濟新高地與自由貿易港。

中國大陸畢竟是澳洲最大的貿易夥伴，中國大陸的一帶一路經略終究比美國的印太戰略有實質的經貿效益，澳洲政府不可能為了在政治安全附和美國，放棄經濟上的巨大利益，何況發揮澳洲海洋資源在印太區域，尤其是南海海域的優勢還可為澳洲創造永續持久的國家發展利益。

Chapter *7*

結論 —— 南海戰略願景與行動

第一節　南海戰略願景

一、地緣戰略分析

　　澳洲海洋主體基礎與海陸共生結構，構成區域共榮願景文化結構，以此形成大洋洲海域領導與海域協作再平衡樞紐身分與角色，進而共同建構海洋共同體，創造深化經貿發展與擴大經貿聯盟及率先倡導南海觀光經貿的共同利益，以此探求獲取澳洲最佳國家利益的安全政策與戰略行動取向，即在澳洲《亞洲世紀白皮書》的戰略思維指導下，發展戰略能力，尤其是澳洲海域利基能力，並在政策計畫運作上，推動海洋政策白皮書，強化海洋政策整體運作，脫離海洋軍事狹窄範疇，創新海洋活動科技作為，最後在安全整體機制行動上，尋求擴大海域聯盟，拓展澳洲獨具的海域觀光模式，創新海洋活動教育途徑，為開創南海和平之海貢獻澳洲特色。（詳如澳洲南海 Olympics 地緣戰略分析表）

澳洲南海 Olympics 地緣戰略分析表

區分	澳洲與美中互動下南海無政府文化結構分析	澳洲角色身分、集體身分建構	澳洲國家利益分析	澳洲南海安全政策行動取向		
				戰略思維	政策計畫	機制行動
階段發展	海洋主體基礎	大洋洲海域領導	深化經貿發展利益	澳洲亞洲世紀白皮書	海洋政策白皮書	擴大海域聯盟
	海陸共生結構	海域協作再平衡	擴大經貿聯盟利益	戰略能力發展	海洋政策運作	拓展海域觀光模式
	區域共榮願景	建構海洋共同體	倡導觀光經貿利益	澳洲海域利基能力	海洋科技作為	創新海域活動教育

資料來源：筆者自繪整理。

從澳洲大洋洲島群、大陸核心與大洋洲整體區域發展的地緣分析，再從澳洲歷史文化脈絡及其特殊發展有成的文教發展分析得知，澳洲的南海文化屬性具有海洋主體基礎、海陸共生結構與區域共榮願景的海洋文化發展優勢，處在這樣的海洋文化發展結構，澳洲身分認同發展歷經英國殖民、多元移民與澳洲聯邦國民身分的顯著轉變，也驅使澳洲的角色定位，從西方殖民角色逐漸蛻變爲世界反侵略與成爲印太樞紐角色的轉型，進而觸動澳洲的南海身分認同與角色發展，朝大洋洲海域領導、海域協作再平衡與建構海洋共同體的角色方向努力形塑。

因此，澳洲發展安全、自主國防建軍與外交經貿發展的國家客觀利益，在澳洲政治體制、政黨發展與政黨運作所形成的政黨主觀利益，似有逐漸趨同中等海洋國家的跡象，進而可以此朝南海深化經貿發展、擴大經貿聯盟與倡導觀光經貿活動發展利益共同努力開發與創造。最後在澳洲南海安全戰略行動取向的海洋戰略能力思維指導上，以澳洲《亞洲世紀白皮書》爲指導，循戰略能力發展軸線，倡導澳洲海域利基能力的充分發輝與形塑，並在海洋政策計畫運作上，推動海洋政策白皮書，擴大海洋政策運作，結合海洋科技作爲，以實現擴大海域聯盟、拓展海域觀光模式與創新海域活動教育的機制行動網路，總結說明如下：

基於探求南海地緣戰略價值、國家利益權重分配與國家利益及國家安全戰略選項三項研究動機，運用社會建構主義理念結構、國家安全文化實踐途徑與國家安全戰略實踐模式的文獻分析與支持，發展出國家安全戰略行動能力多元開展途徑，透過協商管控分歧，力促爭議擱置共同尋求資源開發共享解決途徑，有助南海行爲準則之簽署與護持。其次，透過社會建構主義理念結構，結合國家安全文化實踐途徑與國家安全戰略實踐模式的參考，可以找出有利澳洲國家政治文化環境發展脈絡，尋求正確身分認同與角色定位，以有效分配與發展其國家利益。

二、地緣戰略指導

　　最後，透過社會建構主義主觀發展欲求與客觀利益密切結合的戰略思維與作為決策途徑，可提供澳洲決策當局有價值的運用參考，避免澳洲決策當局在中美選邊而面臨失衡發展，由此研究亦間結證明國家安全戰略行動實踐的多元開拓，除可增強國際關係理論與戰略行動實踐的緊密連結，更可使戰略行動實踐在國家安全戰略、政策與機制的戰略三部曲導引發展下，更具可塑性與操作性，也使傳統地緣政治乃至強權政治所形塑與侷限的國防－建軍－備戰之國家安全戰略行動途徑，能與國家發展利基，尤其是澳洲得天獨厚的體育休閒觀光資源優勢同步開展，相輔相成，進而增強社會能力發展導向的戰略行動研究方向，以擺脫「敵手共生」式的自我實現魔咒，共創多贏。（詳如南海地緣戰略指導藏密圖）

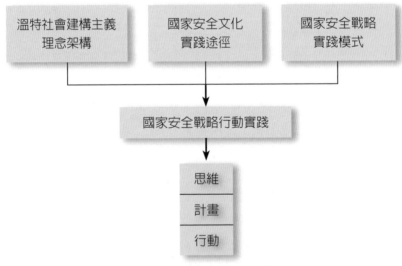

南海地緣戰略指導藏密圖

資料來源：筆者自繪整理。

第二節　南海戰略行動

　　南海地緣戰略關係糾纏在歷史主權主張、實際占領島礁國本身的地理經略需求與後續發展的國際規範，並由域外國家參與的爭端仲裁機制結果，使南海地緣戰略的競逐，將不再會有風平浪靜的時候，但出於自我克制與國家利益的現實考量，共同追求管控風險，避免爭端擴大釀成軍事衝突，應是可共同努力的方向。尤其是歷史主權聲索國所提出的《南海和平倡議》主張，若能為繼承中華民國政府為聯合國中國代表的中華人民共和國政府所接受倡導，進而參考《聯合國海洋法公約》，發展成《南海各方行為準則》，尋求地緣戰略行動的多元開展，讓戰略行動活動化，活動體育觀光休閒化，為南海地緣特質增加合作共享的永續經營效益，藉以消除或力求減輕未來美國印太戰略與中國大陸一帶一路印太經略的惡化或對撞。

　　澳洲政府為避免深陷傳統地緣戰略兩強選邊的困窘，似可從自己本身的文化結構、身分認同與角色定位、南海國家利益整體連貫思考，適切調整或重新確認澳洲南海安全行動方針，避免自己的弱勢，發揮自己的優勢，化解被迫選邊的威脅，創造自己危機轉化契機的優勢，畢竟和平發展還是南海爭端國家最高的籲求，且豐富的油氣與漁業資源也才是南海地緣競逐焦點。

　　油氣開發需要高深尖端的深海探測技術與裝備，只有透過合作發展的路徑才能取得最高的效益，漁業資源更是屬於有限的自然資源，需要共同維護，才能永續共享，漁業資源若能更進一步轉化為觀光休閒資源開發，除能獲取休漁期之養護效能，更能獲得環境保護與資源不虞匱乏的永續發展效益。

　　東方文化強調站在道德的制高點，西方文化主張維護法律秩序與公平性，但國際規範始終還是脫離不了國際強權的強勢規範，雖然看似公平，其實充滿缺乏弱勢公道的呵護，這也是南海爭端中美兩強對各自堅

持的多邊主義與雙軌協商原則與途經，充滿猜忌與不信任的癥結所在。中國大陸一貫主張雙軌協商路徑，並具體推動一帶一路互利共商共建共享的建設發展，美國則廣邀域外國家日印澳參與南海競逐，並強化亞太再平衡政策擴大與深化爲印太戰略，以支持其多邊主義與仲裁解決的主張，但印太戰略難脫政治結盟乃至軍事同盟共同敵視與對抗中國大陸的強烈意圖，日本更積極穿梭扮演美國在南海協商的橋梁與媒介，在菲律賓朝向中國大陸雙軌解決途徑傾斜，又寄望多邊協商的時機，澳洲由於南海地理環境特殊，尤其對南海周邊的東協國家沒有像日本的歷史恩怨，日本強力參與美國介入南海紛爭有其難以消除的野心與企圖，但終究猜疑不斷難獲進展，由澳洲接替日本代替美國參與中國大陸主導的南海行爲準則規範之形成，並引導南海的和平多元開發，應是南海和平之海與澳洲南海利益最佳的行動指引。（如澳洲南海競逐優勢發展圖）

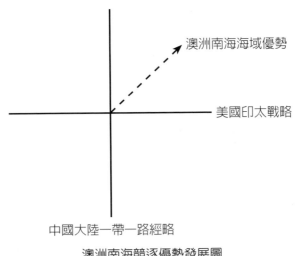

澳洲南海競逐優勢發展圖

資料來源：筆者自繪整理。

一、澳洲海洋文化優勢

澳洲地緣歸屬大洋洲島群，大洋洲實際指的幾乎也是澳洲，大部區域位於太平洋，與亞洲相連，主要人口組成來自西方後裔移民，存有根深蒂固的西方文化特質，國土又完整覆蓋整個大陸，近鄰國家都與澳洲隔海相望，既是大陸國家又是海洋國家，有全球最大的珊瑚礁海洋資源，又有全球最大的海洋保護區，以及綿長平直的海岸線與海洋環境，生態環境孕育豐富物種，自然遺產琳瑯滿目，深具觀光旅遊與多項科學探究價值。澳洲礦產種類繁多，礦業出口高居世界首位，有坐在礦車上的國家之譽，也有騎在羊背的國家之利，更有世界活化石博物館的教育價值，其環繞大陸所形成的綠帶沿海地帶，更是澳洲最重要的生養臍帶，為世界著名旅遊、度假勝地。因此，澳洲應為大洋洲整體發展的主體，更為帶動大洋洲與南海及亞太聯繫發展的重要樞紐。

澳洲從一個英國流放的殖民囚島，發展成一個多元移民的天堂，更成為一個獨立自主的澳洲聯邦，進而入列成為世界上的已開發國家，源自英國融合澳洲土著與多元移民所鎔鑄獨具平等特色的澳洲文化，以此形成特異的文教發展，不僅教育制度多元自主，高等教育與科技教育更是世界知名，體育更幾乎是一枝獨秀，各種世界級運動聯賽琳瑯滿目，成為世界少數富有盛名的體育強國。澳洲人悠閒步調的生活樣態，加上縱橫交錯的海陸空國內與國際交通網絡，更使澳洲旅遊業得到長足而迅速的發展。

澳洲四面環海的海洋主體基礎，特殊濱海廊道所形成的海陸共生結構，是澳洲歸屬大洋洲島鏈，在南海地緣戰略，可充分運用並發揮區域共榮願景主導作用的重要資產，更是澳洲在南海地緣戰略，發揮主導優勢的安全政策行動工具。（詳如澳洲海洋文化優勢發展圖）

澳洲海洋文化優勢發展圖

資料來源：筆者自繪整理。

二、白人認同成功轉化

　　澳洲白澳政策推行多年，從 19 世紀末到 20 世紀 70 年代初，這個政策搭配土著同化政策的實施結果，產生了被偷走一代的辛酸與血淚，尤其讓澳洲國慶日成爲澳洲土著居民揮之不去的悲痛記憶與侵略仇恨陰影。這種極端種族主義的白澳政策，在二次大戰後被徹底消除與瓦解，越南難民的出現更讓澳洲政府看清身處亞洲同船一體，不可掙脫的命運與現實，1966 年，白澳一詞，率先在工黨的政策文件中去除，1972年，重獲執政的工黨，推行不分種族的移民政策，並積極尋求與亞洲國家加強關係發展，白澳政策正式終結，接納亞洲的多元移民政策正式上路，嶄新的澳洲聯邦出現。澳洲角色扮演，亦從西方殖民角色，進展到世界反侵略角色，進而因應中美南海競逐，轉型成爲印太樞紐角色，以大洋洲海域領導角色爲基礎，力求發揮印太海域協作再平衡的效益，最後共同推動建構海洋共同體。

　　南海地緣戰略競逐的場域，是澳洲重新釐清其亞洲身分與區域角色扮演的良機，澳洲曾爲拒止日軍侵入澳洲本土，在東帝汶與日軍作殊死戰，現在澳洲爲了本身安全與發展，應大力倡導《聯合國海洋法公約》，站在捍衛國際法的立場據理力爭，並主動肩負起大洋洲海域合作的領導角色，提供相對優勢資源，協助區域內弱小國家脫離發展困境，

進而運用澳洲海洋保護與發展成效，在中美自由航行競逐上，成為亞太海域協作再平衡與護持國際海洋法南海海域的捍衛主力，更應發揮夥伴關係優勢，共同建構海洋共同體，以符應澳洲人認同中國大陸將來取代美國成世界強權的趨勢。（如澳洲身分角色認同發展圖）

大洋洲海域　　亞太海域協作再平衡　　海洋共同體

澳洲身分角色認同發展圖

資料來源：筆者自繪整理。

三、海洋經貿國家利益

　　總結澳洲在國家客觀利益，主要可歸納為發展安全、自主國防與外交經貿三種利益，發展安全利益，緣於澳洲英國移民傳統，所衍生的價值與結盟關係，及所在區域的地緣關係，而出現安全與發展利益的辯證抉擇，澳洲國防與西方同源，外交與西方同盟，更積極在國際組織與場域，彰顯其關注人類基本權益，與全球多邊發展的核心價值，經貿發展利益，和亞太地緣政治緊密相關，國際貿易成果更顯輝煌燦爛，除了貿易夥伴遍及全球，礦產資源更形豐富，多種礦產儲量囊括世界首位，海洋漁獲總量與銀行營運總值也都位居世界前三大，僅次於中國大陸和美國。澳洲的科學技術助長澳洲成為全球第十三大經濟體，其農牧礦業與教育旅遊業更在全球名列前茅。

　　澳洲政治體制從大英國協邦聯，蛻變成澳洲聯邦，在政黨主觀利益上，形成兩大政黨集團輪流執政，工黨起源於工會，是澳洲資格最老

的執政黨，不過工黨在野的時間比執政時間長，主要在執政期間，因重大議題發生過三次重大的組織分裂，工黨政治傾向較爲複雜權變，勞工個人權益心思較爲強烈，社會意識占居主流，因而較居親中傾向，從遵從英國轉爲澳洲利益第一，從追隨英國轉爲與美國結盟，進而率先與中國大陸建交、廢除白澳政策，不論是英雄造時勢或時勢造英雄，工黨始終躬逢歷史盛事，且能站在澳洲主體本位，順應地緣政治趨勢，追求獨立，考量國家本身利益。

自由黨與國家黨主要以聯盟型態獲得執政，自由黨主要是工黨的對立面，代表工商業主及資本家的利益，其壯大主要也是來自工黨的分裂與加入，尤其加入中產階級後也帶入勞工階級，但主要領導人物還是有產階級，政治傾向親美，強調市場經濟與業主個人權益，反對共產主義，強力宣傳共產威脅。隨著澳洲政黨對國家利益亞洲化的趨同，澳洲雖面臨自由黨—國家黨長時聯盟執政的政局常態，但澳洲在國家利益亞洲化、亞洲利益經貿主流化，進而尋求經貿利益觀光發展化的走向，將是不得不的選擇。在維護經貿利益安全的作爲上，澳洲不會放棄與美日印的安全合作聯盟，尤其在美日主動示好吸引下，澳洲偶而出格衝撞中澳關係應是不難想像，出現主動衝撞中澳關係亦爲正常舉動，更是戰略抉擇，畢竟安全同盟還是澳洲爭取經貿國家利益最厚實的談判籌碼。

因此，澳洲在傳統安全合作聯盟的保障下，對南海利益的獲取應設法延伸其國家經貿發展利益，進而在中美競爭角力下，嚴格監控基礎設施的民生用途，發揮其體育觀光休閒旅遊活動的世界優勢，在亞太國際組織開發平臺，大力倡導聯合國世界觀光組織永續發展目標與相關議題，主導南海國際開發與海洋保育的合作發展。（詳如海洋經貿國家利益發展圖）

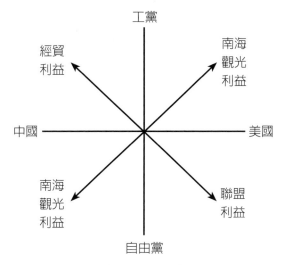

海洋經貿國家利益發展圖

資料來源：筆者自繪整理。

四、海洋戰略至當行動

　　澳洲南海安全戰略與政策行動取向，應以國家四面環海與濱海廊道的海洋文化為基石，發揮體育觀光休閒的優勢，開創南海合作開發與體育休閒觀光的利基，以擴大其西方文化價值主導，與海洋地緣經濟利益優先的政策行動效益，並可藉此調和工黨關注國家利益，顯現大陸與傾中取向，及自由國家聯盟黨關注價值利益，顯現海洋與傾美取向的分歧，尋求平衡發展的南海安全政策行動取向。從海洋戰略能力思維指導上，主動轉移傳統戰略威脅導向的安全思維，為能力導向的發展思維，進而開展海洋活動主體政策與計畫作為，從海權維護轉向海洋保育與資源開發，進而加大投資軍民兩用科技，並把焦點置放於海洋裝具的創新研發，以充分發揮澳洲廣闊海域開發的優勢，據此成為國際海洋自由航道保障的先鋒與主導，並在政策計畫作為上力求配合，最後在機制行動實踐上，轉化防衛聯盟為主軸的機制，為共同協商合作發展機制，有為

有守，成爲全球海洋議題的倡導者與奉行者，以開創澳洲在南海海域活動發展獨一優勢。（詳如海洋戰略至當行動發展圖）

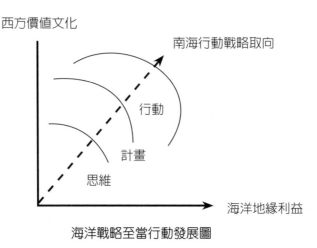

海洋戰略至當行動發展圖

資料來源：筆者自繪整理。

第三節　行動有力支撐

壹、思維途徑運用

　　社會建構主義理念架構與國家安全文化研究途徑，經由國家安全戰略實踐模式的有力詮釋與驗證，再經由國家安全戰略行動實踐途徑的體現，是一套檢測國家安全戰略實踐效益途徑的有力工具，本文以此理論途徑，運用在檢視澳洲南海行動政策，不僅在理念上獲得充分支撐，並在整體邏輯發展與實務政策檢視上，充分感受其便利性與適切性，可在爾後各項有關議題研究參考運用。

貳、競逐關係分析

南海和平發展與合作開發，宜由中國大陸主導，澳洲接替日本替代美國協商促成。南海周邊國家不斷重申與呼籲，在國際協商合作共同準則與規範下，全力推動維持相互平等尊重，東協與中國大陸的《南海各方行為宣言（DOC）》也在美國呼籲下，朝處理南海爭端的共同行為準則邁進，尤其主張和平手段解決爭端的精神，普遍獲有共識。南海有爭議領土的主要是越南、菲律賓與中國大陸，中越友誼與合作是主流，菲律賓對合作開發南海自然資源持開放態度，對雙邊或多邊協商途徑不堅持，強調透過多邊談判解決南海爭議，必要時更不排斥雙軌協商，菲律賓民眾實際的富裕，終究比南海潛在的安全問題更重要，中國大陸在強調主權的同時，堅持對話管控分歧，談判解決爭議，控有的黃岩島，也已開放菲律賓漁民使用，相關島礁建設，也可為南海海域監控與開發能力做出和平貢獻。

越南在長沙島，也做出遊覽車與民生設備贈送行動，中華民國太平島的人道救援創舉，日趨擴大的印尼多國和平軍演，樂觀顯示南海爭端和平取向的共識逐漸形成，尤其《南海各方行為宣言（DOC）》都被東協與中國大陸視為南海爭端處理的共同依歸，也尊重《聯合國海洋法公約》以和平手段解決爭端的精神，南海未來發展，主要還是仰賴美國與中國大陸的各自風險控管，並共同朝和平發展、合作開發共享的方向努力，中國大陸若能在呼籲美國軍艦增加公益監偵活動下，進一步考量把軍艦納入無害通過權，並積極偕同東協國家，主動召集域外國家，提供和平創新作為，澳洲接替日本代替美國，促成南海和平開發的轉化，南海和平之海的實現將更具效益。

參、澳洲身分角色建構

澳洲地緣本來就歸屬在大洋洲島群，大洋洲島群又無法脫離亞太

範疇，澳洲放棄白澳走向多元移民社會，進而本地化、亞太化乃至印太化，不僅是澳洲必然的發展，澳洲主導印太發展，也更將是澳洲無法逃避的國際抱負。澳洲西方移民族裔的背景，在澳洲人主體普遍認同中國大陸將取代美國成世界強權的趨勢時，不僅應勉勵自己成為亞洲護衛西方文化的干城，更應守住大洋洲發展主導權，進而憑藉縱橫廣闊海域之力，努力推動戰略體育觀光休憩活動，成為南海海域競合和平發展的中流砥柱。

肆、澳洲利益行動

澳洲工黨與自由國家聯盟黨兩大主要政黨，掌控國家安全聯盟與經貿發展兩大主要客觀利益，並形成傾美與傾中合縱連橫，有機會形成澳洲利己利人的南海行動策略。澳洲政治體制從大英國協邦聯，努力爭取蛻變成獨立自主澳洲聯邦，主要政黨發展呈現分分合合的交織組合，其相通與易容性，不僅可受期待，在國家利益亞洲化、亞洲利益經貿化的趨同發展下，對國家利益共同認知與集體行動開展策略取向，將極富創意與極有助益。

伍、戰略取向

一、西方價值取向、東方主體作為

澳洲西方為主的價值根源，不同於日本的脫亞入歐臆想，而應參考中國的中體西用，倡導西體東用，中國大陸正在大力倡導中國特色社會主義，姑不論其社會主義如何轉向與創新，中國特色則固有其立國之根本，尤其是其王道與民本思想，與西方乃至世界自由民主人權的主流思想是相向而行的，故中國大陸未必霸，澳洲則不必霸，亦不需霸。主要守住西方價值，善用自己利基優勢，強化東方主體作為，澳洲中流砥柱角色自不容輕視。

二、海洋澳洲

澳洲地利較之美國更是得天獨厚，美國東有大西洋，西有太平洋，兩大洋雄視屏障，雖有陸地連接，卻都是不具侵擾之患的弱國，使美國繼澳洲的母國英國成為 20 世紀之霸，澳洲的母國挾著大西洋海權盛事成為 19 世紀之霸，澳洲海域連接寬廣的大洋洲，更瀕臨太平洋與印度洋兩大洋，也有趨霸的本錢，但在中國大陸崛起時，亟隨正在沒落的美國霸權之後應屬不智之舉，畢竟霸權總是會沒落的，只有謹守分際，永續經營中等海洋強國才能立於不敗之地，上天賜予澳洲廣闊海域，大洋洲更等待奧援，海洋澳洲乃至印太澳洲是澳洲的國際擔當。

三、國際觀光旅遊明燈

聯合國海洋觀光永續發展已為澳洲豎起明燈，等待的就是澳洲的覺醒與積極行動。澳洲天賦的體育觀光資源是有道義責任的，除了惠及澳洲更宜分享世界，21 世紀有中國大陸崛起，也有澳洲擔當，澳洲是西方霸道繼起的鷹犬，還是東方王道干城的催生，就看澳洲在南海的行動戰略取向，澳洲政體的彈性與有容乃大的政黨傳統，將是催化澳洲亞洲政策趨同的良劑。

參考資料

1. 國防部史編局譯印。《美國陸軍戰爭學院戰略指南》。臺北：國防部史編局。2001年。

2. 軍事科學戰略研究部主編。《戰略學》。北京：軍事科學出版社。2001年。

3. Arnaud de Borchgrave等。高一中譯。《網路威脅與資訊安全》。臺北：國防部史政編譯局。2002年。

4. 王冠雄。《南海諸島爭端與漁業共同合作》。臺北：秀威資訊，頁92-96。2002年。

5. 王逸舟。《西方國際政治學》。上海：上海人民出版社。1998年。

6. 王逸舟主編。《中國國際關係研究（1995-2005）》。北京，北京大學出版社。2006年。

7. 王逸舟主編。《中國學者看世界——國家利益卷》。香港：和平圖書公司。2006年。

8. 王文啓譯。《2010美國四年期國防總檢報告》（*Quadrennial Defense Review Report,2010*）。臺北：國防部史政編譯室。2010年。

9. 袁大川、德爾、雅各布斯。《世界百科全書（國際中文版）》。海南：海南出版社。2006年。

10. 李際均。《論戰略》。北京：解放軍出版社。2002年。

11. 李哲全、黃恩皓主編。《2020印太區域安全情勢評估報告》。財團法人國防安全研究院，臺北：五南圖書。2020年12月。

12. 李龍華。《澳大利亞史》。臺北：三民書局。2019年12月27日。

13. 吳士存。《南沙爭端的起源與發展》。北京：中國經濟出版社。2010年。

14. 吳士存。《南海問題面面觀》。北京：時事出版社。2011年。

15. 亞歷山大・溫特（Alexander Wendt）。秦亞青譯。《國際政治的社會理論》。上海：上海人民出版社。2001年。

16. 丘宏達。《關於中國領土的國際法問題論集》。臺北：臺灣商務。2004年。

17. 丘宏達。《現代國際法》。臺北：三民書局。1998年。

18. 唐屹。《中華民國國界資料彙編》、《中華民國領南海資料彙編》叢書，計58冊。

19. 宋鎮照。《臺灣與亞太之政治經濟：秩序、定位、挑戰與出路》。臺北：海峽學術。2004年。

20. 宋燕輝。《美國與南海爭端》。臺北：元照出版公司。2016年。

21. 倪世雄等。《當代西方國際關係理論》。上海：復旦大學出版社。2001年。

22. 黃碩風。《綜合國力論》。北京：中國社會科學出版社。1992年。

23. 陳鴻瑜。《南海諸島主權與國際衝突》。臺北：幼獅文化事業公司。1987年。

24. 翁明賢。《解構與建構 —— 臺灣的國家安全戰略研究（2000-2008）》。臺北：五南圖書。2010年。

25. 翁明賢、吳建德、王瑋琦、張蜀誠主編。《新戰略論》。臺北：五南圖書。2007年。

26. 鈕先鍾。《戰略研究入門》。臺北：麥田出版社。2000年5月。

27. 趙明義。《當代國際法導論》。臺北：五南圖書。2001年。

28. 魏靜芬、徐克銘。《國防海洋與海域執法》。臺北：神州圖書。2001年。

29. 林正義。〈安全社群與信心建立措施：以歐安組織及東協區域論壇為例〉。《人類安全與二十一世紀的兩岸關係研討會論文集》，頁74。臺灣綜合研究院戰略與國際研究所。2001年。

30. 約瑟夫・奈伊（Joseph S. Nye）。鄭志國等譯。《美國霸權的困

惑——為什麼美國不能獨斷獨行》。北京：世界知識出版社。2002年。

31. 馬漢。《海權論三部曲：海上力量對歷史的影響（1660-1783）》、《海上力量對法蘭西大革命和帝國的影響》、《海上力量的影響與1812年戰爭的關係》。1890年初版。

32. 黃人鳳。《綜合國力論》。北京：中國社科院，頁165-173。1992年。

33. 黃鴻釗、張秋生。《澳洲簡史》。臺北：書林出版。1996年7月。

34. 黃源深、陳弘。《從孤立中走向世界——澳大利亞文化簡論》。臺北：淑馨出版。1994年2月。

35. 越英。《新的國家安全觀》。昆明：雲南人民出版社。1992年。

36. 華爾滋（Kenneth N. Waltz）。胡祖慶譯。《國際政治體系的理論解析》。臺北：五南圖書。1997年。

37. 陳鴻瑜。《南海諸島主權與國際衝突》。臺北：幼獅文化事業公司，頁50-70。1987年。

38. 姜皇池。《國際海洋法（上冊）》，初版。臺北：學林出版，頁585-592。2004年9月。

39. 賈兵兵。《聯合國海洋法公約爭端解決機制研究：附件七仲裁實踐》。北京：清華大學出版社，頁220-235。2018年11月1日。

40. 費爾摩（Martha Finnemore）。袁正清等譯。《國際社會中的國家利益》。杭州：浙江人民出版社。2001年。

41. 湯文淵。《臺灣夢攻略學》。臺北：幼獅文化事業公司。2015年。

42. 摩根索（Hans Morgenthau）。張自學譯。《國際政治學》。臺北：幼獅文化事業公司。1976年。

43. 魏靜芬、徐克銘。《國防海洋與海域執法》。臺北：神州圖書。2001年。

44. 傅崑成。《海洋管理的法律問題》。臺北：文笙書局。2003年。

45. 傅崑成。《聯合國海洋法公約暨全部附件》。臺北：123資訊有限公

司。1994年。

46. 曹雲華、鞠海龍。《南海地區形勢報告（2012-2013）》。北京：時事出版社。2013年。

47. 孫國祥。《南海之爭的多元視角》。香港：香港城市大學出版社。2017年。

48. 克萊夫・漢密爾頓（Clive Hamilton）。江南英譯。《無聲的入侵—中國因素在澳洲》（*Silent Invasion: China's Influence in Australia*）。臺北：左岸文化。2019年3月20日。

49. 戈登福斯。趙曙明主譯。《當代澳大利亞社會》。臺北：東南出版。1995年12月。

50. 羅里・梅卡爾夫（Rory Medcalf）。李明譯。《印太競逐：美中衝突的前線，全球戰略競爭新熱點》（*Contest for the Indo-Pacific: Why China Won't Map the Future*）。臺北：商周出版。2020年9月5日。

51. 丁永康。〈90年代澳洲基廷政府與霍華德政府對國家利益觀點之比較分析〉。問題與研究，第7卷，第37期，頁62-80。1998年7月。

52. 丁永康。〈1990年代澳洲外貿政策之調整〉。問題與研究，第32卷，第12期，頁10-18。1993年12月。

53. 王崑義。〈中國新海洋戰略〉。《玉山週報》，第10期。2009年8月。

54. 王義桅。《一帶一路：機遇與挑戰》。北京：人民出版社，頁12-18。2016年。

55. 吳士存。〈當前南海形勢及走向〉。中國井崗山幹部學院學報，第8卷第1期，頁32-36。2015年1月。

56. 吳士存。〈雙軌思路是實現南海合作共贏的鑰匙〉。世界知識，第9期，頁34-35。2015年。

57. 吳士存。〈南海形勢：回首2017，展望2018〉。世界知識，第1期，頁15-20。2018年。

58. 吳士存。〈南海問題的由來與發展〉。新東方，第176期，頁2-5。2010年5月。

59. 安剛。〈如何理解南海行為準則框架文件的達成〉。世界知識，第17期，頁28-32。2017年。

60. 李瓊莉。〈東協對南海情勢的回應與影響〉。收錄於何思慎、王冠雄主編，《東海及南海爭端與和平展望》，頁112-128。臺北：遠景基金會。2012年。

61. 李瓊莉。〈美國重返亞洲對區域主義之意涵〉。全球政治評論，第39期，頁85-102。2012年7月。

62. 李龍。〈南海主權爭端正走向「東盟化」〉。觀察雜誌，第30期，頁52-56。2016年2月。

63. 李永強、趙遠。〈美國南海政策困局淺析〉。三峽大學學報，第36卷第3期，頁16-20。2014年5月。

64. 李毓峰。〈淺析南海行為準則之進展與前景〉。歐亞研究，第2期，頁122-132。2018年1月。

65. 周美伍、林文隆。〈2013美菲肩並肩軍演的軌跡、脈絡與意涵〉。戰略安全研析，第98期，頁35-45。2013年6月。

66. 莫大華。〈理性主義與建構主義的辯論：國際關係理論的另一次大辯論？〉。《政治科學論叢》，第19期，頁122-123。2003年12月。

67. 莫大華。〈澳洲參與五國防禦安排對東南亞區域安全的影響〉。問題與研究，第37卷，第9期，頁15-25。1998年9月。

68. 陳鴻瑜。〈評析東協與中共籌組自由貿易區〉。《共黨問題研究》，第27卷，第12期，頁1-7。2001年12月。

69. 陳鴻瑜。〈舊金山和約下西沙和南沙群島之領土歸屬問題〉。遠景基金會季刊，第12卷，第4期，頁2-45。2011年10月。

70. 蔡榮峰。〈澳洲國防軍「常後融合」革新〉。國防情勢特刊，第7期，頁38-39。2010年12月18日。

71. 蔡東杰。〈南太平洋區域組織發展〉。臺灣國際研究季刊，第3卷，第3期，2007年秋季號，頁2-12。

72. 蔡政文、林文程。〈南海情勢發展對我國國家安全及外交關係影響〉。頁52-54。臺北：行政院研究發展考核委員會。2001年。

73. 蔡榮祥。〈中國崛起與南海衝突：臺灣在亞太秩序中之戰略影響〉。遠景基金會季刊，第19卷第1期，頁10-25。2018年1月。

74. 蔡志銓、張秀智。〈中越南海爭端之探討〉。國防雜誌，第30卷第1期，頁28-45。2015年1月。

75. 蔡季廷、陳偉華。〈中國對南海仲裁案法制化之回應〉。遠景基金會季刊，第18卷第1期，頁58-110。2017年1月。

76. 秦亞青。〈國際政治的社會建構——溫特及其建構主義國際政治理論〉。《美歐季刊》，第15卷第2期，2001年夏季號，頁50-54、頁255-258。

77. 秦亞青。〈世界格局、安全威脅與國際行為體〉。《現代國際關係》，第9期，頁2-3。2008年。

78. 趙文衡。〈東協與中國成立自由貿易區初探〉。《臺灣經濟研究》，第25卷，第2期，頁105。2002年2月。

79. 趙永茂、唐豪駿。〈我國對南海U型線之主張與相關分析〉。《國政評論》。

80. 翁明賢。〈全球化下國家安全戰略的另類思維：建構主義的觀點〉。《新世紀智庫論壇》，第27期，頁17。2004年9月。

81. 翁明賢。〈美中南海戰略與軍事的競逐〉。展望與探索，第17卷第3期，頁2-5。2019年3月。

82. 張良福。〈中國大陸的南海政策作為〉。2013年度南海地區形勢評估報告，頁12-32。2013年12月。

83. 張明亮。〈原則下的妥協：東協與南海行為準則談判〉。東南亞研究，第3期，頁55-78。2018年3月。

84. 邱文彥。〈澳洲海洋政策及相關組織〉。國際海洋資訊，海洋委員會，頁17-21。2010年10月。

85. 劉復國、劉士存。《2013年度南海地區形勢評估報告》。頁30-58。臺北：政大安全研究中心。2015年。

86. 周寶明。〈中國大陸與南海諸國主權爭議及軍備競賽之研析〉。展望與探索，第13卷，第10期，頁52-70。2015年10月。

87. 周平。〈美國南海政策的演化與進程〉。展望與探索，第16卷第4期，頁42-62。2017年4月。

88. 林正義。〈十年來南海島嶼聲索國實際作法〉。亞太研究論壇，第19期，頁2-10。2003年3月。

89. 林正義。〈中國、東協、美國在南海安全的新角力〉。戰略安全分析，第64期，頁8-10。2010年8月。

90. 孫國祥。〈重新構建南海議題：司法解決之探討〉。亞太研究論壇，第19期，頁20-36。2002年3月。

91. 蘇浩。〈中國是維護南中國海和平穩定的負責任大國〉。太平洋學報，第24卷第7期，頁42-48。2016年。

92. 宋燕輝。〈南海仲裁案各方反應與可能影響〉。展望與探索，第14卷第8期，頁12-19。2016年8月。

93. 宋鎮照。〈南海爭端風雲詭譎：中美區域平衡博奕的傑作〉。海峽評論，第261期，頁12-20。2012年9月。

94. 宋鎮照，〈解析當前美中兩國亞太政策下的東亞發展戰略〉。展望與探索，第1卷，第7期，頁15-25。2003年7月。

95. 宋興洲。〈區域主義與東亞經濟合作〉。政治科學論叢，第24期，頁17-20。2005年6月。

96. 何志工、安小平。〈南海爭端中的美國因素及其影響〉。當代亞太，第1期，頁130-142。2010年。

97. 馬為民。〈美國因素介入南海爭端的用意及影響〉。東南亞縱橫，第

1期，頁36-42。2011年1月。

98. 羅國強。〈東盟及其成員國關於《南海行為準則》之議案評析〉。世界經濟與政治，第7期，頁85-100。2014年。

99. 姜麗等。〈馬來西亞在南海的戰略利益分析〉。廣東海洋大學學報，第34卷，第2期，頁25-30。2014年4月。

100. 姜皇池。〈國際海洋法新趨勢〉。國立臺灣大學法學論叢，第27卷，第1期，頁30-55。

101. 陳相秒。〈2014年馬來西亞南海政策評析〉。世界經濟與政治論壇，第3期，頁72-82。2015年5月。

102. 陳慈航、孔令杰。〈中美在南海行為準則問題上的認知差異與政策互動〉。東南亞研究，第3期，頁80-105。2018年3月。

103. 陳科嘉。〈新南向國家澳洲海洋運動與水域遊憩交流計畫〉。教育部體育署，2009年1月25日。

104. 陳科嘉。〈國家安全與國防科技發展策略〉。科技發展政策報導，第5期，頁83-84。2007年9月。

105. 陳偉華、蔡季廷。〈後仲裁時期中、美南海互動之地位構建航行自由vs準則架構〉。歐亞研究，第2期，頁132-145。2018年。

106. 孫國祥。〈馬來西亞、印尼、汶萊的南海政策作為〉。2013年度南海地區形勢評估報告，頁95-120。2013年12月。

107. 孫國祥。〈論東協對南海爭端的共識與立場〉。問題與研究，第53卷，第2期，頁30-65。2014年6月。

108. 鄭澤民。〈越南的南海政策〉。2013年度南海地區形勢評估報告，頁62-72。2013年12月。

109. 蘇浩。〈中國是維護南中國海和平穩定的負責任大國〉。太平洋學報，第24卷，第7期，頁42-46。2016年。

110. 蔣國學、黃撫才。〈域外大國介入南海目的、方式及影響探析〉。亞非縱橫，第3期，頁20-32。2013年。

111. 趙國材。〈保障南海的藍色國土，中國為何在南海永暑礁填海造島？〉。海峽評論，第289期，頁15-20。2015年1月。

112. 趙國材。〈南海爭端：中國警告美國勿煽風點火〉。海峽評論，第301期，頁32-35。2016年1月。

113. 趙國材。〈論國際法之新發展〉。國際關係學報，第16期，頁28-34。2001年。

114. 趙國材。〈川普執政下的中美南中國海關係〉。海峽評論，第321期，頁15-20。2017年9月。

115. 趙國軍。〈論南海問題東盟化的發展—東盟政策演變與中國應對〉。國際展望，第2期，頁85-98。2013年。

116. 趙曙明。〈澳大利亞的外交政策〉。《當代澳大利亞社會》，南京：南京大學出版社，頁20-26。1993年。

117. 楊昊。〈形塑中的印太：動力、論述與戰略布局〉。問題與研究，第57卷，第2期，頁95-98。2018年6月。

118. 許振明。〈海洋運動與休閒〉。科學發展，475期，頁15-17。2012年7月。

119. 高少凡。〈黃岩島爭執與中國南海政策之轉變〉。亞洲研究通訊，第11期，頁2-34。2013年7月。

120. 高聖惕。〈南海行為準則談判需排除外來干擾〉。兩岸遠望，第4卷第9期，頁15-20。2018年9月。

121. 黃恩浩。〈從澳洲2017年外交白皮書解讀中型國家的安全觀〉。臺北論壇。2018年1月。

122. 黃恩浩。〈美國亞太「再平衡」戰略下澳洲的戰略角色與回應〉。國防雜誌，第28卷，第2期，頁25-32。2013年3月。

123. 黃恩浩。〈澳洲區域海上安全戰略與武力規劃：一個中等國家的安全建構〉。《東亞研究》，第40卷，第1期，頁105-145。2009年1月。

124. 黃恩浩。〈澳大利亞與中國關係之研究：轉變、發展與侷限〉。展望與探索，第5卷，第9期，頁43-59。

125. 黃恩浩。〈美國亞太「再平衡」戰略下澳洲的戰略角色與回應〉。國防雜誌，第28卷，第2期，頁42-54。2013年3月。

126. 黃永蓮、黃碩琳。〈南太平洋常設委員會漁業管理趨勢及其對智利影響初探〉。上海水產大學學報，第13卷，第2期，頁135-140。2004年。

127. 范盛保。〈澳洲外交政策的中國面向〉。臺灣國際研究季刊，2013年夏季刊，頁12-20。

128. 范盛保。〈2019澳洲聯邦大選後的澳中關係：朋友與顧客的拉鋸〉。新世紀智庫論壇，第86期，頁60-79。

129. 范盛保。〈澳洲原住民族——爭論中的議題與研究取向〉。臺灣原住民族研究學報，第1卷，第1期，2011年／春季號，頁78-85。

130. 瞿俊鋒、成漢平。〈南海行為準則案文磋商演變、現狀及我對策思考〉。亞太安全與海洋研究，第5期，頁72-82。2018年5月。

131. 顧志文、陳育正。〈南海諸島爭端與油氣共同開發〉。展望與探索，第13卷第8期，頁72-95。2015年8月。

132. 郭育仁。〈從澳洲潛艦個案看日本國防工業改革之挑戰〉。全球政治評論（*Review of Global Politics*），第55期，頁82-102。2016年。

133. 嚴劍峰。〈美軍在武器裝備采辦領域推行軍民協同發展的主要做法及啟示（上）〉。軍民兩用技術與產品月刊（*Dual Use Technologies & Products*）。北京：中國航天系統科學與工程研究院，2021年01期，頁8-15。

134. 羅保熙。〈澳洲貿然單挑中國　亞洲世紀政策出錯？〉。《香港01》週報，第250期。2021年1月25日。

135. 任遠喆。〈澳大利亞海洋戰略的構建及其困境探析〉。《國際論壇》，05期，頁12-18。2017年。

136. 鈕先鍾。〈澳洲戰略環境與區域安全〉。國防雜誌，第7卷，第12期，頁5-15。1997年1月。

137. 姜家雄。〈澳洲援外政策之研究〉。國際關係學報，第14卷，頁80-100。1999年12月。

138. 廖少廉。〈南太平洋的區域合作〉。當代亞太，第3期，頁50-54。1995年。

139. Bostock, Lan。范允文譯。〈防衛澳洲─澳洲國防白皮書知析論〉。國防譯粹月刊，第23卷，第1期，頁32-40。1996年1月。

140. 薛健吾。〈「一帶一路」的挑戰：國際合作理論與「一帶一路」在東南亞和南亞國家的實際運作經驗〉。《展望與探索》，第17卷第3期，頁65-78。2019年3月。

141. 薛健吾。〈中國「一帶一路」在第一個五年的進展與影響（2013-2018）〉。遠景基金會季刊，第21卷，第2期，頁2-3。2020年4月。

142. 鄧雲斐。〈杜特蒂上臺以來菲律賓政治、經濟政策的新變化〉。東南亞南亞研究，第4期，頁10-16。2016年。

143. 鞠海龍。〈中菲海上安全關係的突變及其原因與影響〉。國際安全研究，第6期，頁72-80。2013年。

144. 鞠海龍、邵先成。〈菲律賓南海激進政策的緣起、發展與未來趨勢〉。南海學刊，第2卷，第2期，頁55-62。2016年6月。

145. 中央研究院，人文社會科學研究中心，亞太區域研究專題中心。《海上大棋盤：太平洋島國與區域外國家間關係研討會論文集》。臺北：中央研究院人文社會科學研究中心亞太區域研究專題中心，頁135-152。2012年10月。

146. Alexander Wendt., *Social Theory of International Politics*. Cambridge University Press 1999.

147. Australian Department of Defence. (1987) *Defence White Paper*. Canberra, Australia. Department of Defence.

148. Australian Government, *Australia in the Asian Century White Paper*, Canberra: Department of the Prime Minister and Cabinet, October 2012.

149. Australian Government Department of Foreign Affairs and Trade, 2017 *Foreign Policy White Paper.* Canberra, Australia. Department of Foreign Affairs.

150. Australian Government, *Strong and Secure: A Strategy for Australia's National Security*, 2013. Canberra, Australia. Australian Government.

151. Australian Defense Department., *Defending Australia in the Asia-Pacific Century: Force* 2030, Defense White Paper 2009. Canberra, Australia. Australian Government.

152. AFFA, *Looking to the Future: A review of Commonwealth Fishery Policy.* 2003, Department of Agriculture, Fisheries and Forestry, Canberra, Australia.

153. Australian Department of Defence (2010). *Budget 2010-11*: Portfolio budget overview. Canberra, Australia.

154. Appendix 7: People: Defence actual staffing. *Defence Annual Report 2008-09.* Department of Defence. Canberra, Australia.

155. Graeme Cheeseman, Back to Forward Defence and the Australian National Style, in Graeme Cheeseman and Robert Bruce, eds., *Discourses of Danger & Dread Frontiers: Australian Defence and Security Thinking after the Cold War.* (Canberra: Allen & Uniwin Australia Pty Ltd, 1996)

156. Graeme Cheeseman, Back to Forward Defence and the Bruce Vaughn, Australia, America's Closest Ally, in William M. Carpenter and David G. Wiencek, eds., *AsianSecurity Handbook: Terrorism and the New Security Environment.* (New York: M. E. Sharpe, 2005)

157. Gareth Evans and Bruce Grant, *Australia's Foreign Relations in the world of the 1990s.* (Carlton, Victoria: Melbourne University, 1991)

158. Hemmut Tuerk, Landlocked and Geographically Disadvantaged States, in the *Oxford Handbook of the Law of the Sea.*

159. Jennifer Welsh, Canada in the 21st Century: Beyond Dominion and Middle Power, The Round Table, No. 93 (2004).

160. Joint Statement on the Establishment of a Strategic Partnership between Australia and Vietnam, Canberra, Australia.

161. K.T, Chaos, The Development and Codification of International Law of the law of the sea: A Legal of Overview，《國際法論集》。臺北：三民書局。2001年。

162. Murry, Williamson. Knox, Macgregor. And Bernstein, Alvin. *The Making of Strategt: Rulers, States, and War.* Cambridge: Cambridge University Press, 1994.

163. National Security Legislation Amendment, *Espionage and Foreign Interference Bill 2018.*

164. Peter Shearman, Identity Politics, New Security Agendas and the Anglo sphere, in Derek McDougall and Peter Shearman eds., *Australian Security after9/11: New and Old Agendas.* (Burlington, VT: Ashgate Pub. Co., 2005)

165. Richard Little, *The Balance of Power in International Relations: Metaphors, Myths and Models.* (Cambridge: Cambridge University Press, 2007)

166. Stein B. Jensen, et al., *ICEE 2001,* International Conference on Engineering Education 2001 (Oslo, Norway).

167. *National Threatened Species Day,* Canberra: Department of the Environment, Water, Heritage and the Arts, Australia.

168. *2016 Defence White Paper*, Australian Government, Canberra: Department of Defence, 2016.

169. *2017 Foreign Policy White Paper: Opportunity, Security, Strength*, Australian Government, Canberra: Department of Foreign Affairs and Trade, 2017.

170. Australian Bureau of Statistics, Canberra, Australia. *2016 Census Quick-Stats. 2017-06-27.*, pp. 15-26.

171. Australian Bureau of Statistics. 20680-Language Spoken at Home (full classification list) by *Sex-Australia. 2006 Census.*, pp. 18-24.

172. *About Australia: World Heritage properties.*, Department of Foreign Affairs and Trade. 2010-07-25, pp. 25-32.

173. Australian Department of Human Sevices: Reciprocal Health Care Agreements. Retrieved from http://www.humanservices.gov.au. (May 24, 2017), pp. 21-26.

174. A brief history. Retrieved from Cricinfo. (April 23, 2010), pp. 12-19.

175. Australia's Greatest Olympian. Retrieved from Australian Broadcasting Corporation. (April 23, 2010), pp. 4-9.

176. Australian Department of Defence, *Strategic Update 2020*, Canberra, Australia, (August 17, 2020), pp. 22-25.

177. Allan Hawke and Ric Smith, *Australian Defence Force Posture Review.* Canberra: Department of Defence, Australian Government, (30 May 2012), pp. 15-25.

178. Ankit Panda, Australia Returns to the Malabar Exercise, *The Diplomat*, October 19, 2020, pp. 25-32.

179. Affairs in Australia, New Zealand, Canada, United States of America, Norway and Sweden.1998, pp. 12-16.

180. Barry, Evonne 2012. Children to Learn Why Australia Day is Also Known as Invasion Day. Herald Sun, January 25, pp. 12-20.

181. Both Australian Aborigines and Europeans Rooted in Africa-50,000 years

ago. Retrieved from http://www.News.softpedia.com (April 27, 2013), pp. 6-12.

182. Bellwood, Peter, *The Austronesian Dispersal.*, Chinese Ethnology., 1997, pp. 1-26.

183. Donnelly, Kevin. 2013. *History Curriculum Sacrifices Western Value at the Altar of Political Correctness.*, The Australian, March 16, pp. 10-18.

184. Derek McDougall, *Australia and the British Military withdrawal from East of Suez7*, Australian Journal of International affairs, Vol. 51, No. 2, July 1997, pp. 188-195.

185. Ferrari, Justine 2014. *Too Soon for Further Curriculum Changes, Says NSW.*, The Australian, March 28, pp. 15-22.

186. Garry Woodard, *Relations between Australia and the People's Republic of China: An Individual Perspective*, pp. 145-150.

187. George Bush, Remarks at Maxwell Air Force Base War College in Montgomery, Alabama, April 13, 1991, Weekly Complication of Presidential Dcumentation, Vol. 27, No. 16(April 22, 1991), pp. 430-435.

188. Gerald Segal, *Australia seeks to Forge a New Regional Balance of Power*, International Herald Tribune, Jun 11, 1996, pp. 5-12.

189. Hugh White, *Australian Defence Policy and the Possibility of War*, Australian Journal of International Affairs, Vol. 56, No. 2 (July 2002).

190. Jennifer Welsh, *Canada in the 21st Century: Beyond Dominion and Middle Power*, The Round Table, No. 93 (2004).

191. James Baker, *America in Asia: Emerging Architecture for the Pacific, Foreign Affairs*,Vol. 70, No. 1(Winter 1991), pp. 3-10.

192. Mark Chipperfield，〈澳洲12大海灘推介〉，discovery，2017年5月刊登，2020年9月更新，pp. 3-9。

193. Martin Byrne. A new tanker ship for Australia., www.aimpe.asn.au. 2011-

02-18., pp. 3-9.

194. Meia Nouwens and Helena Legarda, December 2018, The International Institute for Strategic Studies (IISS): China Study Project.

195. Marine studies senior syllabus, Queensland Studies Authority (2006), Spring Hill, Australia.

196. Marine studies (content endorsed course: stage 6, Board of Studies NSW, 2008), Sydney, Australia.

197. Michael Green and Andrew Shearer, *Defining U.S. Indian Ocean Strategy,* The Washington Quarterly, Vol. 35, No. 2 (Spring 2012), pp. 175-176.

198. Michael Richardson, *U.S. Bolsters Asian Defense in a Project with Australia*, International Herald Tribune, July26, 1996, pp. 2-8.

199. Maclcolm Roberts, *Problems in Australian Foreign Policy*, July-December, 1996, The Australian Journal of Politics and History, Vol. 43, No. 2 (1997), pp. 110-118.

200. Megan Eckstein, Australia to Join U.S., India, Japan for Malabar 2020 in High-End Naval Exercise of "The Quad", USNI News, October 20, 2020, pp. 18-25.

201. Overall Health system attainment in all Member States 1997., World Health Organization. 2006-11-29., pp. 3-8.

202. Peter Shearman, Identity Politics, New Security Agendas and the Anglo sphere in Derek McDougall and Peter Shearman eds., *Australian Security after9/11: New and Old Agendas.* (Burlington, VT: Ashgate Pub. Co., 2005), pp. 50-55.

203. Richard A. Higgott and Kim Richard Nossal. *The International Politics of liminality: relocating Australia in the Asia Pacific*, Australian Journal of Political Science, July 1997, Vol. 32, No. 2, pp. 20-25.

204. Richard Little, *The Balance of Power in International Relations: Meta-*

phors, Myths and Models. (Cambridge: Cambridge University Press, 2007), pp. 11, 70-72.

205. *Regional Population Growth, Australia, 2008-09*. Australian Bureau of Statistics. 2010-07-18. pp. 11-23.

206. Simon Jackman, Pauline *Hanson, the mainstream, and political elites: The place of race in Australia political ideology*. Australian Journal of Political Science, Jul. 1998, Vol. 33, Issue 2, pp. 155-162.

207. The economic contribution of Australia's marine industries 1995-96 to 2002-03., Australia.gov.au. 2017-05-16, pp. 16-18.

208. The Macarthurs and the merino sheep. Australia.gov.au. 2017-05-16, pp. 18-26.

209. Transport in Australia., iRAP., https://www.irap.org/., 2009-02-17, pp. 2-7.

210. Voting within Australia-Frequently Asked Questions. Australian Electoral Commission. 2019-05-08, pp. 6-12.

211. William T. Tow and Henry S. Albinski, ANZUS-Alive and Well after Fifty Years, Australian Journal of Politics and History, Vol. 48, No. 2 (2002), pp. 150-155.

212. Woodard, Garry, Whitlam turned focus on to Asia. Melbourne: The Age. 2010-3-30., Newspoll: January 2007 republic poll.

213. Wade, Nicholas. *Australian Aborigine Hair Tells a Story of Human Migration*., Retrieved from http://The New York Times. (September 22, 2011).

214. 2009 Pruszkow WCH are a history now. Retrieved from http://track-pruszkow2009.com. (May 14, 2011), pp. 2-8.

國家圖書館出版品預行編目(CIP)資料

澳洲南海Olympics地緣戰略：臺灣全民國防素
養（大健康）創新典範／湯智凱，湯文淵
著. －－初版.－－臺北市：五南圖書出版
股份有限公司，2023.07
面； 公分
ISBN 978-626-366-339-8（平裝）

1.CST: 國防政策　2.CST: 地緣戰略
3.CST: 南海問題　4.CST: 澳大利亞

599.971　　　　　　　112011418

1MAP

澳洲南海Olympics地緣戰略：
臺灣全民國防素養（大健康）創新典範

作　　者 ― 湯智凱、湯文淵

發 行 人 ― 楊榮川

總 經 理 ― 楊士清

總 編 輯 ― 楊秀麗

主　　編 ― 侯家嵐

責任編輯 ― 吳瑀芳

文字校對 ― 鐘秀雲

封面設計 ― 陳亭瑋

出 版 者 ― 五南圖書出版股份有限公司

地　　址：106臺北市大安區和平東路二段339號4樓

電　　話：(02)2705-5066　　傳　　真：(02)2706-6100

網　　址：https://www.wunan.com.tw

電子郵件：wunan@wunan.com.tw

劃撥帳號：01068953

戶　　名：五南圖書出版股份有限公司

法律顧問：林勝安律師

出版日期：2023年7月初版一刷

定　　價：新臺幣450元

經典永恆・名著常在

五十週年的獻禮 —— 經典名著文庫

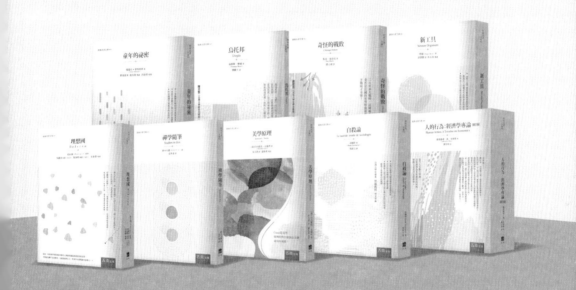

五南，五十年了，半個世紀，人生旅程的一大半，走過來了。

思索著，邁向百年的未來歷程，能為知識界、文化學術界作些什麼？

在速食文化的生態下，有什麼值得讓人雋永品味的？

歷代經典・當今名著，經過時間的洗禮，千錘百鍊，流傳至今，光芒耀人；

不僅使我們能領悟前人的智慧，同時也增深加廣我們思考的深度與視野。

我們決心投入巨資，有計畫的系統梳選，成立「經典名著文庫」，

希望收入古今中外思想性的、充滿睿智與獨見的經典、名著。

這是一項理想性的、永續性的巨大出版工程。

不在意讀者的眾寡，只考慮它的學術價值，力求完整展現先哲思想的軌跡；

為知識界開啟一片智慧之窗，營造一座百花綻放的世界文明公園，

任君遨遊、取菁吸蜜、嘉惠學子！